智慧製造

圖像處理並行算法與應用

何川，胡昌華 著

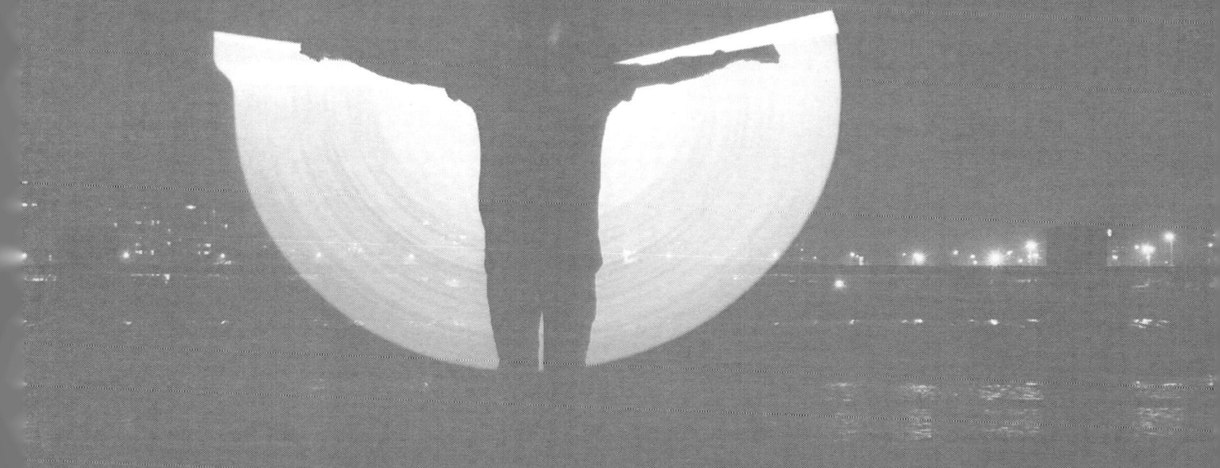

崧燁文化

前言

由於設備、環境和人為因素的影響，圖像在採集、轉化和傳輸的過程中會不可避免地產生退化現象，而顯著的圖像退化會嚴重影響圖像的後續應用。要改善圖像品質，就需要對退化圖像進行復原。圖像壓縮感知實現了圖像低速採樣和壓縮過程的同步進行，在特定條件下，由採樣數據可以精確重建原始圖像。若將退化圖像或壓縮採樣數據的獲取視為正問題，則圖像復原問題，如圖像去噪、去模糊、修補、超解析度和壓縮感知重建等，同屬一類圖像反問題，即它們均需從已退化的結果或是不完全的觀測中，盡可能準確地恢復出原始訊號。該類問題既有重要的理論研究價值，又有廣泛的工程應用背景。求解這類反問題所面臨的最大挑戰是退化過程的高度病態性——其逆運算對噪聲高度敏感，甚至逆運算並不存在。

成功進行圖像復原的關鍵在於：構建合理反映圖像先驗資訊的正則化模型，並設計準確、簡潔、快速的模型求解算法。近些年訊號處理領域興起的算子分裂方法，可以將一個非光滑圖像復原優化問題分解為多個易於求解的子問題加以解決。與此同時，圖像大數據時代的到來，對圖像復原的品質和效率，都提出了更高要求。發展一類自動化程度高、適用於大規模分布式計算的並行算子分裂方法，成為大數據時代圖像復原領域亟待解決的基礎問題。

本書總結了筆者近些年在圖像復原領域的部分研究工作，重點論述了圖像復原中的自適應正則化參數估計、複合正則化策略和目標函數並行求解等若干問題。書中所研究方法雖以圖像去噪、去模糊、修補和壓縮感知重建等復原類問題為例，但也可方便地推廣至圖像分割、高光譜分解、圖像壓縮等圖像處理問題當中。

全書共分為 6 章，其主要內容可概括如下。

第 1 章為緒論，簡述了圖像退化機制和退化建模方法，詳細論述了用於圖像復原的正則化方法和非線性目標函數求解算法的研究現狀和發展趨勢。第 2 章闡述了卷積、離散 Fourier 變換、Hilbert 空間中的不動點理論等基礎理論。第 3 章以圖像去模糊為例，從特徵值分析和圖像逆濾波的角度揭示了圖像退化的病態性根源和影響因素，論證了圖像復原正則化的必要性，以及廣義全變差和剪切波正則化在保持圖像細節方面的有效性。第 4 章研究了圖像復原目標函數中平衡先驗正則項和觀測數據保真項的正則化參數的自適應估計問題，提出了一種可同時估計正則化參數和復原圖像的快速算法，正則化參數的自適應估計是圖像復原自動實現的重要基礎。實驗結果表明，相比於已有的一些著名算法，所提算法結構簡潔，參數估計更準確，收斂速率更快。 第 5 章研究提出了一種求解複合正則化圖像復原問題的並行交替方向乘子法，證明了其收斂性，並建立了其至差 $O(1/k)$ 收斂速率。 單一類型的正則化易使圖像復原結果偏重某一性質而抑制其他性質，而融合多種圖像先驗模型的複合正則化則導致目標函數難以求解。 實驗表明，所提方法為複合正則化圖像復原問題的解決提供了可行途徑，且其適用於分布式計算。 作為反問題的圖像復原算法大多涉及算子求逆問題，在處理多通道（如多光譜）圖像時，其執行效率較低，會顯著影響算法的計算效率。 第 6 章針對圖像復原方法中算子求逆環節的消除問題，研究提出了一種並行原始－對偶分裂方法，證明了其收斂性，給出了其收斂條件，並建立了其 $o(1/k)$ 收斂速率；證明了該算法對於並行線性交替乘子法的包含性，並將其推廣應用到了帶有 Lipschitz 連續梯度項的優化問題中。 實驗表明，相比於並行交替方向乘子法，該方法在附加收斂條件下，單步執行效率更高，更適用於多通道圖像的處理。

在開展相關研究工作和撰寫本書的過程中，筆者有幸得到西安電子科技大學焦李成教授、中科院自動化所模式識別國家重點實驗室的胡衛明研究員、中科院西安光學精密機械研究所的李學龍副所長、華中科技大學桑農教授、火箭軍工程大學的孔祥玉副教授、司小勝副教授、一係李剛主任等許多專家和領導的指導、支持與幫助，在此表示誠摯的謝意。

衷心感謝國家杰出青年科學基金項目（61025014）、國家自然科學基金項目（61773389）、國家自然科學基金青年項目（61203189）等課題的支持。 感謝化學工業出版社的支持和幫助！

筆者感謝相關審稿專家對書稿修改提出的寶貴、中肯的建議。

限於筆者水平，書中不足之處在所難免，敬請讀者批評指正。

著　者

目錄

第1章

緒論

1.1 圖像復原的意義

自 20 世紀末，伴隨電腦技術的突飛猛進和離散數學理論的不斷完善，數位圖像處理技術取得了飛速發展，並在各個領域得到了廣泛應用。在軍事領域，數位成像技術和圖像處理技術為目標偵測、武器制導和打擊評估等軍事任務提供了不可或缺的技術手段。歷次高科技戰爭中，可見光、紅外和合成孔徑雷達等成像技術無不貫穿始末，其應用極大地提高了軍事裝備的資訊化水準，從根本上顛覆了傳統的作戰模式和理念。可以說，現代「資訊戰」已深深烙上了數位圖像處理技術的印記。在民用領域，圖像處理技術更是滲透到天文觀測、地球遙感、生物醫學、社交通訊、電影製作和影像監控等人類社會的方方面面。

當今社會，人類已步入圖像大數據時代，圖像（影像）為人們提供了無數資源資訊。然而，在圖像的採集、轉換和傳輸過程中，由於人為操作、成像系統缺陷和外部環境不確定因素的影響，不可避免地會產生許多圖像退化（image degradation）現象[1]。某些退化情況是人為設定的，如圖像壓縮（compression）可以大幅度減少圖像數據的儲存空間和傳輸時間；圖像壓縮感知[2]（compressed sensing，CS）可以放寬圖像採樣條件並大幅降低海量數據的儲存、傳輸和處理成本。更多類型的退化則是人們所不願看到的，如由噪聲和模糊（blurring）所引起的圖像退化。圖像退化會帶來解析度的下降，進而嚴重影響後續的分析判讀、特徵提取和模式識別等處理工作。例如，在紅外制導的超聲速巡航武器中，光學導引頭與大氣之間劇烈作用所產生的複雜湍流流場和氣體密度變化，會對光學成像系統造成熱輻射干擾和圖像傳輸干擾，導致成像圖像產生像素偏移和模糊等氣動光學退化效應，進而嚴重影響導引頭探測、識別和跟蹤目標的能力，降低武器命中精度。

為獲得更加真實可靠的資訊，在對圖像進行高級處理之前，需要對其進行畸變校正、去噪、去模糊（deblurring）、修補（inpainting）、超解析度（super resolution）重建和壓縮感知重建等操作。圖像復原（image restoration）技術是抑制噪聲、消除模糊、提升圖像解析度和重建圖像的有效途徑，作為圖像處理最基本的研究課題之一，歷來受到電腦視覺、訊號處理和應用數學等領域研究學者的廣泛關注。圖像復原可以從兩個方面實現，一種是採用硬體技術，如採用更高品質的成像設備，該種途徑的優點是快速有效，但其成本高昂，且靈活性不足，往往僅在特定場合下應用；另一種是通過軟體的方法，即通過算法實現退化圖像的解析度提升或是圖像的重建，該方法成本低廉，方便靈活，自提出後便具有很強的生命力。

圖像退化通常意味著某些重要元素的丟失，或是觀測數據相對於原始數據維數的壓縮，故作為其逆運算的圖像復原往往是病態的反問題（Ill-Posed Inverse Problem）。反問題的病態性表現為解不連續地依賴於觀測數據，換句話說，即便是退化機制完全已知，觀測數據中的輕微噪聲和計算過程中的微小擾動都會導致解的很大變動。求解病態問題的關鍵在於正則化[3]，即利用關於解的先驗資訊構造附加約束，從而將病態問題轉換為具有穩定解的適定問題加以求解[4]。

圖像復原的基本實現途徑是構造目標函數（當圖像函數連續時，應理解為目標泛函）並使其最小化，在這一過程中衍生出了兩個圖像復原領域的焦點問題：

(1) 圖像正則化模型的構造

反問題研究的先驅者 Tikhonov 於 1963 年提出了正則化（regularization）思想，並隨後提出了經典的基於 l_2 範數的 Tikhonov 正則化模型[3]。過強的 Tikhonov 正則化將解限制為平滑解，而在圖像訊號的復原中通常並不希望得到過平滑的解。圖像中的邊緣和紋理構成了重要的細節特徵，而圖像正則化的難點在於如何在噪聲抑制和細節保存之間取得平衡。圖像細節和高頻噪聲在頻域上是混疊的，過強的正則化在去噪的同時也會抑制圖像中的細節資訊。後續的正則化方法無不採用融入圖像先驗模型的方式，來實現保存圖像細節的目的。因此，構造能更好地保存圖像細節資訊的正則化模型成為當前圖像反問題領域的研究焦點之一。

(2) 非線性正則化函數的求解

傳統的 Tikhonov 正則化方法的一大優勢是可以通過線性濾波得到封閉解（解析解），但這種解被證明是過平滑的。此後的保持邊緣的圖像復原方法則更多地採用了非線性正則化模型，如全變差（total variation）模型和小波（wavelete）模型。然而，非線性正則化函數很難求得封閉解甚至並不存在封閉解，並且，非線性正則化模型在改善結果的同時，引入了非線性性、非光滑性、甚至是非凸性等一系列問題。這些問題連同圖像數據本身的高維性和退化過程建模算子的非稀疏性，使得非線性正則化函數的迭代求解成為一個極富挑戰性的工作。深入挖掘正則化函數的結構特點，構建準確、簡潔、快速、並行的函數求解算法成為應用數學、電腦視覺和訊號處理等多個研究領域關注的焦點。

圖像復原問題是一類有著重要理論意義和廣泛工程應用背景的科學問題，解決這類問題的關鍵在於：構建合理反映圖像先驗模型的正則化函數，設計準確、簡潔、快速、並行的函數求解算法。算子分裂[5] 是近些年發展起來的用於精確求解非線性函數的有效方法，利用算子分裂理論可以導出利於分布式計算的高效算法，它為大數據時代圖像復原問題的解決提供了更好的解決思路。課題著眼於圖像復原問題的準確快速解決，對圖像複合正則化模型的構建、算子分裂方法的並行實現及其在圖像復原反問題中的應用進行了系統深入的研究。

1.2 圖像復原正則化方法

近十年，有關圖像復原的學術研究發展迅速，呈現出百花齊放、百家爭鳴的良好局面。美國的加州大學洛杉磯分校[6-8]、萊斯大學[14]、西北大學[9-13]、葡萄牙里斯本工業大學[15]、法國國家科學研究院[16]、新加坡國立大學[17] 等相關科研院所均開展了各具特色、富有成效的研究工作。IEEE Computer Society、IEEE Signal Processing Society、Society for Industrial and Applied Mathematics 以及其他相關學術組織每年定期召開的圖像影像領域的學術會議，都會專題討論圖像復原技術的研究進展，極力推動該領域向前發展。《IEEE Transactions on Pattern Analysis and Machine Intelligence》《International Journal of Computer Vision》《IEEE Transactions on Imaging Processing》和《SIAM Journal on Imaging Sciences》等國際知名期刊每年都會刊載大量有關圖像復原基本原理和算法實現的學術論文，探討其關鍵技術、具體應用和發展趨勢。

在國內，有關圖像復原的研究工作發展迅猛，中科院[18,19]、清華大學[20]、北京大學[21]、浙江大學[22]、國防科技大學[23]、南京大學[24]、西安電子科技大學[25-27]、香港中文大學[28-30] 等科研院所都積極開展了圖像復原方面的研究工作。

1.2.1 圖像的退化機制和退化建模

圖像模糊是最為典型的一類圖像退化現象，故以圖像模糊為例說明圖像的退化機制和建模過程。造成圖像模糊的因素是多方面的，成像系統不完善、對焦不準確、成像設備與場景的相對運動以及大氣擾動等，都可能導致圖像的模糊，而各種噪聲的干擾更是不可避免。圖像模糊會造成圖像解析度的顯著下降，此時，圖像上的每個點都是成像場景中若干個點混合疊加的結果，該過程可以用二維卷積來描述：

$$f(x,y)=S\left(\iint_{\Omega}k(x,y;a,b)u(a,b)\mathrm{d}a\,\mathrm{d}b\right)+n(x,y) \tag{1-1}$$

其中 Ω 是二維平面上的有界區域；$(x,\ y)$ 和 $(a,\ b)$ 分別表示像平面和物平面上點的座標；點擴散函數（point spread function，PSF）$k(x,\ y;\ a,\ b)$ 表徵成像過程中的點擴散性質，又被稱為模糊核（blur kernel）或模糊函數；S 為一逐點非線性運算；$n(x,\ y)$ 為觀測過程中的加性噪聲。PSF$k(x,\ y;\ a,\ b)$ 一般與成像場景中點的空間位置有關，即它是空間變化的，但對於一大類圖像退化過程，可以認為它是空間不變的。成像過程的非線性影響通常可以忽略，這是因為在視覺上，相比於緩慢變化的灰度強度，人眼對邊緣等突變資訊更為敏感，而多數情況下，成像過程中的非線性因素並不會顯著破壞圖像的邊緣資訊。忽略式(1-1) 中的非線性因素和突變因素，可以得到圖 1-1 所示的更為常用的線性移不變退化模型：

$$f(x,y)=\iint_{\Omega}k(x-a;y-b)u(a,b)\mathrm{d}a\,\mathrm{d}b+n(x,y) \tag{1-2}$$

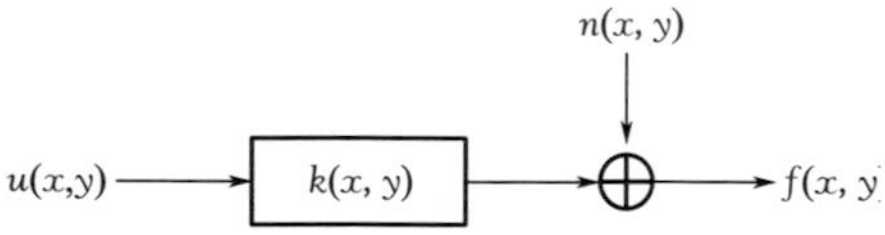

圖 1-1 圖像的線性移不變退化模型

常見的模糊函數類型[31] 有線性運動模糊函數、離焦模糊函數和 Gauss 模糊函數等，常見的噪聲類型[31] 包括 Gauss 噪聲、Poisson 噪聲、脈衝（椒鹽）噪聲和乘性 gamma 噪聲等。圖像復原的任務是由受噪聲沾染的觀測圖像 $f(a,\ b)$ 出發，求得關於原始場景的一個估計。如果成像系統的 PSF 已知，則圖像復原為常規反卷積問題，反之，則是一個盲反卷積（blind deconvolution）問題。

直觀上看，反卷積可以通過逆濾波來實現。假設加性噪聲為 gauss 白噪聲，則逆濾波的表現形式為：

$$U(\mu,\nu)=F(\mu,\nu)/K(\mu,\nu) \tag{1-3}$$

其最小二乘意義下的頻域表現形式為：

$$U(\mu,\nu)=\frac{K^*(\mu,\nu)F(\mu,\nu)}{|K(\mu,\nu)|^2} \tag{1-4}$$

其中 $U(\mu, \nu)$、$K(\mu, \nu)$ 分別為 $u(x, y)$ 和 $k(x, y)$ 的二維 Fourier 變換，$K^*(\mu, \nu)$ 為 $K(\mu, \nu)$ 的共軛。然而，由於與 $K(\mu, \nu)$ 有關的線性卷積算子的特徵值趨於零（文獻［32］從緊自共軛算子的角度對其進行了深入分析），即便是在最小二乘意義下，逆濾波仍對高頻噪聲具有放大作用，這使得其結果無法使用。

實際應用中，等式(1-2) 可以離散化為：

$$\boldsymbol{f}=\boldsymbol{K}\boldsymbol{u}+\boldsymbol{n} \tag{1-5}$$

其中 $\boldsymbol{u}$，$\boldsymbol{f}\in\mathbb{R}^{mn}$ 分別表示原始圖像和觀測圖像，尺寸均為 $m\times n$；$\boldsymbol{K}$ 為模糊（卷積）矩陣，關於其構造方法，論文第二章有詳細闡述；$\boldsymbol{n}\in\mathbb{R}^{mn}$ 為加性噪聲。在本文中，圖像均通過辭書排列法寫為向量形式，由此，$m\times n$ 圖像矩陣的第 (i, j) 個元素即為圖像向量的第 $((i-1)n, j)$ 個元素。在公式(1-5) 中，若 $\boldsymbol{K}$ 為已知，則相應的反問題為常規反卷積問題，若 $\boldsymbol{K}$ 為未知，則相應的反問題為盲反卷積問題。

當 $\boldsymbol{K}$ 改變形式時，公式(1-5) 也可以用來建模其他的圖像退化過程。例如若 $\boldsymbol{K}=\boldsymbol{P}$，其中當 $\boldsymbol{P}$ 為選擇矩陣時，即 $\boldsymbol{P}$ 為元素僅取 0 或 1 的對角陣，則公式(1-5) 可以描述圖像數據的丟失情況，其對應的反問題為圖像修補（inpainting）。若 $\boldsymbol{K}=\boldsymbol{P}\boldsymbol{F}$，其中 $\boldsymbol{P}$ 為選擇矩陣而 $\boldsymbol{F}$ 為 Fourier 變換矩陣，則公式(1-5) 可以用來建模核磁共振成像（magnetic resonance imaging，MRI）過程，其對應的反問題為 MRI 重建問題，MRI 重建是一個典型的壓縮感知應用實例。

求解病態的圖像復原問題的關鍵是對其進行正則化，即將關於原始圖像的一些先驗知識融入圖像反問題的求解過程中，並以此抑制噪聲，獲得具有一定正則性（平滑性）的解。事實上，圖像的先驗知識即為圖像的先驗模型，然而，因為圖像性質的不同和用途的不同，關於圖像模型在學術界並沒有一致的結論。Galatsanos 和 Katsaggelos 在文獻［33］中採用均方誤差（mean square error，MSE）分析的方法證明了正則化能夠有效改善圖像復原的結果。帶有正則化的圖像復原問題通常會涉及如下形式的函數（離散情況）或泛函（連續情況）最小化問題：

$$\min_{\boldsymbol{u}} J(\boldsymbol{u}) \quad \text{s.t.} \quad D(\boldsymbol{K}\boldsymbol{u},\boldsymbol{f})\leqslant c \tag{1-6}$$

根據 Lagrange 原理，其等價的無約束形式為：

$$\min_{\boldsymbol{u}} J(\boldsymbol{u})+\lambda D(\boldsymbol{K}\boldsymbol{u},\boldsymbol{f}) \tag{1-7}$$

其中 $D(\boldsymbol{K}\boldsymbol{u}, \boldsymbol{f})$ 是體現觀測數據準確性的保真項，其具體形式取決

於觀測圖像的噪聲類型，顯然，若無噪聲則應有約束 $\boldsymbol{K}\boldsymbol{u}=\boldsymbol{f}$；$J(\boldsymbol{u})$ 是融入圖像先驗知識的正則項，它起到噪聲抑制、結果平滑和數值穩定的作用；上界 c 為取決於噪聲程度的常數；λ 為正則化參數（regularization paramter），它起到平衡正則項與保真項的關鍵作用。僅當 λ 取最優值時，解才是最優的。若 λ 取值過大，則圖像中的噪聲無法被有效抑制；相反，若 λ 取值過小，則最終結果無法充分體現觀測數據中的有效資訊。相對於無約束優化問題式(1-7)，約束優化問題式(1-6) 更難求解，因此，當前大多數文獻都將式(1-7) 作為優化目標。

當前，圖像處理領域多採用基於變分偏微分方程、小波框架理論、稀疏性理論以及隨機場理論的圖像模型，它們都有著各自的優缺點和適用場合。下面，對基於這幾種模型的正則化方法分別加以論述。

1.2.2 基於變分偏微分方程的正則化方法

基於變分原理的正則化方法建立在經典的泛函理論和變分法的基礎上，在該類方法中，圖像被視為確定的二維或多維函數。早期的這類圖像正則化多基於 Tikhonov 正則化理論，在該理論中，Tikhonov 建議將反卷積的解限制於 Sobolev 空間 H^n 或 $W^{(n,2)}$，在該空間中，函數本身及其直到 n 階導數或偏導數被認為是屬於 L_2（即平方可積）的。依照該理論，在圖像復原時，圖像的某些偏導數（從 0 直到 l 階）平方的線性組合被用作正則化泛函 $J(u)$，它具有如下形式：

$$J(u)=\iint_{\Omega}\sum_{r=0}^{l}q_r\left[\left(\frac{\partial^r u}{\partial x^r}\right)^2+\left(\frac{\partial^r u}{\partial y^r}\right)^2\right]\mathrm{d}x\,\mathrm{d}y \tag{1-8}$$

其中權值 q_r 為給定的非負常值或連續函數。經典的 Wiener 濾波和約束最小二乘濾波可以看作是 Tikhonov 正則化方法的兩個特例。儘管 Tikhonov 正則化可以使得圖像復原問題適定（解連續的依賴於觀測），但其過強的平滑性（正則性）同樣會使圖像的邊緣等細節資訊受到損失。相比於圖像等二維或高維訊號，Tikhonov 正則化理論更適用於一維訊號。

針對 Tikhonov 正則化的不足，非二次的正則化泛函被引入圖像復原中，主要有 Green 方法[34]、Besag 方法[35] 以及 Geman 和 Yang 的半二次正則化方法[36] 等。但這類正則化方法具有較強的非線性甚至是非凸的，求解起來比 Tikhonov 正則化方法要複雜得多，其實際應用受到很大限制。

1992 年 Rudin 等提出了經典的全變差（total variation，TV）模型[6]（有些文獻也稱之為 ROF 模型），引起了學術界的極大轟動，該模型直至目前仍是最為流行的正則化模型之一，很多工作也致力於 TV

正則化性質的研究[37-40]。TV 範數所誘導的有界變差（bounded variation，BV）空間是比 Sobolev 空間更為廣闊的一類空間。假設 Ω 為二維平面中的有界開集（通常被假定為 Lipschitz 域），且二維函數 $u(x, y) \in L_1(\Omega)$，則它的各向同性全變差被定義為：

$$\mathrm{TV}(u)=\iint_{\Omega} |\nabla u| \,\mathrm{d}x\,\mathrm{d}y, \qquad |\nabla u|=\sqrt{\left(\frac{\partial u}{\partial x}\right)^2+\left(\frac{\partial u}{\partial y}\right)^2} \tag{1-9}$$

若 TV(u) 是有界的，則稱 u 為有界變差，記 BV(Ω) 為 $L_1(\Omega)$ 中的有界變差函數空間。可以證明，BV(Ω) 在 BV 範數

$$\|u\|_{\mathrm{BV}}=\iint_{\Omega} |u| \,\mathrm{d}x\,\mathrm{d}y+\mathrm{TV}(u) \tag{1-10}$$

下是完備的線性賦範空間，且該範數要強於 l_1 範數。基於 TV 的圖像復原通常僅使用 TV(u) 而非 BV 範數作為正則項，TV(u) 在很多場合又被稱為 TV 半範數或 TV 範數。

相比於 Tikhonov 正則化，TV 正則化有著良好的邊緣保持能力，因此，其應用十分廣泛。然而 TV 正則化在實現邊緣保持的同時，也引入了兩大難題。一方面，TV 範數在（0，0）處是不可微的，這使得傳統的梯度法不能直接用來求解 TV 最小化泛函；另一方面，現已證明，TV 正則化僅在圖像函數為分片常值時才是最優的，而自然圖像大都難以滿足這一苛刻條件，在訊噪比較低的情況下，TV 正則化結果的階梯效應（staircasing effects）會非常嚴重。階梯效應使得圖像的光滑區域趨於分片常值，僞邊緣的引入會嚴重影響圖像的視覺效果[37]。事實上，l_1 範數的最小化通常會導致解的稀疏性，且這種稀疏性有著十分廣泛的應用（如壓縮感知和非負矩陣分解），但在這裡，它會使得圖像的一階偏導數趨於零。

針對 TV 正則化易導致階梯效應的問題，學術界提出了許多基於高階變分法的正則化方法[41-51]，這些方法通過引入圖像函數的高階微分實現了對階梯效應的抑制。2010 年，Bredies 等[46] 提出了廣義全變差（total generalized variation，TGV），對全變差的概念作了進一步的推廣，文中還同時證明了 TGV 相比於 TV 的若干優良性質。與 TV 不同，TGV 引入了圖像函數直到 n（n 為有限正整數）階的高階偏導數。Bredies 通過理論分析和仿真實驗證明了 TGV 正則化能使圖像在復原過程中趨向於分片 $n-1$ 階的二元多項式函數，這使得 TV 模型的階梯效應得到有效抑制。當然，對於任何引入高階偏導數以消除或減輕階梯效應的做法都是有代價的，這會使得最小化泛函的求解變得更為複雜。Hu 等[49,50] 近期提出了高階全變差（higher degree total variation，HDTV）正則化模型，

採用了與 TGV 類似的思想，並取得了相近的效果。

基於偏微分方程（partial differential equation，PDE）的圖像復原是基於變分法圖像復原的一個自然推廣，這源於泛函極值問題往往對應於偏微分方程的求解，而依據變分原理，很多偏微分方程也對應著某個最小化泛函[52]。自 20 世紀末以來，基於 PDE 的圖像處理開始引起關注，並獲得迅速發展。最初的研究基於各向同性擴散 PDE，但該方法易導致圖像過平滑；此後，Perona 和 Malik 提出了經典的保持邊緣的各向異性 P-M 擴散模型[53]，目前，該模型仍被很多文獻所採用[54-56]；Weickert 研究了各向異性非線性擴散理論[57]，並基於算子分裂提出了半隱加性迭代算法，提高了 PDE 的求解效率。當前，PDE 作為一種有效工具已成功應用於圖像濾波、平滑、復原和分割等領域。PDE 方法有著基礎理論扎實、自適應性強、細節保持能力強和算法實現靈活等諸多優點[26,58]。當前，基於 PDE 的圖像復原仍然存在諸多問題，如高階 PDE 解的存在性和唯一性需要進一步的研究。正是因為 PDE 的優良特性以及很多尚未解決的關鍵問題，基於 PDE 的圖像處理在未來很長一段時期內仍將是學術界的研究焦點。

1.2.3 基於小波框架理論的正則化方法

能夠高效地分辨不同的對象模式是圖像和視覺分析的一般要求，小波[59] 及其相關技術恰好符合這一要求[37]。作為圖像表示的重要手段，小波對圖像資訊的數學描述十分簡潔，且小波存在快速變換，這使得小波框架理論在圖像處理領域有著廣闊的應用前景。

採用圖像的小波框架表示來實現圖像復原的正則化顯然是可行的，大量的文獻對這一課題進行了研究[60-70]。通常，基於小波框架的圖像復原問題有三種形式的最小化函數，分別被稱之為基於分析的方法、基於合成的方法和均衡正則化方法[67]。其中離散的基於均衡正則化的方法具有如下形式：

$$\min_x |\boldsymbol{x}|_1+\frac{\gamma}{2}\|(\boldsymbol{I}-\boldsymbol{W}^{\mathrm{T}}\boldsymbol{W})\boldsymbol{x}\|_2^2+\frac{\lambda}{2}\|\boldsymbol{KWx}-\boldsymbol{f}\|_2^2 \tag{1-11}$$

其中 $\boldsymbol{W}$ 為標準的緊框架，即 $\boldsymbol{WW}^{\mathrm{T}}=\boldsymbol{I}$；$\boldsymbol{u}=\boldsymbol{Wx}$ 表示圖像的一個估計。之所以對係數 $\boldsymbol{x}$ 的 1 範數進行約束，是為了保證係數的稀疏性，這一稀疏性約束實際上是從 0 範數進行凸鬆弛而得到的。式(1-11) 中，若 $\gamma=0$，則稱為基於合成的正則化方法；若 $\gamma=+\infty$，則意味著第二項必須為零才能使得最小化函數有意義，這表明對於某些 $\boldsymbol{u}$，$\boldsymbol{x}=\boldsymbol{W}^{\mathrm{T}}\boldsymbol{u}$ 是成立

的，則式(1-11) 又可以寫為：

$$\min_{x \in \mathrm{Range}(W^{\mathrm{T}})} |x|_1 + \frac{\lambda}{2}\|KWx - f\|_2^2 = \min_{u} |W^{\mathrm{T}}u|_1 + \frac{\lambda}{2}\|Ku - f\|_2^2 \tag{1-12}$$

這就是所謂的基於分析的正則化方法。

必須指出的是，經典的小波理論應用於圖像處理是有局限性的，這在圖像細節資訊豐富時尤為突出。儘管小波變換能最優地表徵帶有「點奇異」的函數類，但它卻無法最優地逼近具有「線奇異」的高維數據。不同於一維訊號的「點奇異」，自然圖像通常具有「線奇異」，如圖像中的邊緣資訊，且這種「線奇異」是後續圖像處理中所必需的重要特徵。傳統小波在方向上的局限性與高維訊號中「線奇異」多變的方向是不相符的。

經典小波對於二維或高維訊號處理的局限性，推動了所謂「後小波」理論即多尺度幾何分析的發展，包括脊波[71]（ridgelet）、曲線波[72]（curvelet）、梳狀波[73]（brushlet）、子束波[74]（beamlet）、楔形波[75]（wedgelet）、輪廓波[76]（contourlet）、條帶波[77]（bandelet）和剪切波[78-83]（shearlet）等，它們的方向性要比經典的二維小波強，因此能夠更好地建模圖像中的邊緣和細節資訊。有些分析如曲線波和剪切波存在著快速變換，這使得它們可以方便地應用於圖像處理的各個環節。關於這些變換理論的性質和各自擅長處理的圖像特徵，文獻［25］中有著詳細的總結。近期，一些基於框架理論的圖像復原文獻採用了這些理論來對目標函數進行正則化[8,83]。

事實上，無論是變分思想的圖像建模還是小波框架思想的圖像建模，其基本依據都是經典的泛函分析，它們同屬於確定性的圖像建模方法，兩者之間存在著內在的關聯性。關於這種內在聯繫，文獻［84］中有著詳細的論述和證明。

1.2.4 基於圖像稀疏表示的正則化方法

人眼可以通過圖像的邊緣和紋理等幾何特徵迅速地對其做出判讀，這啓示我們圖像中真正有用的「特徵」數據比原始數據要少得多。目前訊號處理和機器學習領域非常熱門的稀疏表示（sparse representation）[85,86] 正是利用了數據的稀疏性。如果訊號具有稀疏性，則它可通過某組過完備基或字典中的少數幾個元素進行有效逼近。令 $W \in \mathbb{R}^{n_1 \times n_2}$ $(n_1 < n_2)$ 為過完備字典，y 為待表示的有用訊號，稱 x^* 是 y 在 W 下的最稀疏表徵，則

應有：

$$x^* = \arg\min_{x} \|x\|_0, \quad \text{s. t.} \quad y = Wx \tag{1-13}$$

其中$\|x\|_0$表示x中非零元素的數目（通常會有$\|x^*\|_0 = m$）。

進行稀疏表示的過完備基可以是確定的，如前一小節中所述的小波框架（從這一角度講，基於小波框架的圖像正則化可以看作基於稀疏表示正則化的一個特例），也可以是通過機器學習得到的，如通常所講的基於學習字典[87-89]的圖像正則化。

在某些實際應用中，如影像處理，數據表示可能更適合採用矩陣甚至是張量。那麼，是否可以通過度量矩陣或張量的稀疏性來實現正則化呢？最近機器學習領域極為火熱的低秩分解[90-98]為矩陣正則化提供了好的思路。事實上，秩是矩陣數據稀疏性的一個自然度量[95]。近幾年，基於低秩分解的正則化被廣泛用於圖像復原[96]、圖像分割[97]和醫學圖像重建[98]等圖像反問題中。以圖像去噪為例，常用的低秩分解模型有兩種[95,96]：魯棒主元分析（roblust principle component analysis，RPCA）和 Go Decomposition（GoDec）。基於 RPCA 的稀疏大噪聲去噪有最小化函數：

$$\min_{A,E} \operatorname{rank}(A) + \lambda \|E\|_0, \quad \text{s. t.} \quad D = A + E \tag{1-14}$$

其中D表示觀測圖像，A表示待復原的低秩圖像，E則用來建模稀疏的大噪聲。該模型較適合於非 Gauss 稀疏噪聲條件下的圖像復原。而對於稠密的 Gauss 噪聲（即每個圖像矩陣元素都可能是噪聲）的去除，該模型變得不再適用。針對非稀疏噪聲，GoDec 方法則通過增加一個代表噪聲的分解項實現降噪，即假設$D = A + E + G$，其中G代表非稀疏噪聲。

上述低秩模型均含有零範數的極小化，這是一個典型的 NP 難優化問題。為簡化計算，通常將目標函數鬆弛為某些凸函數。為盡可能地接近原問題的解，通常選取凸函數為目標函數的凸包絡（convex envelope），即不超過目標函數的最大凸函數。現已證明，矩陣的核範數$\|g\|_*$，即奇異值之和，是秩函數在矩陣譜範數單位球上的凸包絡；向量的1範數，即元素的絕對值之和，則是其0範數在∞範數單位球上的凸包絡[95]。利用這兩個結論進行凸鬆弛後，最小化函數（1-14）可寫為：

$$\min_{A,E} \|A\|_* + \lambda \|E\|_1, \quad \text{s. t.} \quad D = A + E \tag{1-15}$$

該類型的最小化函數可以通過下述的一些算子分裂方法方便地進行求解。

1.2.5 基於隨機場的正則化方法

圖像細節資訊和噪聲的統計特性存在差異，尤其是圖像的紋理細節，通常具有很強的關聯性。因此，對於一幅被噪聲沾染的圖像，人眼仍可以大致地區分它們。將圖像建模為隨機場，則可以按照概率統計中的一般策略，如最大後驗、極大似然或 Bayes 原理來對圖像概率分布模型的統計參數進行估計。

Gauss 模型是最早用來建模圖像的隨機模型。事實上，這一模型並未區分開圖像和噪聲的統計特性，將它作為先驗模型來使用，則圖像復原的極大似然估計恰好為最小二乘逆濾波估計，顯然，它無法有效抑制噪聲[32]。

建立反映成像機制的圖像模型更有助於圖像復原、分割和識別等任務的完成，這也是圖像建模的一個發展方向。更合理的圖像概率分布模型應該根據研究對象的不同來建立。當某種粒子事件存在於成像過程中時，圖像灰度值通常具有 Poisson 分布的性質，這時，圖像常用 Poisson 隨機場來建模（或將噪聲視為 Poisson 模型）[99,100]，如醫學 CT 圖像等。

圖像的 Markov 隨機場（Markov random field，MRF）模型（與 Gibbs 隨機場等價）[101,102] 是一種應用十分廣泛的隨機建模方法，它為圖像估計提供了一個 Bayes 框架，由於可以細緻地反映圖像的局部（鄰域）統計特性，該方法可用於點擴散函數空間變化或噪聲非平穩的情況。

相比於確定性的建模方法，圖像的隨機場建模尤其是基於鄰域的建模，是一種更為精細的建模方法，這種建模方法對於不同的圖像類型具有更好的適應性，因而，基於隨機場的建模在圖像處理領域中有著廣闊的應用前景。但同時，這種精細的建模方法又使得模型相比於確定性模型更為複雜，對求解算法和電腦性能都會有更高的要求，且模型的參數估計也成為新的問題。

應用最為廣泛的 Markov 隨機場是 Gauss-Markov 隨機場，結合 Bayes 方法，該模型在盲圖像復原[103] 以及高光譜圖像的超解析度重建[104] 方面取得了較好的效果，然而，很多情況下該模型中的 Gauss 假設會導致圖像的過平滑。近些年一些文獻採用 students-t 分布[105] 等非 Gauss 分布來描述圖像的統計特性，但相對複雜的模型又使得貝葉斯估計的後驗分布沒有閉合形式的解，這使得傳統的 EM 算法無法應用，造成了計算上的極大困難。

將圖像的 MRF 模型與變分先驗假設相結合的變分 Bayes 方法是圖像

復原領域的一個較新的研究焦點，Katsaggelos 團隊在該框架下開展了眾多圖像常規復原和盲復原的研究[106-111]，並得出了較為滿意的結果，在很大程度上克服了隨機場建模過於精細、難於求解的問題，為基於隨機場正則化的圖像復原研究提供了很好的借鑒。

複合正則化是當前研究的一個焦點，通過有機結合不同先驗知識的優點，該策略可能得到效果更好的圖像復原結果[112]。盲復原問題是更加病態的，按照是否預先估計模糊核，可將其分為兩類，一類是預先估計模糊核，再採用常規方法復原原始圖像[113]；另一類則同時估計模糊核和原始圖像[103]。第二類的目標函數通常是非凸的，這種情況下則需要更多的圖像先驗知識來使問題變得可解，所涉及的函數極小化問題通常是複合正則化問題。

1.3 圖像復原非線性迭代算法

基於逆濾波和 Tikhonov 正則化的圖像復原方法是線性的，存在封閉解，然而，這兩種方法均存在缺陷，逆濾波的解不穩定，而 Tikhonov 正則化方法的解又過於平滑。基於全變差或是高階變分、小波框架理論、稀疏理論和隨機場的非線性正則化復原方法更易得到良好的復原結果，然而這些方法往往並不存在封閉解，其求解需要藉助數值迭代算法。事實上，迭代求解方式更利於將關於解的先驗知識融入求解過程，也更有利於實現對復原過程的「監控」[114]。

儘管所採用的正則化方法不同，但當前圖像復原的基本實現途徑都是建立包含正則項和保真項的最小化函數，然後求取正則化函數的極小點，並以此作為圖像復原的結果。目標函數的凸性對於求解過程的快速實現和解的穩定性都極為重要。若目標函數為非凸，則結果很難保證為目標函數的全局最優解。在以稀疏性為基礎的正則化方法中，通常會將 NP 難的 l_0 優化問題凸鬆弛為 l_1 的凸優化問題，能夠證明，在十分寬鬆的條件下，l_1 凸優化問題的解趨向於相應的 l_0 非凸優化問題的解[95]。因此，基於 l_1 範數的正則化在當前的圖像反問題中應用最為廣泛。

1.3.1 傳統方法

TV 模型是最具代表性的 l_1 正則化子（regularizer），因此，以 TV 模型的求解為例說明圖像反問題中非線性函數求解算法的發展歷程。事實上，早期的一些方法通常是針對具體正則化模型專門設計的。

當噪聲為 Gauss 白噪聲時，基於 TV 的圖像復原有以下目標函數：

$$\min_{\boldsymbol{u}} \|\nabla \boldsymbol{u}\|_1 + \frac{\lambda}{2}\|\boldsymbol{K}\boldsymbol{u} - \boldsymbol{f}\|_2^2 \tag{1-16}$$

其中∇為一階差分算子，$\text{TV}(\boldsymbol{u}) = \|\nabla \boldsymbol{u}\|_1$ 是 l_1 型的凸函數，因而上式為典型 $l_1 - l_2$ 最小化問題。由於 TV 範數的不可微性和非線性式(1-16) 的求解並非易事。儘管 TV 模型被引入圖像處理已有超過二十年的歷史，迄今，最小化函數式(1-16) 仍然是檢驗眾多新算法的試金石。

最早用於求解 TV 去噪（$\boldsymbol{K} = \boldsymbol{I}$）的方法是 Rudin 等人提出的時間推進（time-marching）算法[6]，該方法將時間變量引入函數式(1-16) 的 Euler-Lagrange 方程，不僅速度緩慢，計算精度也不盡人意。隨後，出現了求解 TV 去噪模型的滯後擴散不動點法[115]，一定程度上克服了時間推進方法的不足。該方法在處理 TV 的不可微點時需在方程分母上引入一個小的常數，這一策略在當前的一些文獻之中依然可見[28]。2004 年 Chambolle[116] 基於 TV 模型的對偶模型提出了經典的對偶梯度下降法，並嚴格證明了算法的收斂性以及所需的收斂性條件。該方法大體思路是，先將模型式(1-16) 轉化為如下原始-對偶（primal-dual）形式：

$$\max_{\boldsymbol{v}} \ \min_{\boldsymbol{u}} \left\{ \langle \boldsymbol{u}, \text{div}\boldsymbol{v} \rangle + \frac{\lambda}{2}\|\boldsymbol{K}\boldsymbol{u} - \boldsymbol{f}\|_2^2 \right\} \quad \text{s. t.} \quad |\boldsymbol{v}_{i,j}| = \sqrt{v_{i,j,1}^2 + v_{i,j,2}^2} \leqslant 1 \tag{1-17}$$

其中 $\boldsymbol{K} = \boldsymbol{I}$，div 為散度算子，其 Hilbert 伴隨算子為 $-\nabla$。設置「min」目標函數梯度為零可得 $\boldsymbol{u} = \boldsymbol{f} - \lambda^{-1}\text{div}\boldsymbol{v}$，將其代入式(1-17) 得到模型式(1-16) 的對偶模型：

$$\min_{\boldsymbol{v}} \{\|\text{div}\boldsymbol{v} - \lambda \boldsymbol{f}\|_2^2\} \quad \text{s. t.} \quad |\boldsymbol{v}_{i,j}| = \sqrt{v_{i,j,1}^2 + v_{i,j,2}^2} \leqslant 1 \tag{1-18}$$

其最優化必要條件為：

$$(\nabla(\lambda^{-1}\text{div}\boldsymbol{v} - \boldsymbol{f}))_{i,j} - |(\nabla(\lambda^{-1}\text{div}\boldsymbol{v} - \boldsymbol{f}))_{i,j}|\boldsymbol{v}_{i,j} = \boldsymbol{0} \tag{1-19}$$

隨後 Chambolle 採用了如下隱式人工推進方法迭代求解對偶變量：

$$\boldsymbol{v}_{i,j}^{k+1} = \boldsymbol{v}_{i,j}^{k} + \tau((\nabla(\lambda^{-1}\text{div}\boldsymbol{v}^k - \boldsymbol{f}))_{i,j} - |(\nabla(\lambda^{-1}\text{div}\boldsymbol{v}^k - \boldsymbol{f}))_{i,j}|\boldsymbol{v}_{i,j}^{k+1}) \tag{1-20}$$

最終根據上述的原始變量和對偶變量的關係解出原始變量，即為最終的去噪圖像。該方法通過求解 TV 去噪模型式(1-16) 的 Fenchel 對偶[5] 模型巧妙規避了 TV 模型的不可微問題，成為迄今效率最高的圖像去噪方法之一。此外，它也常作為嵌套算法出現在一些圖像反卷積算法之中[15]。但是這種對偶思想很難直接推廣到其他圖像反問題中去，原因

在於當退化矩陣 $\boldsymbol{K}$ 不是單位陣時，式(1-16) 的對偶模型中會出現 $\boldsymbol{K}^{-1}$。不幸的是 $\boldsymbol{K}$ 可能是奇異的，即其逆矩陣可能並不存在。

此外，用於非線性正則化模型求解的方法還有二階錐法[117]、正交投影法[118]、內點法[119] 和預優法[120] 等方法。這些傳統方法雖能夠針對某一特定問題給出合理的解，但其也存在近似求解、無法充分挖掘問題本身的結構、不利於大規模並行計算等故有缺陷，這些都限制了它們在當前圖像大數據背景下的應用。

1.3.2 算子分裂方法

近些年來，為更好地應對高維、海量、高品質要求的圖像大數據處理問題，一類強大的、通用的、靈活的、並行的算子分裂方法被引入到了圖像反問題領域，其基本思想是「化繁為簡，分而治之」。它們共同的數學基礎是由 Fenchel（1905—1988）、Moreau（1923—2014）和 Rockafellar（1935—）等先驅者所奠定的現代凸優化分析。次微分（subdifferential）、臨近映射（proximal mapping）、卷積下確界（infimal convolution）等概念被頻繁地運用。這類方法可以更好地應對目標函數的非線性和非光滑性以及各種繁雜的約束條件。通常算子分裂方法只需要挖掘目標函數的一階資訊，因而其計算實現又是足夠簡單的。

很多訊號處理問題，如圖像復原問題，通常可建模為以下最小化模型：

$$\min_{\boldsymbol{x}\in\mathbb{R}^N} f_1(\boldsymbol{x})+\cdots+f_m(\boldsymbol{x}) \tag{1-21}$$

其中 f_1，…，f_m 為從 $\mathbb{R}^N$ 映射到 $(-\infty, +\infty]$ 的凸函數。求解這一模型通常會碰到的一個難題是某些函數項是不可微的，這就使得一些傳統的光滑優化技術無用武之地。而算子分裂方法則通過「分離」並分別求解這些函數項，得出可行的求解算法。通常的一個假定是非光滑函數 f_i 是「可臨近的」（proximal），即其臨近算子（proximity operator）存在封閉解或可以被方便地求得，臨近分裂（proximal splitting）是算子分裂方法的基礎。實際應用表明，這一假設是足夠寬鬆的。儘管臨近算法被引入圖像處理領域的時間並不長，但它的推廣散布却異常迅速。

在介紹常用的幾個算子分裂方法之前，首先給出要用到的幾個凸分析概念。

記 $\mathbb{R}^N$ 為 N 維的 Euclidean 空間，記 $\langle\cdot,\cdot\rangle$ 為內積符號，記凸函數 $f: \mathbb{R}^N\to(-\infty, +\infty]$ 的域為 $\mathrm{dom} f=\{\boldsymbol{x}\in\mathbb{R}^N \mid f(\boldsymbol{x})<+\infty\}$；記正常凸函數集合 $\Gamma_0(\mathbb{R}^N)$ 為從 $\mathbb{R}^N$ 映射到 $(-\infty, +\infty]$ 的域是非空

的，且下半連續[5] 的凸函數。f 的 fenchel 共軛（fenchel conjugate）$f^* \in \Gamma_0(\mathbb{R}^N)$ 定義為：

$$f^*: \mathbb{R}^N \to (-\infty, +\infty]: \boldsymbol{x} \to \sup_{\boldsymbol{x}' \in \mathbb{R}^N} \langle \boldsymbol{x}', \boldsymbol{x} \rangle - f(\boldsymbol{x}') \tag{1-22}$$

f 的次微分為點集（set-valued）映射：

$$\partial f: \mathbb{R}^N \to 2^{\mathbb{R}^N}: \boldsymbol{x} \to \{\boldsymbol{b} \in \mathbb{R}^N \mid (\forall \boldsymbol{x}' \in R^N) \langle \boldsymbol{x}' - \boldsymbol{x}, \boldsymbol{b} \rangle + f(\boldsymbol{x}) \leqslant f(\boldsymbol{x}')\} \tag{1-23}$$

通常所講的次微分是集合，而次梯度（subgradient）指的是其中的某一個元素，顯然，次梯度概念是對光滑函數梯度概念的推廣。應用次梯度可以得到非光滑凸函數最小化的 Fermat 法則[5]（Fermat's rule）。

Fermat 法則：若 $f^* \in \Gamma_0(\mathbb{R}^N)$，則有：

$$\operatorname{argmin} f = \operatorname{zer} \partial f = \{\boldsymbol{x} \in \mathbb{R}^N \mid \boldsymbol{0} \in \partial f(\boldsymbol{x})\} \tag{1-24}$$

次梯度的一個重要性質是極大單調性[5]（關於極大單調算子和極大單調性質的介紹見 2.4.3 節），即它滿足：

$$\langle \boldsymbol{x} - \boldsymbol{x}', \partial f(\boldsymbol{x}) - \partial f(\boldsymbol{x}') \rangle \geqslant 0 \tag{1-25}$$

且算子 $\boldsymbol{I} + \partial f$ 的值域為 $\mathbb{R}^N$。該性質在有關分裂算法的收斂性證明中常常用到。

f 關於點 $\boldsymbol{x}$ 與 $\boldsymbol{x}'$ 的 Bregman 距離定義為：

$$D_f^{\boldsymbol{b}}(\boldsymbol{x}', \boldsymbol{x}) \triangleq f(\boldsymbol{x}') - f(\boldsymbol{x}) - \langle \boldsymbol{x}' - \boldsymbol{x}, \boldsymbol{b} \rangle \geqslant 0, \boldsymbol{b} \in \partial f(\boldsymbol{x}) \tag{1-26}$$

Bregman 距離是廣義距離，顯然它不滿足對稱性，其非負性可由次微分的定義得到。

設 Ω 為 $\mathbb{R}^N$ 中的非空集合，其示性函數（indicator fuction）定義為：

$$\iota_\Omega: \boldsymbol{x} \to \begin{cases} 0, & \boldsymbol{x} \in \Omega \\ +\infty, & \boldsymbol{x} \notin \Omega \end{cases} \tag{1-27}$$

示性函數的 fenchel 共軛為支撐函數（support fuction），其定義為：

$$\sigma_\Omega = \iota_\Omega^*: \mathbb{R}^N \to (-\infty, +\infty]: \boldsymbol{x} \to \sup_{\boldsymbol{x}' \in \Omega} \langle \boldsymbol{x}', \boldsymbol{x} \rangle \tag{1-28}$$

容易驗證如果 Ω 為非空凸集，則有 $\sigma_\Omega \in \Gamma_0(\mathbb{R}^N)$。通過引入示性函數，可以將一個約束優化問題 $\min_{\boldsymbol{x} \in \Omega} f(\boldsymbol{x})$ 轉化為等價的無約束優化問題 $\min_{\boldsymbol{x}} f(\boldsymbol{x}) + \iota_\Omega$，從而更方便於算子分裂類方法的應用。

記 $f \in \Gamma_0(\mathbb{R}^N)$ 的臨近算子為：

$$\operatorname{prox}_f: \mathbb{R}^N \to \mathbb{R}^N, \boldsymbol{x} \to \operatorname{argmin}_{\boldsymbol{x}' \in \mathbb{R}^N} f(\boldsymbol{x}') + \frac{1}{2} \| \boldsymbol{x} - \boldsymbol{x}' \|_2^2 \tag{1-29}$$

臨近算子是次微分算子的預解算子（定義見第 2 章），即 $\operatorname{prox}_f = (\boldsymbol{I} + \partial f)^{-1}$，prox 是單值映射的，且是固定非擴張的（firmly nonexpansive)（定義見第 2 章），即：

$$\|\mathrm{prox}_f \boldsymbol{x}-\mathrm{prox}_f \boldsymbol{x}'\|^2+\|(\boldsymbol{I}-\mathrm{prox}_f)\boldsymbol{x}-(\boldsymbol{I}-\mathrm{prox}_f)\boldsymbol{x}'\|^2 \leqslant \|\boldsymbol{x}-\boldsymbol{x}'\|^2 \tag{1-30}$$

此外，次微分的反射算子（reflection operator，或是反射預解算子，reflected resolvent）$2\mathrm{prox}_f-\boldsymbol{I}$ 也是非擴張的（定義見第 2 章）[5]。運用臨近算子prox_f 的固定非擴張性通常可以將一個複雜的函數極小化問題轉化為不動點問題，而其單值性則對相應算法的穩定性有著至關重要的意義。容易驗證凸集 Ω 示性函數 ι_Ω 的臨近算子為投影到 Ω 的投影算子，因此，臨近算子被認為是投影算子的推廣[121]。事實上若prox_f 存在，則 $\min\limits_{\boldsymbol{x}} f(\boldsymbol{x})$ 的極小點可通過如下臨近不動點迭代求得：

$$\boldsymbol{x}^{k+1}=\underset{\boldsymbol{x}}{\arg\min} f(\boldsymbol{x})+\frac{1}{2\beta}\|\boldsymbol{x}-\boldsymbol{x}^k\|_2^2 \tag{1-31}$$

上式又可寫為 $\boldsymbol{x}^{k+1}=\mathrm{prox}_{\beta f}(\boldsymbol{x}^k)$ 或 $\boldsymbol{x}^{k+1}=\boldsymbol{x}^k-\beta\partial f(\boldsymbol{x}^{k+1})$。這就是所謂的臨近點算法（proximal point algorithm，PPA）。接下來，簡要介紹當前流行的幾種以臨近點方法為基礎的算子分裂方法。

（1）Bregman 迭代與線性 Bregman 迭代方法

Osher 等於 2005 年將 Bregman 迭代方法引入了圖像處理領域，並將其應用到了基於 TV 的圖像去噪與去模糊[122]。相比於此前的方法，該方法有著較好的通用性和較高的計算效率。Bregman 迭代法可以用來求解以下類型的圖像反問題：

$$\min_{\boldsymbol{x}} f(\boldsymbol{x}),\quad \text{s.t.}\quad \phi(\boldsymbol{x})=\boldsymbol{b} \tag{1-32}$$

式中，算子 **A** 可以是非線性的，Bregman 迭代方法的迭代規則為：

$$\begin{cases}\boldsymbol{x}^{k+1}=\underset{\boldsymbol{x}}{\arg\min} D_f^{\boldsymbol{p}^k}(\boldsymbol{x},\boldsymbol{x}^k)+\dfrac{\beta}{2}\|\phi(\boldsymbol{x})-\boldsymbol{b}\|_2^2 \\ \boldsymbol{p}^{k+1}=\boldsymbol{p}^k-\beta(\nabla\phi)^{\mathrm{T}}(\phi(\boldsymbol{x}^{k+1})-\boldsymbol{b})\in\partial f(\boldsymbol{x}^{k+1})\end{cases} \tag{1-33}$$

其中 $\boldsymbol{p}^k$ 為 f 在 $\boldsymbol{x}^k$ 處的次梯度，$\beta\in(0,+\infty)$ 為懲罰參數，$D_f^{\boldsymbol{p}^k}(\boldsymbol{x},\boldsymbol{x}^k)$ 為 Bregman 距離。如果 $\phi=\boldsymbol{A}$ 是線性的（這種情況在圖像反問題中更為普遍），迭代規則式(1-33) 可以轉化為下列更為緊湊的形式[123]：

$$\begin{cases}\boldsymbol{x}^{k+1}=\underset{\boldsymbol{x}}{\arg\min} f(\boldsymbol{x})+\dfrac{\beta}{2}\|\boldsymbol{A}\boldsymbol{x}-\boldsymbol{b}^k\|_2^2 \\ \boldsymbol{b}^{k+1}=\boldsymbol{b}^k+\boldsymbol{b}-\boldsymbol{A}\boldsymbol{x}^{k+1}\end{cases} \tag{1-34}$$

針對同樣類型的問題，Yin 等則將 Bregman 迭代法加以改進，得到了線性 Bregman 迭代法[123,124]，並將其應用到了壓縮感知的基追踪問題上（$f(\boldsymbol{x})=\|\boldsymbol{x}\|_1$）。令式(1-33) 中 $\phi=\boldsymbol{A}$ 為線性，其基本思想是將二次

項在 $\boldsymbol{x}^k$ 附近做 Taylor 展開：

$$\|\boldsymbol{Ax}-\boldsymbol{b}\|_2^2 \approx \|\boldsymbol{Ax}^k-\boldsymbol{b}\|_2^2+2\langle \boldsymbol{x}-\boldsymbol{x}^k, \boldsymbol{A}^{\mathrm{T}}(\boldsymbol{Ax}^k-\boldsymbol{b})\rangle+\frac{1}{\delta}\|\boldsymbol{x}-\boldsymbol{x}^k\|_2^2 \tag{1-35}$$

線性 Bregman 迭代法針對問題式(1-32)（$\phi=\boldsymbol{A}$）的迭代規則為：

$$\begin{cases} \boldsymbol{x}^{k+1}=\underset{\boldsymbol{x}}{\operatorname{argmin}} D_f^{\boldsymbol{p}^k}(\boldsymbol{x},\boldsymbol{x}^k)+\dfrac{\beta}{2\delta}\|\boldsymbol{x}-(\boldsymbol{x}^k-\delta\boldsymbol{A}^{\mathrm{T}}(\boldsymbol{Ax}^k-\boldsymbol{b}))\|_2^2, 0<\delta<1/\|\boldsymbol{A}^{\mathrm{T}}\boldsymbol{A}\|_2 \\ \boldsymbol{p}^{k+1}=\boldsymbol{p}^k-\dfrac{\beta}{\delta}(\boldsymbol{x}^{k+1}-\boldsymbol{x}^k)-\beta\boldsymbol{A}^{\mathrm{T}}(\boldsymbol{Ax}^k-\boldsymbol{b}) \end{cases} \tag{1-36}$$

需要指出的是，只有當 δ 滿足上述給定條件時，線性 Bregman 迭代法才是收斂的，該方法通常具有比基本 Bregman 迭代更高的執行效率，因為它往往可以避免反問題中常見的矩陣求逆環節。

問題式(1-32) 顯然是針對「乾凈」數據的，當觀測數據含有噪聲時，兩種 Bregman 方法則採用 $\|\boldsymbol{Au}-\boldsymbol{b}\|_2^2\leqslant c$ 作為停機準則，這需要根據噪聲程度預先估計出 c 的值。文獻［122］和［124］分別提供了 Bregman 迭代法和線性 Bregman 法的收斂性證明。Bregman 方法在處理更複雜的問題時顯得捉襟見肘，但它們為後續分裂 Bregman 方法的提出建立堅實的理論基礎。

（2）分裂 Bregman 法

2009 年，Goldstein 和 Osher[125] 在變量分裂（variable splitting，VS）[126] 和 Bregman 迭代法的基礎上提出了分裂 Bregman 算法（splitting bregman algorithm，SBA），並將其應用到了 l_1 正則化的反問題中。該方法可以用來求解以下類型的問題：

$$\min_{\boldsymbol{x}} f_1(\boldsymbol{x})+f_2(\phi(\boldsymbol{x})) \tag{1-37}$$

首先通過引入輔助變量 $\boldsymbol{d}$，可將上式轉化為下列等價線性約束優化問題：

$$\min_{\boldsymbol{x},\boldsymbol{d}} f_1(\boldsymbol{x})+f_2(\boldsymbol{d}), \phi(\boldsymbol{x})=\boldsymbol{d} \tag{1-38}$$

令凸函數 $E(\boldsymbol{x},\boldsymbol{d})=f_1(\boldsymbol{x})+f_2(\boldsymbol{d})$，參考 Bregman 迭代的思想可以得到以下迭代形式：

$$\begin{cases} (\boldsymbol{x}^{k+1},\boldsymbol{d}^{k+1})=\underset{\boldsymbol{x},\boldsymbol{d}}{\operatorname{argmin}} D_E^{\boldsymbol{p}^k}(\boldsymbol{x},\boldsymbol{d},\boldsymbol{x}^k,\boldsymbol{d}^k)+\dfrac{\beta}{2}\|\phi(\boldsymbol{x})-\boldsymbol{d}\|_2^2 \\ \boldsymbol{p}_{\boldsymbol{x}}^{k+1}=\boldsymbol{p}_{\boldsymbol{x}}^k-\beta(\nabla\phi)^{\mathrm{T}}(\phi(\boldsymbol{x}^{k+1})-\boldsymbol{d}^{k+1}) \\ \boldsymbol{p}_{\boldsymbol{d}}^{k+1}=\boldsymbol{p}_{\boldsymbol{d}}^k-\beta(\boldsymbol{d}^{k+1}-\phi(\boldsymbol{x}^{k+1})) \end{cases} \tag{1-39}$$

這即是所謂的分裂 Bregman 方法。第一步中的 $\boldsymbol{x}^{k+1}$ 和 $\boldsymbol{d}^{k+1}$ 的求解可以交替進行。看上去第一步需要引入一個嵌套迭代，但實際上它並不需要精確求解，且精確求解的精度會被後續變量的更新浪費掉。實驗表明，$\boldsymbol{x}^{k+1}$ 和 $\boldsymbol{d}^{k+1}$ 只需交替求解一次即可，且該情況下的收斂性依然可以嚴格證明[127,128]。與 Bregman 迭代不同的是，這裡等式約束的兩端都是變量。當 $\phi=\boldsymbol{A}$ 為線性算子時，迭代規則式(1-39) 同樣可以簡化為：

$$\begin{cases}\boldsymbol{x}^{k+1}=\underset{\boldsymbol{x}}{\operatorname{argmin}} f_1(\boldsymbol{x})+\dfrac{\beta}{2}\|\boldsymbol{A}\boldsymbol{x}-\boldsymbol{d}^k+\boldsymbol{b}^k\|_2^2\\ \boldsymbol{d}^{k+1}=\underset{\boldsymbol{d}}{\operatorname{argmin}} f_2(\boldsymbol{d})+\dfrac{\beta}{2}\|\boldsymbol{d}-\boldsymbol{A}\boldsymbol{x}^{k+1}-\boldsymbol{b}^k\|_2^2=\operatorname{prox}_{f_2/\beta}(\boldsymbol{A}\boldsymbol{x}^{k+1}+\boldsymbol{b}^k)\\ \boldsymbol{b}^{k+1}=\boldsymbol{b}^k+\boldsymbol{A}\boldsymbol{x}^{k+1}-\boldsymbol{d}^{k+1}\end{cases} \tag{1-40}$$

上式中，$\boldsymbol{x}^{k+1}$ 和 $\boldsymbol{d}^{k+1}$ 的求解僅交替進行了一次。輔助變量的引入是十分重要的，它使得兩個凸函數項在求解時可以分離開來，而關於輔助變量 $\boldsymbol{d}$ 的求解是一個臨近點問題。

運用線性 Bregman 的思想也可以方便地將分裂 Bregman 方法轉換為線性分裂 Bregman 方法[129]。

(3) 交替方向乘子法與線性交替方向乘子法

與 Bregman 分裂法類似，交替方向乘子法（alternating direction method of multipliers，ADMM）[15,130]，又稱為交替方向法（alternating direction method，ADM），同樣融入了變量分裂思想。它通過求解式(1-38)（$\phi=\boldsymbol{A}$）的增廣 Lagrange 函數的鞍點來求解式(1-37)。式(1-38) 的增廣 Lagrange 函數為：

$$L_A(\boldsymbol{x},\boldsymbol{d};\boldsymbol{b})\triangleq f_1(\boldsymbol{x})+f_2(\boldsymbol{d})+\langle\boldsymbol{b},\boldsymbol{A}\boldsymbol{x}-\boldsymbol{d}\rangle+\frac{\beta}{2}\|\boldsymbol{A}\boldsymbol{x}-\boldsymbol{d}\|_2^2 \tag{1-41}$$

其中 $\boldsymbol{b}$ 為 Lagrange 對偶變量，又稱為 Lagrange 乘子，$\beta\in(0,+\infty)$ 為懲罰參數。增廣 Lagrange 方法（augmented lagrangian method，ALM）[15] 可以通過以下迭代規則求解式(1-41) 的鞍點：

$$\begin{cases}(\boldsymbol{x}^{k+1},\boldsymbol{d}^{k+1})=\underset{\boldsymbol{x},\boldsymbol{d}}{\operatorname{argmin}} f_1(\boldsymbol{x})+f_2(\boldsymbol{d})+\dfrac{\beta}{2}\|\boldsymbol{A}\boldsymbol{x}-\boldsymbol{d}+\boldsymbol{b}^k/\beta\|_2^2\\ \boldsymbol{b}^{k+1}=\boldsymbol{b}^k+\beta(\boldsymbol{A}\boldsymbol{x}^{k+1}-\boldsymbol{d}^{k+1})\end{cases} \tag{1-42}$$

與分裂 Bregman 迭代法類似，第一步並不需要精確求解，若 $\boldsymbol{x}^{k+1}$ 和 $\boldsymbol{d}^{k+1}$ 交替求解的迭代次數為 1，則可得到如下交替方向乘子法的迭代規則：

$$
\begin{cases}
\boldsymbol{x}^{k+1}=\underset{\boldsymbol{x}}{\operatorname{argmin}} f_1(\boldsymbol{x})+\dfrac{\beta}{2}\|\boldsymbol{A}\boldsymbol{x}-\boldsymbol{d}^k+\boldsymbol{b}^k/\beta\|_2^2 \\
\boldsymbol{d}^{k+1}=\underset{\boldsymbol{d}}{\operatorname{argmin}} f_2(\boldsymbol{d})+\dfrac{\beta}{2}\|\boldsymbol{d}-\boldsymbol{A}\boldsymbol{x}^{k+1}-\boldsymbol{b}^k/\beta\|_2^2=\operatorname{prox}_{f_2/\beta}(\boldsymbol{A}\boldsymbol{x}^{k+1}+\boldsymbol{b}^k/\beta) \\
\boldsymbol{b}^{k+1}=\boldsymbol{b}^k+\beta(\boldsymbol{A}\boldsymbol{x}^{k+1}-\boldsymbol{d}^{k+1})
\end{cases}
\tag{1-43}
$$

式(1-40) 與式(1-43) 僅相差一個常數，而這一常數通過變量替換可以消除，這說明分裂 Bregman 與交替方向法在線性約束條件下是完全等價的。

如果對式(1-43) 第一步中的二次項在 $\boldsymbol{x}^k$ 附近做 Taylor 展開則可以導出適用範圍更廣的線性交替方向乘子法（linearized ADMM，LADMM）[92,131-135]：

$$
\begin{cases}
\boldsymbol{x}^{k+1}=\operatorname{prox}_{\delta f_1}(\boldsymbol{x}^k-\delta\beta\boldsymbol{A}^{\mathrm{T}}(\boldsymbol{A}\boldsymbol{x}^k-\boldsymbol{d}^k+\boldsymbol{b}^k/\beta)),0<\delta<1/(\beta\|\boldsymbol{A}^{\mathrm{T}}\boldsymbol{A}\|_2) \\
\boldsymbol{d}^{k+1}=\operatorname{prox}_{f_2/\beta}(\boldsymbol{A}\boldsymbol{x}^{k+1}+\boldsymbol{b}^k/\beta) \\
\boldsymbol{b}^{k+1}=\boldsymbol{b}^k+\beta(\boldsymbol{A}\boldsymbol{x}^{k+1}-\boldsymbol{d}^{k+1})
\end{cases}
\tag{1-44}
$$

有關 ADMM 類算法的發展歷程，可以參閱綜述文獻［136］～［138］。

(4) 前向-後向分裂法

前向-後向分裂（forward-backward splitting，FBS）法[139] 用以解決以下類型問題：

$$\min_{x\in\mathbb{R}^N} f_1(\boldsymbol{x})+f_2(\boldsymbol{x}) \tag{1-45}$$

其中 f_1 是「可臨近的」，即其臨近算子存在閉合形式或可以方便地求解，f_2 則是可微的，且其梯度為 Lipschitz 連續，即：

$$\|\nabla f_2(\boldsymbol{x})-\nabla f_2(\boldsymbol{x}')\|\leqslant\gamma\|\boldsymbol{x}-\boldsymbol{x}'\|,\forall(\boldsymbol{x},\boldsymbol{x}')\in\mathbb{R}^N\times\mathbb{R}^N \tag{1-46}$$

取 $\varepsilon\in(0,\ \min\{1,\ 1/\gamma\})$，則式(1-45) 可通過如下迭代規則求解：

$$
\begin{cases}
\boldsymbol{y}^k=\boldsymbol{x}^k-\beta\nabla f_2(\boldsymbol{x}^k),\beta\in[\varepsilon,\ 2/\gamma-\varepsilon] \\
\boldsymbol{x}^{k+1}=\boldsymbol{x}^k+\theta^k(\operatorname{prox}_{\beta f_1}\boldsymbol{y}^k-\boldsymbol{x}^k),\theta^k\in[\varepsilon,\ 1]
\end{cases}
\tag{1-47}
$$

式中，涉及梯度下降的第一步被稱為前向步驟，而涉及臨近算子的第二步被稱為後向步驟。式(1-47) 的導出運用了臨近算子的非擴張性[5]，具體的是：

$$\operatorname{Fix}(\operatorname{prox}_{\beta f_1}(\boldsymbol{I}-\beta\nabla f_2))=\operatorname{zer}(\partial f_1+\nabla f_2) \tag{1-48}$$

其中 Fix 表示不動點。事實上，FBS 算法可以看作 PPA 的一種推廣，FBS 的（次）梯度形式為：

$$\boldsymbol{x}^{k+1}\in\boldsymbol{x}^k-\beta(\partial f_1(\boldsymbol{x}^{k+1})+\nabla f_2(\boldsymbol{x}^k)) \tag{1-49}$$

即為分離 f_1 與 f_2 將$\nabla f_2(\boldsymbol{x}^{k+1})$（PPA 形式）換成了$\nabla f_2(\boldsymbol{x}^k)$。

當$\lambda^k \equiv 1$且 $f_1=\iota_\Omega$ 時，記 P_Ω 為投影到凸集 Ω 的投影算子，式(1-49)轉化為：

$$\boldsymbol{x}^{k+1}=P_\Omega(\boldsymbol{x}^k-\beta^k \nabla f_2(\boldsymbol{x}^k)) \tag{1-50}$$

即經典的梯度投影（gradient projection）算法。

運用前向-後向分裂法的一個經典例子是 Beck 和 Teboulle 的快速迭代收縮/閾值算法（fast iterative shrinkage/thresholding algorithm，FISTA）[140]，其迭代規則為：

$$\begin{cases} \boldsymbol{x}^{k+1}=\text{prox}_{\gamma^{-1}f_1}(\boldsymbol{z}^k-\gamma^{-1}\nabla f_2(\boldsymbol{z}^k)) \\ t_{k+1}=\dfrac{1+\sqrt{4t_k^2+1}}{2}(t_0=1) \\ \boldsymbol{z}^{k+1}=\boldsymbol{x}^k+\left(\dfrac{t_k-1}{t_{k+1}}\right)(\boldsymbol{x}^k-\boldsymbol{x}^{k-1}) \end{cases} \tag{1-51}$$

在文獻［140］中，Beck 和 Teboulle 將 FISTA 應用到了 TV 去噪問題式(1-16）的對偶問題上，但是在將 FISTA 應用到 TV 去模糊時，則需要嵌套使用該算法，原因是 TV 去模糊的對偶問題涉及模糊矩陣求逆，而這一過程通常是無法實現的。

(5) Douglas-Rachford 分裂法與 Peaceman-Rachford 分裂法

上述的 FBS 算法需要式(1-45）兩函數中的一項為可微，這一點對於很多實際應用是較為苛刻的，Douglas-Rachford 分裂（Douglas-Rachford splitting，DRS）法[141] 則只要求式(1-45）中兩函數的臨近算子存在，它通過以下迭代實現兩函數項的解耦：

$$\begin{cases} \boldsymbol{x}^h=\text{prox}_{\beta f_2}\boldsymbol{y}^k,\beta>0 \\ \boldsymbol{y}^{k+1}=\boldsymbol{y}^k+\text{prox}_{\beta f_1}(2\boldsymbol{x}^k-\boldsymbol{y}^k)-\boldsymbol{x}^k \end{cases} \tag{1-52}$$

記 $\boldsymbol{T}_{\text{PRS}}=(2\text{prox}_{f_1}-\boldsymbol{I})\circ(2\text{prox}_{f_2}-\boldsymbol{I})$，則 DRS 的次梯度形式為：

$$\boldsymbol{y}^{k+1}=\frac{1}{2}(\boldsymbol{I}+\boldsymbol{T}_{\text{PRS}})(\boldsymbol{y}^k)\in \boldsymbol{y}^k-\beta(\partial f_1(\text{prox}_{\beta f_1}(2\boldsymbol{x}^k-\boldsymbol{y}^k))+\partial f_2(\boldsymbol{y}^k)) \tag{1-53}$$

即：

$$\boldsymbol{y}^{k+1}=\frac{1}{2}(\boldsymbol{I}+\boldsymbol{T}_{\text{PRS}})(\boldsymbol{y}^k)\text{或 }\boldsymbol{y}^{k+1}\in\text{Fix}\left(\frac{1}{2}(\boldsymbol{I}+\boldsymbol{T}_{\text{PRS}})\right) \tag{1-54}$$

根據臨近算子 prox 的非擴張性和反射預解算子的非擴張性（見 2.4.3 節），$\boldsymbol{T}_{\text{PRS}}$ 是非擴張的，故 $(\boldsymbol{I}+\boldsymbol{T}_{\text{PRS}})/2$ 為 1/2 平均算子，是固定非擴張的（見 2.4.2 節）。將式(1-54）中的 1/2 平均進行鬆弛，則可以得到下列 Peaceman-Rachford 分裂（Peaceman-Rachford splitting，PRS）算法[142,143]：

$$\begin{cases} \boldsymbol{x}^k = \text{prox}_{\beta f_2} \boldsymbol{y}^k, \beta > 0, \\ \boldsymbol{y}^{k+1} = \left(1 - \dfrac{\theta^k}{2}\right) \boldsymbol{y}^k + \dfrac{\theta^k}{2} \boldsymbol{T}_{\text{PRS}} \boldsymbol{y}^k = \boldsymbol{y}^k + \theta^k (\text{prox}_{\beta f_1}(2\boldsymbol{x}^k - \boldsymbol{y}^k) - \boldsymbol{x}^k), \theta^k \in (0, 2] \end{cases} \tag{1-55}$$

其次梯度形式為：

$$\text{prox}_{\beta f_2}(\text{Fix}\boldsymbol{T}_{\text{PRS}}) = \text{zer}(\partial f_1 + \partial f_2) \tag{1-56}$$

（6）原始-對偶分裂法

原始-對偶分裂（primal-dual splitting，PDS）法[144] 可以通過求解 Lagrange 問題的鞍點，同時求解原始問題和對偶問題。相比於前述的分裂方法，原始-對偶分裂靈活性更強，所能解決的問題也更寬泛，因而逐步成為新的研究焦點。

Chambolle 和 Pock 兩人於 2011 年提出了一種用於求解

$$\min_{\boldsymbol{x} \in X} f_1(\boldsymbol{x}) + f_2(\boldsymbol{A}\boldsymbol{x}) \tag{1-57}$$

的一般性原始-對偶算法[145]，掀起了原始-對偶理論在圖像反問題中的應用熱潮。

利用 $f_2(\boldsymbol{A}\boldsymbol{x})$ 的 Fenchel 共軛可以得到問題式(1-57) 的 Lagrange 函數：

$$\min_{\boldsymbol{x} \in X} \max_{\boldsymbol{y} \in V} \ f_1(\boldsymbol{x}) + \langle \boldsymbol{A}\boldsymbol{x}, \boldsymbol{y} \rangle - f_2^*(\boldsymbol{y}) \tag{1-58}$$

再次運用 $f_1(\boldsymbol{x})$ 的 Fenchel 共軛可以得到問題式(1-57) 的 Fenchel-Rockafellar 對偶問題：

$$\max_{\boldsymbol{y} \in V} -(f_1^*(-\boldsymbol{A}^* \boldsymbol{y}) + f_2^*(\boldsymbol{y})) \tag{1-59}$$

其中，$\boldsymbol{A}^*$ 為 $\boldsymbol{A}$ 的伴隨算子（adjoint operator，又稱共軛算子，Hilbert 空間中有 $\langle \boldsymbol{A}\boldsymbol{x}, \boldsymbol{y} \rangle = \langle \boldsymbol{x}, \boldsymbol{A}^* \boldsymbol{y} \rangle$，Euclidean 空間中，$\boldsymbol{A}^*$ 即為 $\boldsymbol{A}^{\text{T}}$）。

Chambolle 和 Pock 的方法可以求解式(1-58) 的鞍點，在不存在對偶間隙的情況下，式(1-57) 和式(1-59) 的目標函數值相同。該方法的迭代規則為：

$$\begin{cases} \boldsymbol{x}^{k+1} = \underset{\boldsymbol{x}}{\text{argmin}} f_1(\boldsymbol{x}) + \langle \boldsymbol{x}, \boldsymbol{A}^* \boldsymbol{y}^k \rangle + \dfrac{1}{2s} \| \boldsymbol{x} - \boldsymbol{x}^k \|_2^2 = \text{prox}_{s f_1}(\boldsymbol{x}^k - s\boldsymbol{A}^* \boldsymbol{y}^k) \\ \boldsymbol{y}^{k+1} = \underset{\boldsymbol{y}}{\text{argmin}} f_2^*(\boldsymbol{y}) - \langle \boldsymbol{A}\boldsymbol{x}^{k+1}, \boldsymbol{y} \rangle + \dfrac{1}{2t} \| \boldsymbol{y} - \boldsymbol{y}^k \|_2^2 = \text{prox}_{t f_2^*}(\boldsymbol{y}^k + t\boldsymbol{A}\boldsymbol{x}^{k+1}) \end{cases} \tag{1-60}$$

改進格式為：

$$
\begin{cases}
\boldsymbol{y}^{k+1}=\operatorname{prox}_{tf_2^*}(\boldsymbol{y}^k+t\boldsymbol{A}\widetilde{\boldsymbol{x}}^k) \\
\boldsymbol{x}^{k+1}=\operatorname{prox}_{tf_1}(\boldsymbol{x}^k-s\boldsymbol{A}^*\boldsymbol{y}^{k+1}) \\
\widetilde{\boldsymbol{x}}^{k+1}=\boldsymbol{x}^{k+1}+\theta(\boldsymbol{x}^{k+1}-\boldsymbol{x}^k),\theta\in[0,1]
\end{cases}
\tag{1-61}
$$

此外，Chambolle 和 Pock 還針對不同情況對式(1-61) 作了改進。

事實上，早在 2008 年，Zhu 和 Chan 已將式(1-61) 在 $\theta=0$ 時的特殊情況[146]（筆者將其命名為原始-對偶聯合梯度法，primal-dual hybrid gradient，PDHG）應用於基於 TV 的圖像復原模型式(1-16)，並以此來解決 TV 原始模型不可微和對偶問題（TV 去噪）解不唯一的情況，但當時筆者並未將該算法一般化，也未嚴格地分析其收斂性。

當前，原始-對偶分裂方法多基於極大單調算子理論和非擴張算子理論來構建，而並非簡單地應用次梯度的一些性質，這樣可以導出一些性能更為強大、適用範圍更廣的算法[147-151]。

事實上，以上所討論的算子分裂方法在某些特定的情況下可以建立等價關係。如分裂 Bregman 算法（SBA）、交替方向乘子法（ADMM）和 Douglas-Rachford 分裂算法（DRSA）在應用於原始問題式(1-57)（P）和對偶問題式(1-59)（D）時具有如圖 1-2 所示的等價性關係[152]。

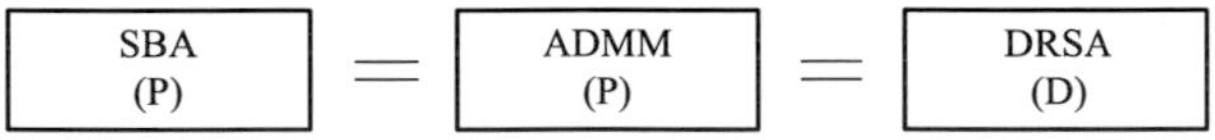

圖 1-2　幾種算子分裂方法的等價關係

以上算子分裂方法也存在一些共同缺陷，如多數基本算法僅針對目標函數包含兩個函數項的情況；很多分裂方法在設計過程中會引入輔助變量，這使得這些方法在求解上相對繁瑣複雜[153]。發展並行的算子分裂方法[154-158]，並將其與分布式計算相結合來應對圖像大數據問題，是今後很長一段時期內學術界研究的熱門問題。此外，原始-對偶算法與其他方法之間的聯繫也是值得深入研究的學術問題[153]。

1.3.3 分裂算法的收斂性分析

目前，有關算子分裂方法的一個重要研究焦點和難點是其漸進收斂行為分析。算子分裂方法之所以發展迅速，應用廣泛，一個很重要的原因是其理論基礎堅實，這既體現在算法的設計上，也體現在收斂性的分析上。通常，算法的收斂性分析包含兩個方面，一個是收斂性證明，即算法是否能夠準確找到目標函數的解；另一個則是收斂速率分析，即算法能以多快速率逼近問題的最優解。收斂速率可以通過不動點殘差（fixd-point resudual，FPR，即連續兩步迭代結果的 Euclidean 距離）、目標函數值偏差（objecitve error）和對偶間隙（duality gap）來描述[143,159]。

目前算子分裂的收斂性分析有兩種主要途徑，變分不等式（variation inequality，VI）和非擴張算子[5]。較先推廣應用的 Bregman 類算法和 ADMM 算法大都基於變分不等式進行算法收縮性和收斂性分析，而前向-後向分裂法、Douglas-Rachford 分裂法和最新的原始-對偶分裂法因其導出與極大單調算子和非擴張算子直接相關，大都會通過非擴張算子不動點迭代的收縮性進行收斂性分析。相比於基於非擴張算子收縮性的方法，基於變分不等式的方法更為繁雜，但對理論基礎要求較低。我國南京大學知名學者何炳生教授在其課件《凸優化和單調變分不等式的收縮算法》（個人網站）中詳細介紹了有關變分不等式的基礎。

Yin Wotao 等[160-163]（美國 UCLA）以及何炳生團隊[127,128]對 Bregman 類算法和 ADMM 類算法進行了系統的收斂性分析。Yin 等在文獻［143］和［159］中指出，對於現有的諸多算子分裂方法而言，在不加附加條件的情況下通常可以證得收斂速率 $O(1/k)$；在文獻［161］中則指出，如果式(1-57) 中的某項具備強凸性和 Lipschitz 連續的梯度，則 ADMM 算法可以獲得收斂速率 $O(1/c^k)$（c 為某個大於 0 的常數）。何炳生等在文獻［127］和［128］中分別證明了 DRS/ADMM 遍歷和非遍歷的 $O(1/k)$ 收斂速率。此外，Goldstein 等在文獻［164］中通過採用 Nesterov 加速法[165]（同樣被 FISTA[140] 所採用）使 ADMM 獲得了 $O(1/k^2)$ 的收斂速率；Chambolle 和 Pock 則證明瞭其原始-對偶分裂算法[145] 的 $O(1/k)$ 收斂性，在採用 Nesterov 加速法時證明了其$O(1/k^2)$ 收斂性，並在假設兩函數項均為強凸的情況下證明了算法的 $O(1/c^k)$ 收斂性。

1.3.4 正則化參數的自適應估計

儘管圖像復原技術已走過 50 多年的發展歷程，但到目前為止，實時圖像復原技術仍鮮見報導，其原因在於，一是圖像復原計算量大，對硬體技術要求高；二是算法的自動化實現問題仍未得到很好的解決。圖像復原算法自動化實現的一個關鍵問題是正則化參數的自適應選取。

正則化參數起到平衡保真項與正則項的作用。在正則化函數式(1-7) 中，若正則化參數選取過小，則容易致使復原結果過分偏離觀測數據，導致過平滑的結果；若正則化參數選取過大，則又會導致復原結果中含有噪聲，不夠平滑。

選取正則化參數最簡單的方法是在求解目標函數前人為選定，這也是當前大多數文獻中的做法[84,125,126,166,167]。然而，這種人為選取的方式不僅耗時過長，且不利於圖像復原的全自動化實現。此外，諸多因素如圖像噪聲程度、模糊函數類型和尺寸、圖像類型等，都會對正則化參數的選取產生影響[168]，這對於執行者的經驗是一個不小的挑戰。

當前，帶有正則化參數自動更新的自適應圖像復原算法越來越受到學術界的重視，成為圖像處理的一個焦點問題。從現有的研究成果來看，多種手段可以用於實現正則化參數的自適應選取，這些方法包括 Morozov 偏差原理[15,30,168-172]（需要關於噪聲程度的先驗知識）、廣義交叉確認法[173,174]（generalized cross-validation，GCV）（無需輸入噪聲水平）、L 曲線法[175,176]、無偏預先風險估計法[177]（unbiased predictive risk estimator，UPRE）、變分 Bayes 方法[106] 和參數下降法[178] 等。

GCV 方法在正則項具有二次形式時可以方便地應用，然而，這在實際中並不容易滿足（如 TV 正則化的圖像復原），GCV 公式極小點的求得也並不容易，此外，該方法易導致欠平滑的結果[30]。L 曲線法通過找到關於正則項和保真項對數曲線的角點來確認正則化參數，但若曲線本身較為光滑則角點會難以確定，且該方法計算量龐大。變分 Bayes 方法的正則化參數可以表示為圖像和噪聲模型超參數的函數，在參數估計的過程中，可以自然地得到正則化參數，但變分 Bayes 方法自身的求解就是一個難題。參數下降法首先選擇一個較大的正則化參數對目標函數進行求解，再採用某種策略減小正則化參數，直至滿足一定的停止準則，則最終的參數即為所要求取的正則化參數。然而，參數下降準則和算法停止準則的選取是該方法所要面對的一個難題，這也使得算法的收斂性難以保證。

當觀測圖像的噪聲程度可估計時，Morozov 偏差原理是實現正則化參數自適應選取的可行方案。該原理通過匹配殘差到某一上限來確定正則化參數。根據該原理，復原結果的可行域為：

$$\Psi \triangleq \{\boldsymbol{u} : D(\boldsymbol{Ku}, \boldsymbol{f}) \leqslant c\} \tag{1-62}$$

其中 c 為噪聲相關的常數。若觀測噪聲為 Gauss 噪聲，則 $c=\tau mn\sigma^2$，其中 τ 為預先確定的噪聲依賴的常數（當噪聲不為 Gauss 白噪聲時，不等式具有不同形式）。該方法的本質是直接求解約束優化問題式(1-6)，並進行正則化參數估計。

當前，基於偏差原理的自適應圖像復原所存在的主要問題是，在實現正則化參數自適應選擇的同時，需要在基本迭代算法中引入內部迭代[15,30,170-172]。此外，自適應圖像復原算法的收斂性並不能直接由非自適應算法的收斂性保證，需要有嚴格的理論證明，而這在大多數的文獻中並未涉及。

在過去的十年間，算子分裂研究無論在理論方法，還是在實際應用上都取得了顯著進步，特別是近幾年，國內外學者在基於算子分裂的圖像反問題求解上取得了豐碩成果。當前，面對高維、海量的圖像大數據處理問題，發展一類通用靈活、並行快速的算子分裂方法成為必然。

第2章

數學基礎

2.1 概述

圖像處理是訊號處理的一個分支，傳統上，圖像處理是建立在 Fourier 分析和譜分析的機制之上的。在過去的幾十年裹，為更好地對圖像進行處理，大量新的方法和工具被引入到該領域，如涉及圖像建模的與許多幾何正則性相聯繫的變分方法、以小波為中心的應用調和分析、建立在隨機場理論和貝葉斯推斷理論基礎上的隨機方法、人工智慧方法、機器學習方法等，與優化目標函數求解相關的 Hilbert 空間理論和方法等。在一本書之中，想要對所有的數學基礎知識均面面俱到顯然並不可能。本章著重介紹了卷積、Fourier 變換和 Hilbert 空間的一些基礎知識，作為本書後續各章節的理論基礎。

2.2 卷積

2.2.1 一維離散卷積

設一線性時不變系統的脈衝響應為 $h(t)$，則其輸出訊號 $y(t)$ 可表示為輸入訊號 $x(t)$ 和 $h(t)$ 的卷積：

$$y(t)=\int_{-\infty}^{+\infty} h(\tau)x(t-\tau)\mathrm{d}\tau \tag{2-1}$$

系統可以是因果系統，也可以是非因果系統。若系統是有界輸入有界輸出（BIBO）的時，則稱系統是穩定的，此時有：

$$\int_{-\infty}^{+\infty} |h(\tau)| \mathrm{d}\tau < \infty \tag{2-2}$$

容易證明，式(2-1) 中的 $h(t)$ 和 $x(t)$ 可以互易，即有：

$$y(t)=\int_{-\infty}^{+\infty} x(\tau)h(t-\tau)\mathrm{d}\tau \tag{2-3}$$

簡單起見，式(2-1) 和式(2-3) 通常記為：

$$y(t)=h(t)*x(t)=x(t)*h(t) \tag{2-4}$$

其中，$*$ 為卷積運算符。關於卷積的一些運算性質，可在訊號與系統相關的教材中找到，此處從略。

為在電腦上進行訊號處理，必須將連續訊號和系統響應數字化。數字化包括兩件事：採樣和量化。為分析方便，通常討論模擬採樣序列。將 $x(t)$、$h(t)$ 和 $y(t)$ 的模擬採樣序列分別記為 $x(n)$、$h(n)$ 和 $y(n)$，則式(2-1) 所對應的離散形式為：

$$y(n)=\sum_{k=-\infty}^{+\infty} h(n-k)x(k)=\sum_{k=-\infty}^{+\infty} h(k)x(n-k) \tag{2-5}$$

若系統為因果的，則式(2-5) 的第二項求和的上限只能到 $k=n$，而第三項求和只能從 $k=0$ 開始。電腦僅能處理有限離散卷積，給定序列 $x(n)$，$n=0,1,2,\cdots,N-1$ 和 $h(n)$，$n=0,1,2,\cdots,M-1$，其中 M 和 N 是正整數。則式(2-5) 變為：

$$y(n)=\sum_{k=0}^{N-1} x(k)h(n-k)=\sum_{k=0}^{M-1} h(k)x(n-k), \qquad n=0,1,2,\cdots,L-1 \tag{2-6}$$

其中，$L=M+N-1$ 為序列 $y(n)$ 的長度。

為便於分析計算，可將離散卷積公式寫作向量形式，記：

$$\boldsymbol{x}=[x_0,x_1,x_2,\cdots,x_{N-1}]^{\mathrm{T}} \tag{2-7}$$

$$\boldsymbol{h}=[h_0,h_1,h_2,\cdots,h_{M-1}]^{\mathrm{T}} \tag{2-8}$$

$$\boldsymbol{y}=[y_0,y_1,y_2,\cdots,y_{L-1}]^{\mathrm{T}} \tag{2-9}$$

容易驗證，卷積公式(2-6) 可寫作：

$$\boldsymbol{y}=\boldsymbol{F}_{(h,N)}\boldsymbol{x}=\boldsymbol{F}_{(x,M)}\boldsymbol{h} \tag{2-10}$$

其中，$\boldsymbol{F}_{(h,N)}$ 為 $\boldsymbol{h}$ 的元素構成的矩陣，有 N 列，形式如下：

$$\boldsymbol{F}_{(h,N)}=\begin{bmatrix} h_0 & & \\ h_1 & h_0 & \\ \vdots & & \ddots & \\ \vdots & \vdots & & h_0 \\ h_{M-1} & & & h_1 \\ & h_{M-1} & & \vdots \\ & & \ddots & \vdots \\ & & & h_{M-1} \end{bmatrix} \tag{2-11}$$

$\boldsymbol{F}_{(x,M)}$ 與 $\boldsymbol{F}_{(h,N)}$ 類似，為 $\boldsymbol{x}$ 的元素構成的矩陣，有 M 列。公式(2-10) 說明兩個卷積因子可以互易，它們均稱為卷積核矩陣。

考慮一種常見的情況。假設離散系統的脈衝響應序列 $h(n)$ 有限，而輸入序列 $x(n)$ 可視為從過去到將來的無限長序列，但僅能觀測到輸出序列 $y(n)$ 的一部分樣本。由卷積運算可知，為得到 $y(n)$ 的 L 個樣本，要用到 $h(n)$ 的全部 M 個樣本以及 $x(n)$ 的 $M+L-1$ 個樣本。而實際上，長度為 M 的 $h(n)$ 和長度為 $M+L-1$ 的 $x(n)$ 的卷積長度為一個長度為 $2M+L-2$ 的序列。顯然，$y(n)$ 的 L 個樣本只是其中的一部分，故稱之為部分卷積（partial convolution），而前面的完全卷積又稱為常規卷積。採用向量-矩陣形式可將部分卷積寫為：

$$\begin{bmatrix} y_0 \\ y_1 \\ y_2 \\ \vdots \\ y_{L-1} \end{bmatrix} = \begin{bmatrix} h_{M-1} & h_{M-2} & \cdots & h_0 & & & & & \\ & h_{M-1} & \ddots & \vdots & \ddots & & & & \\ & & \ddots & h_{M-2} & & h_0 & & & \\ & & & h_{M-1} & \ddots & \vdots & \ddots & & \\ & & & & \ddots & \vdots & & h_0 & \\ & & & & & h_{M-1} & \cdots & h_1 & h_0 \end{bmatrix} \begin{bmatrix} x_{-M+1} \\ \vdots \\ x_{-1} \\ x_0 \\ \vdots \\ x_{L-1} \end{bmatrix} \tag{2-12}$$

部分卷積可寫作：

$$\boldsymbol{y}_{\mathrm{p}} = \boldsymbol{F}_{\bar{h}}^{\mathrm{T}} \boldsymbol{x} \tag{2-13}$$

其中，$\boldsymbol{F}_{\bar{h}}$ 是由 $h(n)$ 的反排序列 $\bar{h}(n)$ 構成的卷積核矩陣，其尺寸為 $N\times(N-M+1)$。

容易發現，一維部分卷積和完全卷積之間具有如下關係：

$$y_{\mathrm{p}}(n) = h(n) ☆ x(n) = D_{(M:N)}[h(n) * x(n)] \tag{2-14}$$

其中，☆為部分卷積運算符；$D_{(M:N)}$［·］為範圍限定算子，部分卷積的結果可以看作是僅取完全卷積的 $n=M$ 到 $n=N$ 的一段。

需要指出的是部分卷積並不符合交換律，其 x 和 h 長度決定了它們在卷積中的作用，通常將短的序列作為卷積核使用。很多實際情況是以部分卷積的情況出現的。

2.2.2 二維離散卷積

假定二維有限序列 $x(m, n)$ 和 $h(m, n)$ 分別定義在有限柵點集 $Z_x=\{(m, n)\in z^2 \mid 0\leqslant m\leqslant N_1-1, 0\leqslant n\leqslant N_2-1\}$ 和 $Z_h=\{(m, n)\in z^2 \mid 0\leqslant m\leqslant M_1-1, 0\leqslant n\leqslant M_2-1\}$ 上，其中，z^2 為二維平面上的整數柵點構成的集合。它們的二維卷積可寫成：

$$\begin{aligned} y(m,n) = x(m,n) * h(m,n) &= \sum_{k=0}^{N_1-1}\sum_{l=0}^{N_2-1} x(k,l)h(m-k,n-l) \\ &= \sum_{k=0}^{M_1-1}\sum_{l=0}^{M_2-1} h(k,l)x(m-k,n-l) \end{aligned}$$

$$m=0,1,\cdots,M_1+N_1-2;n=0,1,\cdots,M_2+N_2-2 \tag{2-15}$$

顯然，$y(m, n)$ 僅在 $(M_1+N_1-1)\times(M_2+N_2-1)$ 的柵點集上

有意義，即其支撐域也是有限的。

類似於一維有限離散卷積，二維有限離散卷積同樣可用向量-矩陣表達形式。從第一行起把二維序列的每個行轉置向量一個接一個地排成一個單列向量，即辭書式排列法（也可以將每一列進行疊加）。因此，公式(2-15) 可以寫成：

$$\boldsymbol{y}=\boldsymbol{F}_h\boldsymbol{x}=\boldsymbol{F}_x\boldsymbol{h} \tag{2-16}$$

$\boldsymbol{y}=\boldsymbol{F}_h\boldsymbol{x}$ 展開即：

$$\begin{bmatrix} \boldsymbol{y}_0 \\ \boldsymbol{y}_1 \\ \vdots \\ \boldsymbol{y}_{M_1-1} \\ \vdots \\ \boldsymbol{y}_{N_1-1} \\ \vdots \\ \boldsymbol{y}_{M_1+N_1-2} \end{bmatrix} = \begin{bmatrix} \boldsymbol{F}_{(h_0,N_2)} & & & \\ \boldsymbol{F}_{(h_1,N_2)} & \boldsymbol{F}_{(h_0,N_2)} & & \\ \vdots & & \ddots & \\ \boldsymbol{F}_{(h_{M_1-1},N_2)} & \cdots & \boldsymbol{F}_{(h_0,N_2)} & \\ & \ddots & & \ddots \\ & & \boldsymbol{F}_{(h_{M_1-1},N_2)} \cdots & \boldsymbol{F}_{(h_0,N_2)} \\ & & \ddots & \\ & & & \boldsymbol{F}_{(h_{M_1-1},N_2)} \end{bmatrix} \begin{bmatrix} \boldsymbol{x}_0 \\ \boldsymbol{x}_1 \\ \vdots \\ \boldsymbol{x}_{N_1-1} \end{bmatrix} \tag{2-17}$$

$$\boldsymbol{F}_{(h_{i1},N_2)} = \begin{bmatrix} h_{(i,0)} & & & \\ h_{(i,1)} & h_{(i,0)} & & \\ \vdots & & \ddots & \\ h_{(i,M_2-1)} & \cdots & h_{(i,0)} & \\ & \ddots & & \ddots \\ & & h_{(i,M_2-1)} \cdots & h_{(i,0)} \\ & & \ddots & \\ & & & h_{(i,M_2-1)} \end{bmatrix} \tag{2-18}$$

其中 $\boldsymbol{y}_i$ 和 $\boldsymbol{x}_i$ 分別表示 $\boldsymbol{y}$ 和 $\boldsymbol{x}$ 的第 $i+1$ 行的轉置，$\boldsymbol{F}_{(h_{i1},N_2)}$ 表示由 h 的第 $i+1$ 行元素所構成的卷積核矩陣，它的大小為 $(M_2+N_2-1)\times N_2$，大的分塊矩陣的大小為 $(M_1+N_1-1)\times N_1$，故整個矩陣的大小為 $(M_1+N_1-1)(M_2+N_2-1)\times N_1N_2$。

二維部分卷積與一維部分卷積的含義類似。在很多情況下，我們僅能觀測和處理一個面積延深很廣的圖像中的一小塊。若被觀測圖像是由某種卷積因素造成的模糊圖像，所觀測到的圖像就是原始圖像和卷積因素的一個部分卷積。假定點擴散函數的尺寸為 $M_1\times M_2$，表達一個 $L_1\times L_2$ 的部分卷積要涉及 $(L_1+M_1-1)\times(L_2+M_2-1)$ 的一部分原始圖像。

設有限序列 $x(m, n)$ 和 $h(m, n)$ 的尺寸分別是 $N_1 \times N_2$ 和 $M_1 \times M_2$，且有 $N_1 \geqslant M_1$，$N_2 \geqslant M_2$，其部分卷積表達式為：

$$\boldsymbol{y}_{\mathrm{p}} = \boldsymbol{F}_{\bar{h}}^{\mathrm{T}} \boldsymbol{x} \tag{2-19}$$

式中，$\boldsymbol{F}_{\bar{h}}$ 是由 $h(m, n)$ 的反排序列 $\bar{h}(n)$ 構成的卷積核矩陣，其尺寸為 $N_1 N_2 \times (N_1 - M_1 + 1)(N_2 - M_2 + 1)$。二維部分卷積和全卷積之間的關係是：

$$y_{\mathrm{p}}(m, n) = h(m, n) \star x(m, n) = D_{(M_1 : N_1, M_2 : N_2)}[h(m, n) * x(m, n)] \tag{2-20}$$

即在大的分塊基礎上保留第 M_1 到 N_1 行，而在小的矩陣裏保留第 M_2 到 N_2 行。

2.3 Fourier 變換和離散 Fourier 變換

設連續時間訊號 $x(t)$ 在 $(-\infty, +\infty)$ 上絕對可積，即

$$\int_{-\infty}^{\infty} |x(t)| \mathrm{d}t < \infty \tag{2-21}$$

則 $x(t)$ 有 Fourier 變換

$$X(\mathrm{j}\Omega) = \int_{-\infty}^{\infty} x(t) \mathrm{e}^{-\mathrm{j}\Omega t} \mathrm{d}t \tag{2-22}$$

其中，角頻率 $\Omega = 2\pi f$，f 為頻率變量。其反變換為

$$x(t) = \frac{1}{2\pi} \int_{-\infty}^{\infty} X(\mathrm{j}\Omega) \mathrm{e}^{\mathrm{j}\Omega t} \mathrm{d}\Omega \tag{2-23}$$

Fourier 變換與其反變換使得我們可以從時間域和頻率域兩個角度瞭解一個訊號。

考慮 δ 採樣序列

$$x_{\mathrm{s}}(t) = x(t) \left[\sum_{n=-\infty}^{\infty} \delta(t - nT) \right] \tag{2-24}$$

其中，T 為訊號採樣週期，$\delta(t - nT)$ 為 Driac δ 函數，對於任意的連續函數 $y(t)$，有

$$\int_{-\infty}^{\infty} y(t) \delta(t - nT) \mathrm{d}t = y(nT) \tag{2-25}$$

$x_{\mathrm{s}}(t)$ 的 Fourier 變換為

$$X_{\mathrm{s}}(\mathrm{j}\Omega) = \sum_{n=-\infty}^{\infty} x(nT) \mathrm{e}^{-\mathrm{j}\Omega nT} \tag{2-26}$$

容易驗證，$X_s(j\Omega)$ 是一個週期函數，其週期是 $2\pi/T$，這意味著只是一個週期上的 $X_s(j\Omega)$ 就完全代表了 $x_s(t)$ 的頻域映像。如果用採樣序列 $x(nT)$ 代替 δ 採樣序列 $x_s(t)$，那麼 $x(nT)$ 應能夠用一個週期上的 $X_s(j\Omega)$ 來得到。直接計算可以證明對應於式(2-26) 的反變換公式

$$x(nT)=\frac{T}{2\pi}\int_{-\pi/T}^{\pi/T}X_s(j\Omega)e^{j\Omega nT}d\Omega \tag{2-27}$$

簡便起見，記 $w=\Omega T$，$x(nT)$ 簡記為 $x(n)$（採樣週期 T 歸一化），式(2-26) 和式(2-27) 變為

$$X_s(e^{jw})=\sum_{n=-\infty}^{\infty}x(n)e^{-jwn} \tag{2-28}$$

$$x(n)=\frac{1}{2\pi}\int_{-\pi}^{\pi}X_s(e^{jw})e^{jwn}dw \tag{2-29}$$

式(2-28) 和式(2-29) 分別稱為離散時間 Fourier 變換（DTFT）和離散時間 Fourier 反變換（IDTFT），其中 $X_s(e^{j\omega})$ 為週期是 2π 的連續週期函數。

IDTFT 的計算涉及復積分，計算極為不便。如果序列 $x(n)$ 是週期序列，則情況要好得多，事實上，在實際應用中，電腦所能處理的是有限長度的離散序列，為方便計算，可以對其進行週期延拓，而其主要的頻譜資訊仍能得以保留。一方面，因為週期函數 $x(n)$ 可以用 Fourier 級數表示，即其頻譜是離散的；另一方面，$x(n)$ 又是採樣序列，其 Fourier 變換是週期為 w_s 的離散譜函數。

假設 $x(n)$ $(x(nT))$ 是週期為 NT 的離散序列，根據 Fourier 級數理論，$X_s(j\Omega)$ 在頻域的譜線間隔為 $2\pi/NT$。在一個 $w_s=2\pi/T$ 的週期上正好有 N 條譜線。將採樣週期 T 歸一化，則週期為 N 的離散序列的 $x(n)$ 的 DTFT 只要計算 N 個離散譜線值。於是可將離散週期序列 $x(n)$ 的離散 Fourier 變換定義為

$$X(k)=\sum_{n=0}^{N-1}x(n)e^{-j2\pi nk/N} \tag{2-30}$$

其對應的離散 Fourier 反變換（IDFT）公式為

$$X(n)=\frac{1}{N}\sum_{n=0}^{N-1}x(k)e^{j2\pi nk/N} \tag{2-31}$$

IDFT 的一個重要優點是避免了復積分的計算，但需強調的是，在採用 DFT 時，隱含了將有限序列延拓成週期序列的過程。DFT 應用非常廣泛，一個重要原因是其有快速算法（FFT）。

由於時域和頻域的對稱性，DFT 具有如下兩個對偶的重要性質，即時域循環卷積性質：

$$\mathrm{DFT}(x(n)^* y(n))=X(k)Y(k) \tag{2-32}$$

以及時域乘積性質：

$$\mathrm{DFT}(x(n)y(n))=X(k)*Y(k) \tag{2-33}$$

需強調的是，$x(n)$ 和 $y(n)$ 的序列長度要一致，若不一致，可以通過補零使其一致。有關 DFT 的其他相關性質可以查閱訊號處理的相關書籍，這裡不再贅述。

因為式(2-32) 的成立，DFT 可以用來計算線性卷積和相關。這些計算所產生的序列長度是參與計算的兩個序列長度之和減 1，為能夠使用 DFT 計算而又保證不出現混疊現象，通常將參與計算的序列用補零的方法加長，使得進行 DFT 計算的序列長度不小於應有的結果的序列長度。分別用 N_x 和 N_y 來表示序列 $x(n)$ 和 $y(n)$ 的長度，用 $x_e(n)$ 和 $y_e(n)$ 來表示兩個補零後的序列（約定補零總是在原序列之後），其長度均為 N。對於卷積核互相關計算，應有 $N \geqslant N_x+N_y-1$，計算 $x(n)$ 自相關時，應有 $N \geqslant 2N_x-1$。記 $X_e(k)=\mathrm{DFT}(x_e(n))$ 和 $Y_e(k)=\mathrm{DFT}(y_e(n))$，用 $\bar{x}(n)$ 表示 $x(n)$ 的反排序。則線性卷積：

$$x(n)*y(n)=D_{(1:N_x+N_y-1)}[\mathrm{IDFT}(X_e(k)Y_e(k))] \tag{2-34}$$

互相關：

$$\begin{aligned} r_{xy}(n) &= \sum_{m=0}^{N-1} x(m)y^*(m-n)=x(n)*\bar{y}^*(n) \\ &= D_{(1:N_x+N_y-1)}[\mathrm{IDFT}(\exp(-j2\pi k(N_x-1)/N)X_e^*(k)Y_e(k))] \end{aligned} \tag{2-35}$$

自相關：

$$\begin{aligned} r_x(n) &= x(n)*\bar{x}^*(n) \\ &= D_{(1:2N_x-1)}[\mathrm{IDFT}(\exp(-j2\pi k(N_x-1)/N)|X_e(k)|^2)] \end{aligned} \tag{2-36}$$

上述互相關和自相關的計算方法涉及復指數計算，用下述方法計算可以節省計算工作量。互相關計算：

$$\tilde{r}_{xy}=\mathrm{IDFT}(X_e^*(k)Y_e(k)); \tag{2-37}$$

$$r_{xy}(n)=x(n)*\bar{y}^*(n)=\{\tilde{r}_{xy}(N-N_y+2:N),\tilde{r}_{xy}(1:N_x)\}$$

以式(2-37) 為基礎，容易得到自相關的計算公式為：

$$\tilde{r}_x=\mathrm{IDFT}(|X_e(k)|^2); \tag{2-38}$$

$$r_x(n)=x(n)*\bar{x}^*(n)=\{\tilde{r}_x(N-N_x+2:N),\tilde{r}_x(1:N_x)\}$$

2.4 Hilbert 空間中的不動點理論和方法

關於 Hilbert 空間的基本理論和方法，學術界已有許多專著做了詳細的論述，這裡僅介紹一些後續可能用到的基礎知識。

2.4.1 Hilbert 空間

Hilbert 空間是一類完備線性賦範空間，因此，在介紹 Hilbert 空間的概念之前，首先介紹完備線性賦範空間的概念。

定義 2.1（線性賦範空間） 設 X 是實數域$\mathbb{R}$（或復數域）上的線性空間（對加法和數乘運算封閉），在 X 上定義映射 $X \to \mathbb{R}$ ：$x \to \| \cdot \|$。若 $\forall x$，$y \in X$，$\alpha \in \mathbb{R}$ 滿足：

① 正定性：$\|x\| \geqslant 0$，$\|x\| = 0 \Leftrightarrow x = 0$

② 正齊性：$\|\alpha x\| = |\alpha| \|x\|$

③ 三角不等式：$\|x+y\| \leqslant \|x\| + \|y\|$

則稱$\|x\|$為 x 的範數，稱（X，$\| \cdot \|$）為線性賦範空間，簡記為 X。通常稱三個條件為範數公理。這裡 x、y 可以是離散的，也可以是連續的。

在線性賦範空間中可以定義距離，定義距離 $d(x, y) = \|x-y\|$，容易驗證，$d(x, y)$ 滿足非負性、對稱性和三角不等式 $\|x-y\| \leqslant \|x-z\| + \|z-y\|$，因此，$X$ 按由範數導出的距離為距離空間。

定義 2.2（Banach 空間） 設 X 是一線性賦範空間，如果 X 按照距離 $d(x, y) = \|x-y\|$ 是完備的，即其每一基本列均收斂於 X 中的點，則稱 X 為 Banach 空間。

距離空間的完備性，涉及基本列的概念，其定義如下：

定義 2.3（基本列） 設（X，d）為一距離空間，其中 d 為空間中定義的距離，$\{x_n\}$ 是 X 中的點列，若 $\forall \varepsilon > 0$，存在 N，當 n，$m > N$ 時，有：

$$d(x_m, x_n) < \varepsilon \tag{2-39}$$

則稱 $\{x_n\}$ 為基本列。

Hilbert 空間的概念是建立在內積概念的基礎上的。內積與內積空間的定義如下。

定義 2.4（內積與內積空間） 設 X 是數域$\mathbb{Z}$上的線性空間，定義映

射 $\langle\cdot,\cdot\rangle$：$X\times X\to\mathbb{Z}$，對任何 x，y，$z\in X$，$\alpha\in\mathbb{Z}$，滿足：

① $\langle x+y, z\rangle=\langle x, z\rangle+\langle y, z\rangle$

② $\langle \alpha x, y\rangle=\alpha\langle x, y\rangle$

③ $\langle x, y\rangle=\langle y, x\rangle^*$

④ $\langle x, x\rangle\geqslant 0$，$\langle x, x\rangle=0\Leftrightarrow x=0$

則稱 $\langle x, y\rangle$ 為 x，y 的內積，定義了內積的線性空間 X 稱為內積空間，且若令 $\|x\|=\langle x, x\rangle^{\frac{1}{2}}$，則 X 為線性賦範空間。

定義 2.5（Hilbert 空間） 設 X 為內積空間，若 X 按由內積導出的範數稱為 Banach 空間，則稱 X 為 Hilbert 空間，記為 H。

例如，在 $l_2=\{x \mid x=(x_1, x_2, \cdots x_k, \cdots), \sum_{k=1}^{\infty}|x_k|^2<+\infty\}$（$x_k$ 為復數）中定義內積：

$$\langle x,y\rangle=\sum_{i=1}^{\infty}x_i\bar{y}_i \tag{2-40}$$

則 l_2 是內積空間。再如，$L_2[a, b]$ 表示 $[a, b]$ 上平方 L 可積復值函數的全體，$\forall x$，$y\in L_2[a, b]$，定義

$$\langle x,y\rangle=\int_a^b x(t)\bar{y}(t)\mathrm{d}t \tag{2-41}$$

可以驗證 $L_2[a, b]$ 是內積空間。

在線性賦範空間中，可以定義線性泛函：

定義 2.6（線性泛函） 設 X 是實數域 $\mathbb{R}$（或復數域）上的線性賦範空間，D 是 X 的線性子空間，f：$D\to\mathbb{R}$，若 f 滿足：$\forall\alpha$，$\beta\in\mathbb{R}$，x，$y\in D$

$$f(\alpha x+\beta y)=\alpha f(x)+\beta f(y) \tag{2-42}$$

則稱 f 是 D 上的一個線性泛函，稱 D 為 f 的定義域，$f(D)=\{f(x)|x\in D\}$為 f 的值域。特別的，若存在 $M>0$，對任何 $x\in D$，均有 $|f(x)|\leqslant M\|x\|$，則稱 f 是 D 上的線性有界泛函或線性連續泛函。

由 X 中的所有線性有界泛函所構成的空間稱為 X 的共軛空間，記為 X^*，定義泛函的範數為：

$$\|f\|=\sup_{x\neq 0}\frac{|f(x)|}{\|x\|} \tag{2-43}$$

容易驗證，X^* 為 Banach 空間。

線性賦範空間中的點的收斂有強收斂和弱收斂的概念，通常不加說明的情況下指強收斂，這兩者的定義如下所述。

定義 2.7（強收斂、弱收斂） 設 X 是線性賦範空間，$x_n\in X$

① 若存在 $x \in X$，使得 $\|x_n - x\| \to 0$，則稱點列 $\{x_n\}$ 強收斂於 x；

② 若存在 $x \in X$，對任何 $f \in X^*$，有 $|f(x_n) - f(x)| \to 0$，則稱 $\{x_n\}$ 弱收斂於 x。

可以證明，強收斂必導致弱收斂，反之則不真，弱收斂意味著數列有界，且其弱極限唯一。需要強調的是在有限維 H 空間中，向量的強收斂與弱收斂是等價的，而實際應用大都滿足這一條件。

2.4.2 非擴張算子與不動點迭代

2.4.2 和 2.4.3 中有關定理的證明，參見參考文獻 [5]

定義 2.8（凸集） 設 X 是一線性空間，C 是 X 的子集，若 $\forall \boldsymbol{x}, \boldsymbol{y} \in C$，均有

$$\{\lambda \boldsymbol{x} + (1-\lambda)\boldsymbol{y} \mid 0 \leqslant \lambda \leqslant 1\} \in C \tag{2-44}$$

則稱 C 為 X 的凸子集或凸集。

定義 2.9（不動點） 設 X 為集合，$\boldsymbol{T}: X \to X$ 為一算子，$\boldsymbol{T}$ 的不動點 Fix$\boldsymbol{T}$（點集）定義為

$$\mathrm{Fix}\boldsymbol{T} = \{\boldsymbol{x} \in X \mid \boldsymbol{T}\boldsymbol{x} = \boldsymbol{x}\} \tag{2-45}$$

設 C 為 Hilbert 空間 H 中的非空閉凸集，記 P_C 為由 H 中的點投影到 C 上的投影算子，則有 $\mathrm{Fix}P_C = C$。

定義 2.10（非擴張算子） 令 D 為 Hilbert 空間 H 中的非空集合，令 $\boldsymbol{T}: D \to H$（可以是非線性算子），則 $\boldsymbol{T}$ 為：

① 固定非擴張的，若：

$$\|\boldsymbol{T}\boldsymbol{x} - \boldsymbol{T}\boldsymbol{y}\|^2 + \|(\boldsymbol{I}-\boldsymbol{T})\boldsymbol{x} - (\boldsymbol{I}-\boldsymbol{T})\boldsymbol{y}\|^2 \leqslant \|\boldsymbol{x} - \boldsymbol{y}\|^2 \tag{2-46}$$

② 非擴張的，若 $\boldsymbol{T}$ 為 1-Lipschitz 連續的，即：

$$\|\boldsymbol{T}\boldsymbol{x} - \boldsymbol{T}\boldsymbol{y}\|^2 \leqslant \|\boldsymbol{x} - \boldsymbol{y}\|^2 \tag{2-47}$$

容易證明，到非空凸集上的投影算子是固定非擴張的；若非擴張算子 $\boldsymbol{T}$ 的定義域為閉凸集，則 Fix$\boldsymbol{T}$ 為閉凸集。

定義 2.11（α-平均算子） 令 D 為 Hilbert 空間 H 中的非空集合，令 $\boldsymbol{T}: D \to H$ 為非擴張算子，令 $\alpha \in (0, 1)$，則稱 $\boldsymbol{T}$ 為 α-平均的，若存在非擴張算子 $\boldsymbol{R}: D \to H$ 使得：

$$\boldsymbol{T} = (1-\alpha)\boldsymbol{I} + \alpha \boldsymbol{R} \tag{2-48}$$

令 D 為 Hilbert 空間 H 中的非空集合，令 $\mathrm{T}: D \to H$，則必有：

① 若 $\boldsymbol{T}$ 為 α-平均的，則必有 $\boldsymbol{T}$ 為非擴張的；

② $\boldsymbol{T}$ 為 1/2-平均的，當且僅當 $\boldsymbol{T}$ 為固定非擴張的。

定義 2.12（Fejér 單調性） 令 D 為 Hilbert 空間 H 中的非空集合，

令 $\{\boldsymbol{x}^k\}$ 為 H 中序列，則稱 $\{\boldsymbol{x}^k\}$ 關於 D 是 Fejér 單調的，若：

$$(\forall \boldsymbol{x}^* \in D)(\forall k \in \mathbb{N}) \|\boldsymbol{x}^{k+1}-\boldsymbol{x}^*\|^2 \leqslant \|\boldsymbol{x}^k-\boldsymbol{x}^*\|^2 \tag{2-49}$$

定理 2.1（Krasnosel'skiĭ-Mann 算法） 令 D 為 Hilbert 空間 H 中的非空集合，令 $\boldsymbol{T}$：$D \to D$ 為 Fix$\boldsymbol{T} \neq \varnothing$ 的非擴張算子，令 $(\lambda^k)_{k\in\mathbb{N}}$ 為 (0，1) 中的序列並使得 $\sum_{k\in\mathbb{N}} \lambda^k(1-\lambda^k)=+\infty$，取 $\boldsymbol{x}^0 \in D$，則迭代序列：

$$(\forall k \in \mathbb{N}) \quad \boldsymbol{x}^{k+1}=\boldsymbol{x}^k+\lambda^k(\boldsymbol{T}\boldsymbol{x}^k-\boldsymbol{x}^k) \tag{2-50}$$

具有以下性質：

① $\{\boldsymbol{x}^k\}$ 關於 Fix$\boldsymbol{T}$ 是 Fejér 單調的；

② $\{\boldsymbol{T}\boldsymbol{x}^k-\boldsymbol{x}^k\}$ 強收斂於 0；

③ $\{\boldsymbol{x}^k\}$ 弱收斂於 Fix$\boldsymbol{T}$。

定理 2.2 令 $\boldsymbol{T}$：$H \to H$ 為 Hilbert 空間 H 中的固定非擴張算子，且 Fix$\boldsymbol{T} \neq \varnothing$，令 $(\lambda^k)_{k\in\mathbb{N}}$ 為 [0，2] 中的序列並使得 $\sum_{k\in\mathbb{N}} \lambda^k(2-\lambda^k)=+\infty$，取 $\boldsymbol{x}^0 \in H$，令 $(\forall k \in \mathbb{N})$ $\boldsymbol{x}^{k+1}=\boldsymbol{x}^k+\lambda^k(\boldsymbol{T}\boldsymbol{x}^k-\boldsymbol{x}^k)$，則以下結論成立：

① $\{\boldsymbol{x}^k\}$ 關於 Fix$\boldsymbol{T}$ 是 Fejér 單調的；

② $\{\boldsymbol{T}\boldsymbol{x}^k-\boldsymbol{x}^k\}$ 強收斂於 0；

③ $\{\boldsymbol{x}^k\}$ 弱收斂於 Fix$\boldsymbol{T}$。

定理 2.2 的一個特例是取 $\lambda^k \equiv 1$，則迭代變為 $\boldsymbol{x}^{k+1}=\boldsymbol{T}\boldsymbol{x}^k$。

2.4.3 極大單調算子

定義 2.13（圖） 令 $\boldsymbol{M}$：$H \to 2^H$ 為 Hilbert 空間 H 中的點集映射，則 $\boldsymbol{M}$ 是單調的，若

$$(\forall(\boldsymbol{x},\boldsymbol{u}) \in \mathrm{gra}\boldsymbol{M})(\forall(\boldsymbol{y},\boldsymbol{v}) \in \mathrm{gra}\boldsymbol{M})\langle \boldsymbol{x}-\boldsymbol{y},\boldsymbol{u}-\boldsymbol{v}\rangle \geqslant 0 \tag{2-51}$$

其中 gra$\boldsymbol{M}$ 為 $\boldsymbol{M}$ 的圖，即 $(\boldsymbol{x}, \boldsymbol{u}) \in \mathrm{gra}\boldsymbol{M} \Leftrightarrow \boldsymbol{u} \in \boldsymbol{M}\boldsymbol{x}$。

定義 2.14（極大單調） 令 $\boldsymbol{M}$：$H \to 2^H$ 為單調算子，稱 $\boldsymbol{M}$ 為極大單調的，若不存在單調算子 $\boldsymbol{M}'$：$H \to 2^H$ 使得 gra$\boldsymbol{M}'$包含 gra$\boldsymbol{M}$，即對於任意 $(\boldsymbol{x}, \boldsymbol{u}) \in H \times H$，有：

$$(\boldsymbol{x},\boldsymbol{u}) \in \mathrm{gra}\boldsymbol{M} \Leftrightarrow ((\boldsymbol{y},\boldsymbol{v}) \in \mathrm{gra}\boldsymbol{M})\langle \boldsymbol{x}-\boldsymbol{y},\boldsymbol{u}-\boldsymbol{v}\rangle \geqslant 0 \tag{2-52}$$

定理 2.3 令 $\boldsymbol{M}$：$H \to 2^H$ 為單調算子，則 $\boldsymbol{M}$ 為極大單調的，當且僅當 $\mathrm{ran}(\boldsymbol{I}+\boldsymbol{M})=H$，其中 ran 為算子的值域。

定義 2.15（預解算子） 令 $\boldsymbol{M}$：$H \to 2^H$，令 $\beta>0$，則 $\boldsymbol{M}$ 的預解算子定義為 $J_{\beta\boldsymbol{M}}=(\boldsymbol{I}+\boldsymbol{M})^{-1}$。

定理 2.4 令 $f \in \Gamma_0(H)$（正常凸函數），則 ∂f 為極大單調的，且有 $J_{\beta\partial f}=\mathrm{prox}_{\beta f}$。

定理 2.5 令 $\boldsymbol{M}$：$H \to 2^H$ 為極大單調算子，令 $\beta > 0$，則以下結論成立：

① $J_{\beta \boldsymbol{M}}$：$H \to H$ 與 $\boldsymbol{I} - J_{\beta \boldsymbol{M}}$：$H \to H$ 為固定非擴張算子，且是極大單調的。

② 反射預解算子（反射算子）

$$R_{\beta \boldsymbol{M}} : H \to H : \boldsymbol{x} \to 2J_{\beta \boldsymbol{M}} - \boldsymbol{I} \tag{2-53}$$

為非擴張算子。

2.4.4 l_1 球投影問題的求解

凸集投影算子是非擴張算子的經典例子，往 l_2 球即圓球上投影的問題容易解決，而往 l_1 球投影的問題則要複雜得多，下面，對其解決方法做以簡要介紹，後續章節會用到最終的結論。

往 l_1 球投影的問題可以描述為：

$$P_c(\boldsymbol{x}) = \underset{\{\boldsymbol{y} \in \mathbb{R}^n, |\boldsymbol{y}|_1 \leqslant c\}}{\operatorname{argmin}} \|\boldsymbol{x} - \boldsymbol{y}\|_2^2 \tag{2-54}$$

其中 $c > 0$ 為上界。

若有 $|\boldsymbol{x}|_1 \leqslant c$，則顯然有 $\boldsymbol{y} - \boldsymbol{x}$。其他情況下，根據 $\|\boldsymbol{x} \quad \boldsymbol{y}\|_2^2$ 的嚴凸性和 $|\boldsymbol{y}|_1 \leqslant c$ 的凸性可知，問題必存在唯一的最優解，且存在 $\mu \in (0, +\infty)$ 使得問題的解等價於如下 Lagrange 問題的解：

$$P_c(\boldsymbol{x}) = \underset{\boldsymbol{y} \in \mathbb{R}^n}{\operatorname{argmin}} \|\boldsymbol{x} - \boldsymbol{y}\|_2^2 + \mu |\boldsymbol{y}|_1 \tag{2-55}$$

式(2-55)的最優解具有閉合形式：

$$y_i(\mu) = \begin{cases} x_i - \operatorname{sgn}(x_i)\dfrac{\mu}{2}, & |x_i| \geqslant \dfrac{\mu}{2} \\ 0, & \text{其他} \end{cases} \tag{2-56}$$

令 $\varphi(\mu) = |\boldsymbol{y}(\mu)|_1$，目的是找到 μ^* 使得 $\varphi(\mu^*) = |\boldsymbol{y}(\mu^*)|_1 = c$，$\varphi$ 是單調遞減的連續凸函數，此外，有 $\varphi(0) = |\boldsymbol{x}|_1$，且 $\lim\limits_{\mu \to \infty} \varphi(\mu) = 0$。根據中值定理，對於任意 $c \in [0, |\boldsymbol{y}|_1]$，存在 μ^*，使得 $\varphi(\mu^*) = c$。

$$\varphi(\mu) = \sum_{i=1}^{n} |x_i^*| = \sum_{i, |x_i| \geqslant (\mu/2)} \left(|x_i| - \frac{\mu}{2}\right) = \sum_{i, z_i \geqslant \mu} \left(|x_i| - \frac{\mu}{2}\right) \tag{2-57}$$

其中，$z_i = 2|x_i|$。由此可知，$\varphi(\mu)$ 為分片線性遞減函數，在 $\mu = z_i$ 處，斜率可能會發生變化，因此，可通過如下算法尋找 μ^*：

① 計算 $z_i = 2|x_i|$，i，…，n；

② 通過一排序函數，得到組合 j 使得 $k \to z_{j(k)}$ 為遞增；

③ 取部分和：$\varphi(z_{j(k)})=E(k)=\sum_{i=k}^{n}(|x_{j(i)}|-(z_{j(k)}/2))$，$E$ 是遞減的；

④ 若 $E(1)<c$，令 $a_1=0$、$b_1=|\boldsymbol{x}|_1$、$a_2=z_{j(1)}$、$b_2=E(1)$，否則，找到 k^*，使得 $E(k^*)\geqslant c$ 和 $E(k^*+1)<c$，令 $a_1=z_{j(k^*)}$、$b_1=|E(k^*)|_1$、$a_2=z_{j(k^*+1)}$、$b_2=E(k^*+1)$；

⑤ 令

$$\mu^*=\frac{(a_2-a_1)c+b_2a_1-b_1a_2}{b_2-b_1} \tag{2-58}$$

⑥ 根據式(2-56) 求出 $\boldsymbol{y}^*=\boldsymbol{y}(\mu^*)$。

第3章

圖像復原的病態性及保持圖像細節的正則化

3.1 概述

對圖像復原問題求解進行正則化的目的是兩方面的，一是實現求解過程的穩定，有效抑制噪聲並獲得具有一定平滑性的結果；二是通過正則化將關於圖像的先驗知識融入求解過程，以求結果更好地逼近原始圖像。

通常情況下，線性正則化方法，如 Wiener 濾波和約束最小二乘濾波(均可視為 Tikhonov 正則化的特例)，可以較好地滿足第一個要求，獲得具有一定平滑性的結果，但由於缺乏更合理的圖像先驗假設，線性方法所求得的結果通常存在較嚴重的偽跡和過平滑現象。而非線性正則化則可以較好地平衡這兩個要求。

圖像去模糊（反卷積）是一類最具代表性的圖像復原問題，本章以圖像去模糊為例，從算子特徵值分析和逆濾波兩個角度深入研究了圖像復原的病態性機制，論述了圖像復原正則化的必要性，從理論分析和仿真實驗兩個方面揭示了廣義全變差和剪切波正則化在保持圖像細節方面的有效性，並給出了相應的離散實現方法。

本章結構安排如下：3.2 節簡要介紹了幾種典型的圖像模糊模型及形成機理。3.3 節從緊算子特徵值分析和逆濾波兩個角度詳細闡述了圖像去模糊的病態機理，並深入探討了逆濾波無法用於反卷積的根本原因。3.4 節則給出了兩種保持圖像細節的非線性正則化方法，即 TGV 模型和剪切波變換。3.5 節介紹了本文用到的幾種圖像品質評價方法。

3.2 典型的圖像模糊類型

從數學角度講，圖像模糊過程可以看作原始清晰圖像與 PSF 在空域上進行卷積的結果，因此，圖像去模糊又被稱為圖像反卷積。PSF 又稱為模糊核，它體現了成像系統對於點源的解析能力。根據圖像模糊的成因，模糊核通常對應以下幾種典型的模糊數學模型[37]：運動模糊、離焦模糊和 Gauss 模糊。下面簡要介紹這幾種常見的模糊數學模型。

① 運動模糊模型。當成像目標與成像系統之間存在相對運動時，就會產生運動模糊。根據運動主體的不同，可以分為全局運動模糊（整幅

圖像一致模糊，通常由場景與成像系統的相對運動造成）和局部運動模糊（僅觀測圖像中的某個局部模糊，通常由圖像中某個物體的運動造成）。若相對運動為勻速直線運動（相機曝光時間較短時，該模型也可用於非勻速直線運動模糊建模），則 PSF 可表示為：

$$h(x,y)=\begin{cases}\dfrac{1}{d}, & y=x\tan\theta, 0\leqslant x\leqslant d\cos\theta \\ 0, & \text{其他}\end{cases} \tag{3-1}$$

其中 d 為運動距離，θ 為運動方向（與水平方向的逆時針夾角）。圖 3-1(a) 和圖 3-2(a) 分別給出了一運動模糊核在空域和頻域的表現形式。

② 離焦（平均）模糊模型。圖像的離焦模糊源自於光學成像系統的聚焦不當。其點擴散函數表現為一個均勻分布的圓形光斑，可表示為：

$$h(x,y)=\begin{cases}\dfrac{1}{\pi R^2}, & x^2+y^2\leqslant R^2 \\ 0, & \text{其他}\end{cases} \tag{3-2}$$

其中 R 為圓形光斑的半徑。圖 3-1(b) 和圖 3-2(b) 分別給出了一離焦模糊核在空域和頻域的表現形式。

③ Gauss 模糊模型。當造成圖像模糊的因素眾多（如大氣湍流和光學系統衍射等），而又沒有一個因素佔據主導地位時，其綜合影響會使得 PSF 趨於如下 Gauss 形式：

$$h(x,y)=\frac{1}{\sqrt{2\pi\sigma}}\exp\left(-\frac{x^2+y^2}{2\sigma^2}\right) \tag{3-3}$$

其中模糊的程度與標準差 σ 成正比，顯然，若 σ 很大時，則 Gauss 趨向於離焦模糊。圖 3-1(c) 和圖 3-2(c) 分別給出了一 Gauss 模糊核在空域和頻域的表現形式。

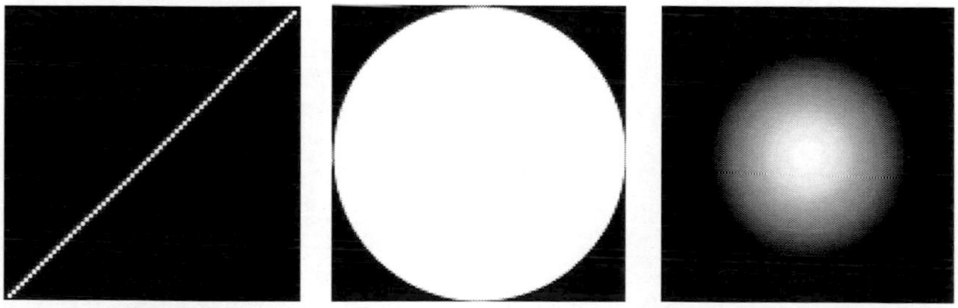

(a) 運動模糊　(b) 離焦模糊　(c) Gauss模糊

圖 3-1　PSF 的空域表示

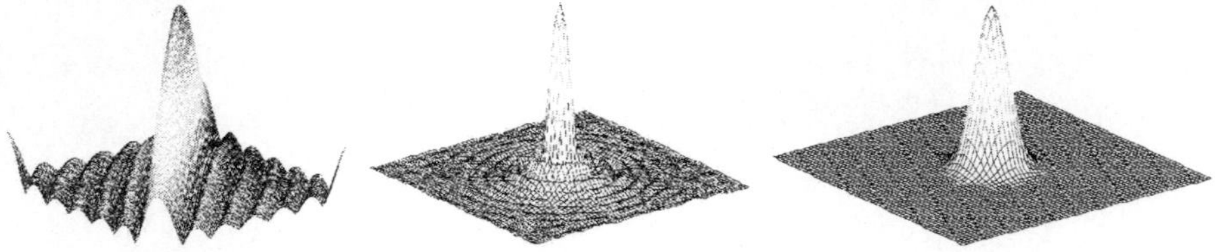

(a) 運動模糊　　(b) 離焦模糊　　(c) Gauss模糊

圖 3-2　PSF 的頻域表示

簡單起見，在本文後續內容中，記尺寸為 $s_1 \times s_2$ 的平均（離焦）模糊為 $A(s_1, s_2)$（若尺寸為 $s \times s$，則記為 $A(s)$）；記尺寸為 s，標準差為 δ 的 Gauss 模糊為 $G(s, \delta)$；記長度為 d，逆時針角度為 θ 的運動模糊為 $M(d, \theta)$，它們均可由 MATLAB 函數「fspecial」生成[31]。

3.3 圖像去模糊的病態性

根據模糊核是否已知，圖像去模糊可分為非盲去模糊（常規反卷積）和盲去模糊（盲反卷積）兩大類。本文重點關注非盲去模糊的求解，但所提出的多個方法也可方便地推廣至盲去模糊。從本章後續的討論可以發現，即便是模糊核已知的常規反卷積問題，通常也是嚴重病態的，且這種病態性是本質上的，在無正則措施的前提下無法消除。

圖像去模糊（反卷積）的病態性可以從兩個數學角度來加以解釋：

① 去模糊過程是對緊算子的求逆。從泛函分析的角度看，模糊過程可以用一個緊算子來建模。而一個緊算子通常會將 Hilbert 空間中的有界集映射為一個緊集，在這一過程中，引入了空間資訊的相干混合併可能伴隨著空間維數的壓縮。之所以能夠實現這一目的，是因為緊算子的特徵值（或奇異值）會趨於零。對緊算子求逆等價於去掉數據空間的相干性和重建出被抑制的資訊維度，這一過程通常是極不穩定的[37]。

② 去模糊過程是對低通濾波的求逆。圖像模糊 PSF 的頻域表示通常是一個低通濾波器，它可以抑制圖像中的高頻細節資訊。圖像去模糊在頻域上則是對這一低通濾波器求逆，它關於圖像數據中的噪聲和其他高頻擾動是不穩定的。

3.3.1 卷積方程的離散化和模糊矩陣的病態性分析

圖像的線性退化過程可以用式(1-5) 來建模。首先，利用緊算子的一些性質分析其病態性。在去模糊中，卷積算子（矩陣）為緊算子，用 $\boldsymbol{K}^*$ 表示算子 $\boldsymbol{K}$ 的 Hilbert 伴隨算子，則 $\boldsymbol{K}^*\boldsymbol{K}$ 為自伴隨緊算子（若 $\boldsymbol{K}$ 為矩陣，則 $\boldsymbol{K}^*\boldsymbol{K}$ 即為 $\boldsymbol{K}^{\mathrm{H}}\boldsymbol{K}$，其中 $\boldsymbol{K}^{\mathrm{H}}$ 表示 $\boldsymbol{K}$ 的 Hermit 轉置或共軛轉置)，且其特徵值全部為非負實數。將 $\boldsymbol{K}^*\boldsymbol{K}$ 的特徵值按降序排列為 $\lambda_1 \geqslant \lambda_2 \geqslant \cdots \geqslant 0$，其對應的單位正交特徵向量（$\boldsymbol{K}^*\boldsymbol{K}$ 不同特徵值對應的特徵向量必正交，若同一特徵值對應多個特徵向量則可藉助 Schmidt 正交化對其進行單位正交化）分別為 $\boldsymbol{v}_1$、$\boldsymbol{v}_2$、$\boldsymbol{K}$。定義 $\mu_i = 1/\sqrt{\lambda_i}$ 和 $\boldsymbol{w}_i = \mu_i \boldsymbol{K}\boldsymbol{v}_i$，$i=1,2,\cdots$，則方程式(1-5) 的極小範數最小二乘解[32] 為

$$\boldsymbol{K}^{+} \boldsymbol{f} = \sum_{i \in \mathbb{N}} \mu_i \langle \boldsymbol{f}, \boldsymbol{w}_i \rangle \boldsymbol{v}_i \tag{3-4}$$

其中 $\boldsymbol{K}^{+}$ 為 $\boldsymbol{K}$ 的偽逆算子。由上式可知，儘管方程式(1-5) 的極小範數最小二乘解唯一，但當 $\boldsymbol{K}$ 不是有限維時，會有 $\lambda_i \to 0$ 而 $\mu_i \to +\infty$，此時觀測數據中的噪聲會被放大，這使得極小範數最小二乘解不連續地依賴於觀測數據。

實際應用中，模糊矩陣 $\boldsymbol{K}$ 的病態性，受到模糊核、圖像尺寸（或卷積長度）和模糊（卷積）矩陣構造方式的影響。

多數情況下，反卷積會採用離散的循環卷積模型。簡單起見，以一維反卷積為例說明循環卷積矩陣的構造。假設卷積核 $h(n)$ 和觀測數據 $f(n)$ 的長度分別為 M 和 N。通常，觀測過程是一個部分卷積過程，這種情況下，輸入數據 $u(n)$ 的長度為 $M+N-1$，而離散的卷積方程可以寫為：

$$\begin{bmatrix} f_0 \\ f_1 \\ f_2 \\ \vdots \\ f_{N-1} \end{bmatrix} = \begin{bmatrix} h_{M-1} & h_{M-2} & \cdots & h_0 & & & & & \\ & h_{M-1} & \ddots & \vdots & \ddots & & & & \\ & & \ddots & h_{M-2} & \ddots & h_0 & & & \\ & & & h_{M-1} & \ddots & \vdots & \ddots & & \\ & & & & \ddots & \vdots & & h_0 & \\ & & & & & h_{M-1} & \cdots & h_1 & h_0 \end{bmatrix} \begin{bmatrix} u_{-M+1} \\ \vdots \\ u_{-1} \\ u_0 \\ \vdots \\ u_{N-1} \end{bmatrix} \tag{3-5}$$

儘管等式(3-5) 是連續卷積過程的一個合理近似，但它在實際的反卷積問題中幾乎無法使用，這是因為方程式(3-5) 是欠定的，變量的數目 $M+N-1$ 通常要比等式的數目 N 更大。因此，對於卷積模型式(3-5)

進行合理的近似是十分必要的。因為對應於快速 Fourier 變換（fast Fourier transform，FFT），循環卷積模型成為式(3-5) 最常用的近似模型，其構造可以顯著地減少計算量和降低數據的儲存空間。在循環卷積條件下，等式(3-5) 可以被近似為：

$$\begin{bmatrix} f_0 \\ f_1 \\ \vdots \\ \\ \\ \vdots \\ f_{N-1} \end{bmatrix} = \begin{bmatrix} h_0 & 0 & \cdots & 0 & h_{M-1} & \cdots & h_1 \\ h_1 & h_0 & 0 & & & \ddots & \vdots \\ \vdots & & \ddots & \ddots & & & h_{M-1} \\ h_{M-1} & & \ddots & \ddots & \ddots & & 0 \\ 0 & \ddots & & & \ddots & 0 & \vdots \\ \vdots & \ddots & \ddots & & \ddots & \ddots & 0 \\ 0 & \cdots & 0 & h_{M-1} & \cdots & h_1 & h_0 \end{bmatrix} \begin{bmatrix} u_0 \\ u_1 \\ \vdots \\ \\ \\ \vdots \\ u_{N-1} \end{bmatrix} \tag{3-6}$$

等式(3-6) 成立的一個重要前提是 $M \ll N$，即模糊核的尺寸應當顯著小於觀測數據的尺寸，事實上，若這一條件不成立，反卷積在實際中很難進行。將式(3-6) 記為：

$$\boldsymbol{f} = \boldsymbol{K}\boldsymbol{u} \tag{3-7}$$

其中 $\boldsymbol{K}$ 為循環模糊矩陣。在圖像反卷積問題中，$\boldsymbol{K}$ 為塊循環矩陣。

另一方面，若 $\boldsymbol{K}$ 為循環矩陣或塊循環矩陣，則它可以通過 FFT 實現對角化：

$$\boldsymbol{K} = \boldsymbol{F}^{-1}\boldsymbol{\Lambda}\boldsymbol{F} \tag{3-8}$$

其中 $\boldsymbol{F}$ 為離散 Fourier 變換矩陣而 $\boldsymbol{F}^{-1}$ 為其逆矩陣，$\boldsymbol{\Lambda}$ 則是一對角矩陣，其構造如下：

$$\begin{aligned} \boldsymbol{\Lambda} &= \mathrm{diag}\{\lambda_0, \lambda_1, \cdots, \lambda_{N-1}\} \\ &= \mathrm{diag}\{\mathrm{DFT}[h_0, h_1, \cdots, h_{M-1}, h_M, \cdots, h_{N-1}]\} \\ &= \mathrm{diag}\{\mathrm{DFT}[h_0, h_1, \cdots, h_{M-1}, 0, \cdots, 0]\} \end{aligned} \tag{3-9}$$

即 $\boldsymbol{\Lambda}$ 的對角元素為 $[h_0, h_1, \cdots, h_{M-1}, 0, \cdots, 0]$ 的離散 Fourier 變換（$h(n)$ 不足長度 N 的部分用 0 補齊）。顯然，若 $[h_0, h_1, \cdots, h_{M-1}, 0, \cdots, 0]$ 的離散 Fourier 變換中含有 0，則意味著模糊矩陣 $\boldsymbol{K}$ 是奇異的，即 $\boldsymbol{K}$ 的零域 zer$\boldsymbol{K}$ 中含有 $\boldsymbol{0}$ 以外的元素。

在循環邊界條件下，$\boldsymbol{K}$ 的病態性和奇異性會受到卷積長度的影響。以模糊核長度為 9 的平均模糊為例，其模糊核為 [1/9，1/9，1/9，1/9，1/9，1/9，1/9，1/9，1/9]，若卷積長度 $N=9$，則 $\boldsymbol{K}$ 的特徵值為 [1，0，0，0，0，0，0，0，0]，顯然，$\boldsymbol{K}$ 是奇異的，zer$\boldsymbol{K}$ 中含有 $\boldsymbol{0}$ 以外的元素。若記頻域採樣點為 ω_s，則 $[\omega_s/9, 2\omega_s/9, \cdots, 8\omega_s/9]$ 為模糊核所對應的 FIR 濾波器的零點。

但是，當卷積尺寸增大時，$\boldsymbol{K}$ 並不一定是奇異的。定義度量 $\boldsymbol{K}$ 病態性的病態條件數為：

$$\tau(\boldsymbol{K})=\frac{\max\{\mathrm{abs}(\lambda_i)\}}{\min\{\mathrm{abs}(\lambda_i)\}} \tag{3-10}$$

圖 3-3 給出了 $\boldsymbol{K}$ 的病態條件數隨卷積長度的變化情況，其中若 $\boldsymbol{K}$ 為奇異陣，則記 $\boldsymbol{K}$ 的病態條件數為 10^{40}。最短的卷積長度為卷積核長度 9，而最長的卷積長度設置為 1024。圖 3-3 中，$\boldsymbol{K}$ 在 157 種情況下是奇異的，而大部分情況下，$\boldsymbol{K}$ 是非奇異的但卻是嚴重病態的（嚴格的理論分析表明，若卷積長度為 3 的整數，模糊矩陣均應是奇異的）。事實上，僅當模糊 FIR 的頻域採樣點碰巧有 $[\omega_s/9, 2\omega_s/9, \cdots, 8\omega_s/9]$ 中的點時，模糊矩陣 $\boldsymbol{K}$ 才是奇異的，否則 $\boldsymbol{K}$ 將是非奇異的。

從上述討論可以看到，卷積核的延拓會影響模糊濾波器頻域採樣點的分布，進而影響模糊矩陣 $\boldsymbol{K}$ 的奇異性和病態性。

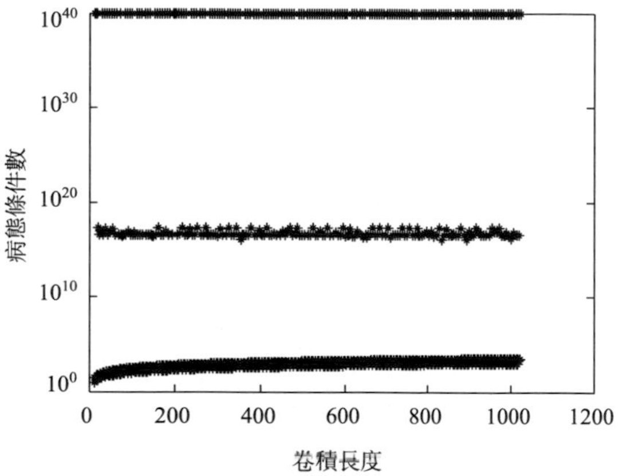

圖 3-3 長度為 9 的平均模糊矩陣病態條件數相對於卷積長度的變化情況

同樣的現象也同樣存在於二維卷積中。將模糊核 A(1，9)、A(9，9)、G(9，3) 和 M(30，30) 應用到 $N\times N(N\in\boldsymbol{N})$ 的二維卷積中，其中，對於前三個模糊核，N 從 9 遞增至 1024（總的模糊矩陣數目為 1016）；對於 M(30，30)，N 從 27 遞增至 1024（總的模糊矩陣數目為 998）。圖 3-4(a)～(d) 分別給出了四種模糊下模糊矩陣病態條件數隨 N 變化的情況。對於模糊核 A(1，9) 和 A(9，9) 而言，總的奇異模糊矩陣數分別為 237 和 306（如上所述，真實值應大於這兩個值），而對於模糊核 G(9，3) 和 M(30，30)，並未出現奇異模糊矩陣。需要強調的一點是，伴隨卷積長度的增加，模糊矩陣的病態條件數有上升的趨勢，這是由於模糊核補零數目的增加會進一步增強所生成模糊矩陣的自相似性，進而進一步惡化其病態性。

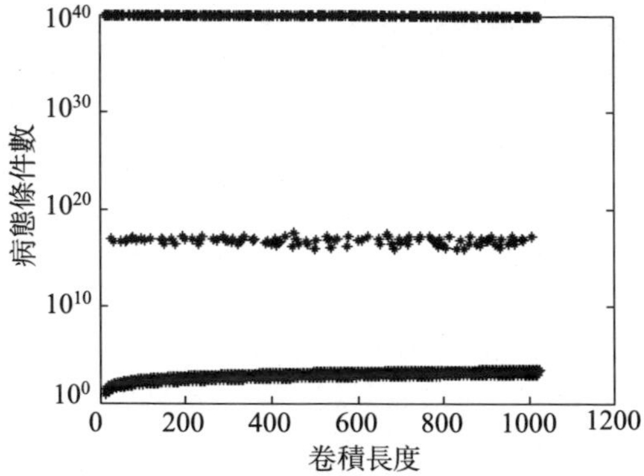

(a) A (1，9)

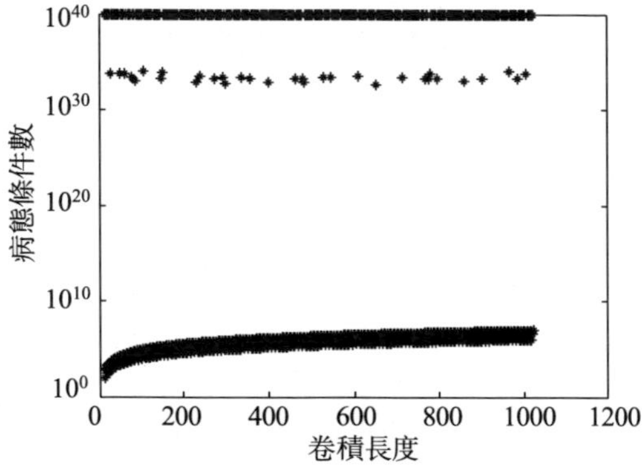

(b) A (9，9)

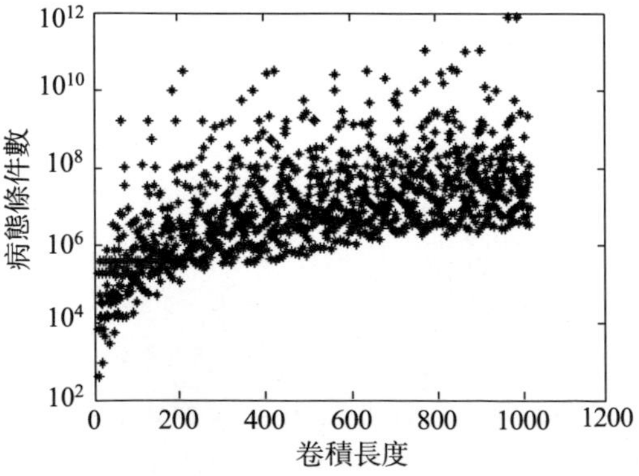

(c) G (9，3)

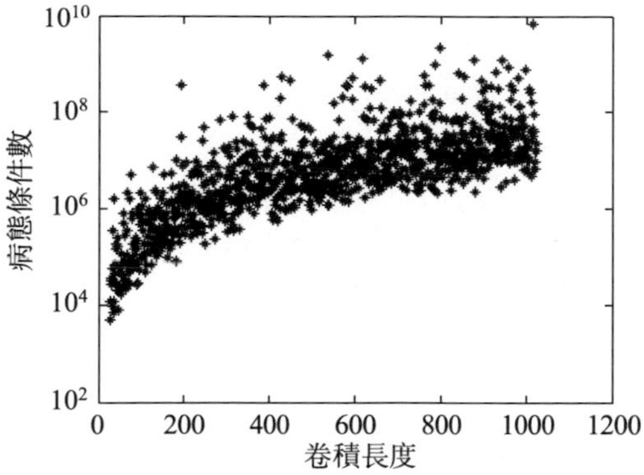

(d) M (30，30)

圖 3-4　二維卷積中不同模糊核模糊矩陣病態條件數相對於卷積長度的變化情況

顯然，在循環邊界條件下，模糊矩陣 $\boldsymbol{K}$ 的病態性和奇異性會同時受到模糊核和卷積長度的影響。事實上，模糊矩陣本身的構造也是影響其病態性的一個重要因素。循環結構導致模糊矩陣行或列之間具有很強的相關性，這會進一步加重模糊矩陣的病態性。事實上，可以通過改進模糊矩陣的構造方式來減輕這種病態性，例如鄒謀炎和 Unbehauen 曾提出非週期模糊矩陣的構造方法[179]，並從實驗的角度驗證了該種構造能夠減輕模糊矩陣病態性。

需要強調的是，要從根本上消除模糊矩陣的病態性是不可能的，這是因為模糊濾波器通常為低通濾波器，若卷積長度較長（通常意味著密集採樣），則延拓模糊核的離散 Fourier 變換會在整個高頻區域上趨於 0，這才是模糊矩陣病態性的根本原因。

3.3.2 基於逆濾波的圖像復原

眾所周知，圖像復原必須融入正則化才能得到「正確」的解，而無正則化的逆濾波不能直接應用於圖像復原。一個關於逆濾波無法使用的常見解釋是模糊濾波器的頻率零點是罪魁禍首，下述討論和實驗則證明這一論斷是片面的，在此基礎上，本小節進一步論述了逆濾波無法使用的內因和外因，以及進行圖像復原正則化的必要性。

當模糊核的 FIR 濾波器的頻域採樣點碰到其頻率零點時，模糊核對應的模糊矩陣是奇異的（通過 FFT 對角化後的對角矩陣存在零對角元素）。鄒謀炎在其專著[32] 指出，根據 L'Hospital 法則，這種頻域零點可去零點。事實上，模糊矩陣的奇異性可以通過一些措施加以消除。一種可行的避免模糊矩陣奇異性的方法是對模糊核施加一個小的擾動。回顧上述提到的一些模糊核，可以發現平均類型的模糊核有著較強的特殊性，其構成元素為分數，因為卷積長度為整數，很容易使得模糊濾波器的頻域採樣點與其零點相遇，而 Gauss 模糊和帶傾角的運動模糊則並不存在這種情況。再次以 A(1，9) 模糊為例，若卷積長度為 12，則模糊濾波器的頻域採樣點為 $[0, \omega_s/12, 2\omega_s/12, \cdots, 11\omega_s/12]$，其中有兩個點恰巧碰到了濾波器的頻域零點（$3\omega_s/9=4\omega_s/12$ 和 $6\omega_s/9=8\omega_s/12$）。為模糊核施加一個小的擾動將其變為 $[1/9+10^{-7}, 1/9, 1/9, 1/9, 1/9, 1/9, 1/9, 1/9, 1/9]$，該操作會使模糊濾波器的頻域零點稍稍偏離原來的位置，可有效避免模糊矩陣的奇異性［如圖 3-5(a) 所示］。圖 3-5(b) 展示了對 A(9，9) 的第一個元素施加 10^{-7} 大小的擾動後，模糊矩陣病態條件數隨卷積長度變化的情況。

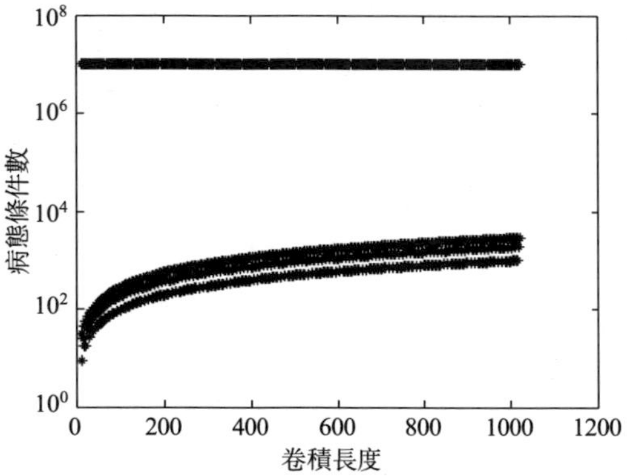

(a) A (1，9)一維卷積

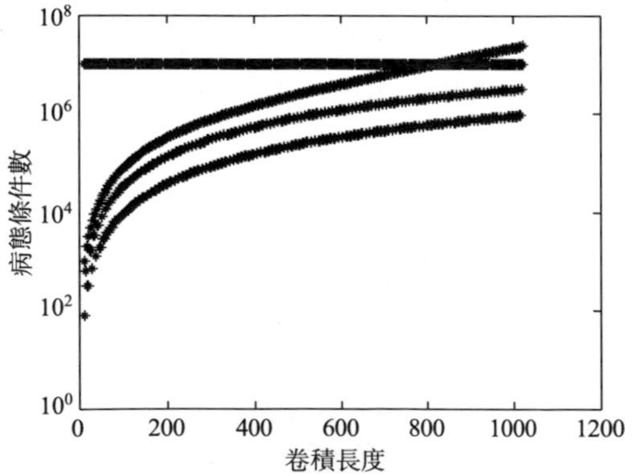

(b) A (9，9)二維卷積

圖 3-5　施加擾動後不同模糊核模糊矩陣病態條件數相對於卷積長度的變化情況

事實上，若條件是理想的（無噪且邊界符合循環邊界條件），在一些改進策略（如上述的模糊核擾動法）的幫助下，逆濾波可以完成圖像復原。以一個圖像復原實驗為例說明這一情況。令 Barbara 圖像的尺寸由 256×256 到 1024×1024 變動（僅取方形圖像），在各個圖像上施加 A(1，9) 的模糊（不添加任何噪聲）。圖 3-6(a) 和圖 3-6(b) 分別給出了模糊圖像和逆濾波（對模糊核第一個元素施加大小為 10^{-7} 的擾動）復原圖像的峰值訊噪比 PSNR。由圖 3-6(b) 可以看到，即便是當圖像尺寸可以被 3 整除時（若無擾動，則模糊矩陣奇異，逆濾波無法使用），所得復原圖像的 PSNR 仍是可以接受的。特別地，當圖像尺寸為 261×261 時，逆濾波所得到的 PSNR 為最低的 38.90dB。圖 3-7 給出了此時的原始圖像、模糊圖像和復原圖像。由圖 3-7 可以看到，儘管復原圖像中存在一些偽跡，但它仍保存了原始圖像中的絕大部分細節特徵，從視覺上仍是可以接受的。

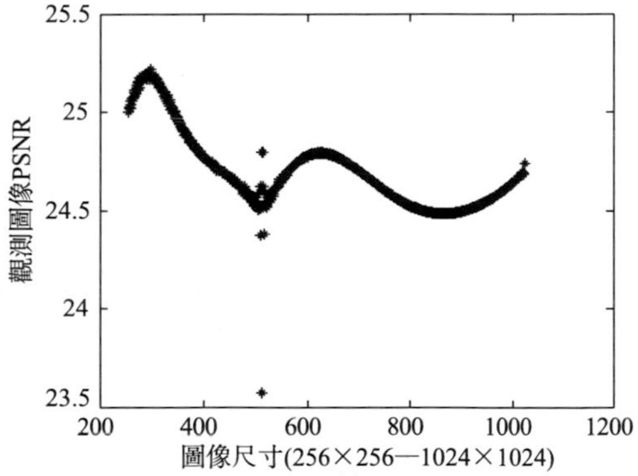

(a)

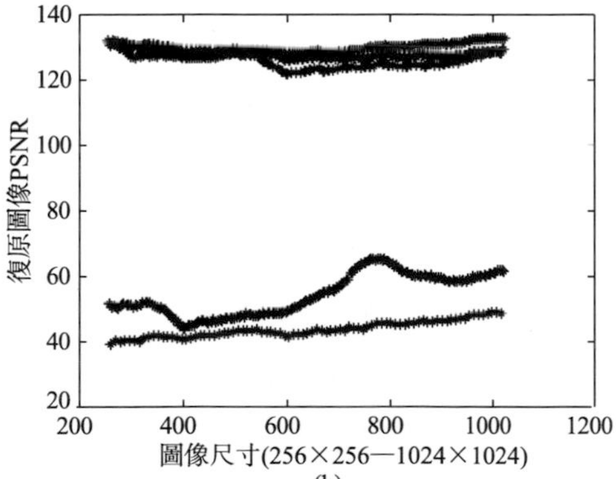

(b)

圖 3-6　模糊圖像和復原圖像 PSNR 相對於圖像尺寸的變化曲線

(a) 原始圖像

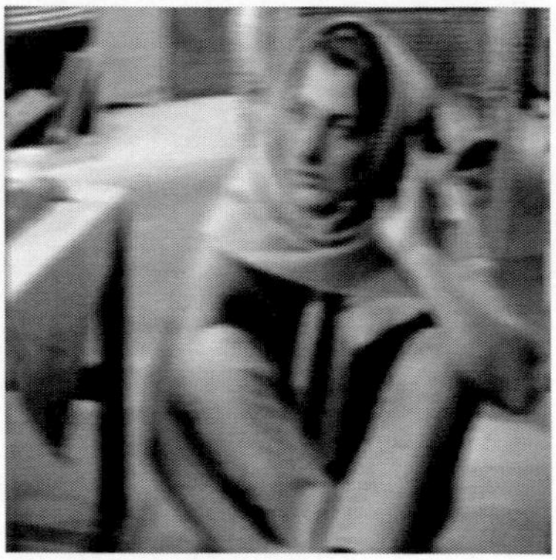

(b) 模糊圖像

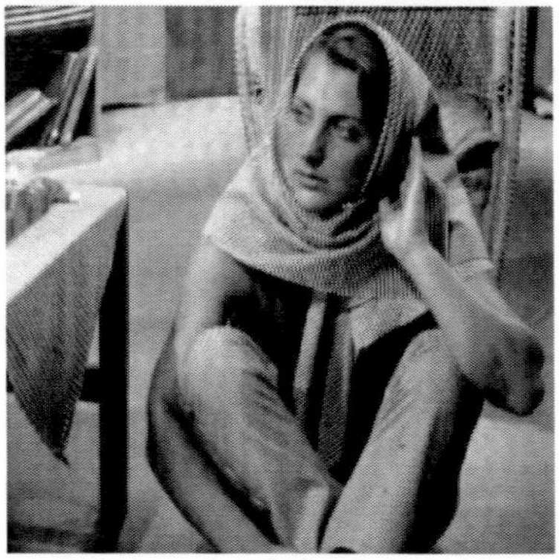

(c) 復原圖像

圖 3-7　尺寸為 261 × 261 的 Barbara 原始圖像、模糊圖像和復原圖像

上述實驗表明，在理想環境下，通過採取一些改進策略，逆濾波可以用於圖像復原。但這並不説明逆濾波在實際中是可用的。這主要是因為逆濾波缺乏必要的數值穩定性，若觀測數據中含有噪聲，由於模糊濾波器的低通性，逆濾波必然會放大高頻噪聲。此外，即便觀測數據中噪聲程度很低，逆濾波也難以應用，這是因為實際的觀測只是部分卷積而非完全卷積，邊界條件的近似必然帶來較大的數值擾動，而這一擾動同樣是缺乏數值穩定性的逆濾波所難以應付的。

綜上所述，逆濾波在實際中無法應用的內因是模糊濾波器的低通性（或模糊矩陣的病態性），外因是無法避免的邊界條件的近似，以及無所不在的觀測噪聲。

3.4 Tikhonov 圖像正則化

3.4.1 Tikhonov 正則化思想

Tikhonov 正則化思想在病態反問題求解中有著廣泛的應用，一些早期的圖像復原正則化方法可以歸結為 Tikhonov 正則化[3]，如圖像的 Wiener 濾波和約束最小二乘濾波等。

在該類方法中，圖像被視為確定的二維或多維函數，反卷積的解被限制於 Sobolev 空間 H^n 或 $W^{(n,2)}$，在該空間中，函數本身及其直到 n 階導數或偏導數被認為是屬於 L_2（即平方可積）的。依據該理論，在圖像復原時，圖像的某些偏導數（從 0 直到 l 階）平方的線性組合被用作正則化泛函，其形式如公式(1-8) 所示。Tikhonov 正則化可以使得圖像復原問題適定（解連續地依賴於觀測)，且很多情況下可以直接得到封閉解，因此其計算效率相比於非線性迭代正則化方法要高，但在噪聲程度較高時，其過強的平滑性（正則性）同樣會使圖像的邊緣等細節資訊受到損失。

3.4.2 Wiener 濾波

20 世紀 40 年代，數學家 Wiener 提出了經典的 Wiener 濾波，1967 年，Helstrom 建議將 Wiener 濾波用於圖像復原。圖像復原中應用的是非因果的 Wiener 濾波器，因為可以在頻域採用 FFT 計算，其計算效率很高。Wiener 濾波器的基本思想是，找到一個濾波器，使得復原圖像和原始圖像的均方誤差最小，所以它又被稱為最小均方誤差器，需指出的是使用 Wiener 濾波器必須假定圖像和噪聲均是廣義平穩的。當採用 DFT 來計算復原圖像的估計時，Wiener 濾波器的估計公式為：

$$U(\mu,\nu)=\frac{K^*(\mu,\nu)F(\mu,\nu)}{|K(\mu,\nu)|^2+S_{nn}(\mu,\nu)/S_{uu}(\mu,\nu)}$$

式中，$U(\mu,\nu)$、$K(\mu,\nu)$ 和 $F(\mu,\nu)$ 分別為原始圖像、模糊函數和觀測圖像的離散 Fourier 變換。$S_{nn}(\mu,\nu)$ 和 $S_{uu}(\mu,\nu)$ 分別是噪聲和原始圖像的功率譜。與簡單的逆濾波估計相比，比值 $S_{nn}(\mu,\nu)/S_{uu}(\mu,\nu)$ 起到了正則化的作用。但在實際應用中，這兩個功率譜常常難以估計，因此可用下面的公式來近似 Wiener 濾波：

$$U(\mu,\nu)=\frac{K^*(\mu,\nu)F(\mu,\nu)}{|K(\mu,\nu)|^2+\gamma}$$

其中 γ 為正常數，在數值上最好取觀測圖像訊噪比的倒數，當觀測圖像不含噪聲時，γ 為 0，Wiener 濾波退化為逆濾波。

Wiener 濾波提供了在含噪條件下反卷積的最優方法，但以人眼觀測（或目標識別）看來，均方誤差準則並非是最優的優化準則，均方誤差準則對圖像中任意位置的誤差均賦予相同權值，而人眼對暗處或高梯度誤差區域的誤差比其他平緩區域的誤差有更大的容忍性。

3.4.3 約束最小二乘濾波

在約束最小二乘濾波方法中，加入了關於復原圖像導數的約束，即復原圖像的二階導數的範數平方最小，在離散情況下，用二階差分代替二階導數。圖像的二階差分算子為：

$$c(m,n)=\frac{1}{8}\begin{bmatrix}0 & 1 & 0\\ 1 & -4 & 1\\ 0 & 1 & 0\end{bmatrix}$$

又稱為 Laplace 算子。約束最小二乘濾波所要求的最小化問題為：

$$\min_{\boldsymbol{u}}\|\boldsymbol{Cu}\|_2^2 \quad \text{s. t.} \quad \|\boldsymbol{Ku}-\boldsymbol{f}\|_2^2\leqslant c$$

或等價形式：

$$\min_{\boldsymbol{u}}\{\lambda\|\boldsymbol{Cu}\|_2^2+\|\boldsymbol{Ku}-\boldsymbol{f}\|_2^2\}$$

其中 $\boldsymbol{C}$ 為 Laplace 算子導出的循環矩陣，$\boldsymbol{u}$，$\boldsymbol{f}$ 分別表示原始圖像和觀測圖像的向量表示，$\boldsymbol{K}$ 為模糊（卷積）矩陣，關於其構造方法，論文第二章已有詳細闡述，c 為由噪聲程度決定的某上限值。

該最小化問題導致法方程：

$$(\boldsymbol{K}^{\mathrm{T}}\boldsymbol{K}+\lambda\boldsymbol{C}^{\mathrm{T}}\boldsymbol{C})\boldsymbol{u}=\boldsymbol{K}^{\mathrm{T}}\boldsymbol{f}$$

約束最小二乘濾波有頻域形式的封閉解：

$$U(\mu,\nu)=\frac{K^*(\mu,\nu)F(\mu,\nu)}{|K(\mu,\nu)|^2+\lambda|C(\mu,\nu)|^2}$$

式中 C 為 $c(m,n)$ 填零擴展後的離散 Fourier 變換。注意 λ 是優化過程中需要確定的參數，文獻［32］介紹了其求解方法，這裡不再贅述。

3.5 保持圖像細節的正則化

Wiener 濾波和約束最小二乘濾波是兩種較早的線性正則化圖像復原方法，兩者均可視為 Tikhonov 正則化的具體應用，這兩種方法均可有效抑制模糊圖像中的 Gauss 噪聲，但通常其結果是過平滑的，甚至含有僞跡。關於這兩種方法的應用，文獻［31］和［32］中均有實例，本文不再贅述。後續的能夠保持圖像細節的正則化圖像復原方法通常會強調訊號的稀疏性（基於 l_0 範數或 l_1 範數），因此它們是非線性的。下面，著重介紹兩種本書中將要採用的正則化模型：廣義全變差模型（強調圖像梯度域上的稀疏性）和剪切波模型（強調圖像變換域上的稀疏性），並從理論分析和仿真實驗兩個方面揭示它們在圖像細節保持方面的有效性。廣義全變差模型是經典全變差模型的推廣，而剪切波變換則是傳統小波變換思想在高維訊號上的延拓。

3.5.1 廣義全變差正則化模型

Bredies 等[46] 於 2010 年在全變差（TV）模型的基礎上提出了廣義全變差（TGV）模型。TGV 模型定義為

$$\mathrm{TGV}_{\boldsymbol{\alpha}}^k(u)=\sup\{\int_\Omega u\,\mathrm{div}^k v\,\mathrm{d}\boldsymbol{x}\mid v\in C_c^k(\Omega,\mathrm{Sym}^k(\mathbb{R}^d)),$$
$$\|\mathrm{div}^l v\|_\infty\leqslant\alpha_l,l=0,\cdots,k-1\}$$
$$\text{其中}\mathrm{Sym}^k(\mathbb{R}^d)=\left\{\zeta:\underbrace{\mathbb{R}^d\times\mathbb{R}^d\times\cdots\times\mathbb{R}^d}_{k}\rightarrow\mathbb{R}\right\}(\zeta\text{ 為 }k\text{ 階線性對稱})\tag{3-11}$$

上式中 $d\geqslant1$ 表示數據維數，在本文中均取 $d=2$（包括彩色圖像）；Sym^k（$\mathbb{R}^d$）為定義在 $\mathbb{R}^d$ 上的 k 階對稱張量空間；$C_c^k(\Omega$，$\mathrm{Sym}^k(\mathbb{R}^d))$ 為定義在緊支撐區域 Ω 上的對稱張量場空間；α_l 為正的上界。由 $\mathrm{TGV}_{\boldsymbol{\alpha}}^k$ 的定義可知，它包含了 u 直到 k 階導數的資訊。當 $k=1$ 且 $\alpha_0=1$ 時，$\mathrm{TGV}_{\boldsymbol{\alpha}}^k$ 退化為 TV 模型。

類似於 TV 模型，定義 k 階有界廣義變差（bounded generalized variation，BGV）函數空間為：

$$\mathrm{BGV}_{\boldsymbol{\alpha}}^k(\Omega)=\{u\in L_1(\Omega)\mid\mathrm{TGV}_{\boldsymbol{\alpha}}^k(u)<\infty\}\tag{3-12}$$

相應地，BGV 範數定義為：

$$\|u\|_{\mathrm{BGV}_{\boldsymbol{\alpha}}^k}=\|u\|_1+\mathrm{TGV}_{\boldsymbol{\alpha}}^k(u)\tag{3-13}$$

在本文中，更多地採用 $k=2$ 即 2 階的 TGV 模型：

$$\mathrm{TGV}_{\boldsymbol{\alpha}}^2(u)=\sup\{\int_\Omega u\,\mathrm{div}^2 v\,\mathrm{d}\boldsymbol{x}\mid v\in C_c^2(\Omega,\mathrm{Sym}^2(\mathbb{R}^d)),\tag{3-14}$$
$$\|v\|_\infty\leqslant\alpha_0,\|\mathrm{div}v\|_\infty\leqslant\alpha_1\}$$

其中散度算子 div 和 div^2 分別定義為：

$$(\mathrm{div}v)_i=\sum_{j=1}^d\frac{\partial v_{ij}}{\partial x_j}\quad 1\leqslant i\leqslant d\text{ 和 }\mathrm{div}^2 v=\sum_{i,j=1}^d\frac{\partial^2 v_{ij}}{\partial x_i\partial x_j}\tag{3-15}$$

事實上，$\mathrm{Sym}^2(\mathbb{R}^d)$ 等價於所有 $d\times d$ 的對稱矩陣所構成的空間。式(3-14) 中無窮範數定義為：

$$\|v\|_\infty=\sup_{x\in\Omega}\left(\sum_{i,j=1}^{d}|v_{ij}(\boldsymbol{x})|^2\right)^{1/2} \text{和} \|\mathrm{div}v\|_\infty=\sup_{x\in\Omega}\left(\sum_{i=1}^{d}|(\mathrm{div}v)_i|^2\right)^{1/2} \tag{3-16}$$

上述模型為連續訊號模型，而在實際計算中，採用的則是如下離散模型：

$$\mathrm{TGV}_{\boldsymbol{\alpha}}^2(\boldsymbol{u})=\max_{\boldsymbol{v},\boldsymbol{d}}\{\langle\boldsymbol{u},\mathrm{div}\boldsymbol{d}\rangle\mid\mathrm{div}\boldsymbol{v}=\boldsymbol{d},\|\boldsymbol{v}\|_\infty\leqslant\alpha_0,\|\boldsymbol{d}\|_\infty\leqslant\alpha_1\} \tag{3-17}$$

其中

$$\|\boldsymbol{v}\|_\infty=\max_{i,j}(v_{i,j,1}^2+v_{i,j,2}^2+2v_{i,j,3}^2)^{\frac{1}{2}},\quad \boldsymbol{v}_{i,j}=\begin{bmatrix}v_{i,j,1} & v_{i,j,3}\\ v_{i,j,3} & v_{i,j,2}\end{bmatrix} \tag{3-18}$$

$$\|\boldsymbol{d}\|_\infty=\max_{i,j}(d_{i,j,1}^2+d_{i,j,2}^2)^{\frac{1}{2}},\quad \boldsymbol{d}_{i,j}=[d_{i,j,1},d_{i,j,2}] \tag{3-19}$$

由 Lagrange 對偶原理可知：

$$\begin{aligned}\mathrm{TGV}_{\boldsymbol{\alpha}}^2(\boldsymbol{u})&=\min_{\boldsymbol{p}}\max_{\|\boldsymbol{v}\|_\infty\leqslant\alpha_0,\|\boldsymbol{d}\|_\infty\leqslant\alpha_1}\langle\boldsymbol{u},\mathrm{div}\boldsymbol{d}\rangle+\langle\boldsymbol{p},\boldsymbol{d}-\mathrm{div}\boldsymbol{v}\rangle\\&=\min_{\boldsymbol{p}}\max_{\|\boldsymbol{v}\|_\infty\leqslant\alpha_0,\|\boldsymbol{d}\|_\infty\leqslant\alpha_1}\langle-\nabla\boldsymbol{u},\boldsymbol{d}\rangle+\langle\boldsymbol{p},\boldsymbol{d}\rangle+\langle\varepsilon\boldsymbol{p},\boldsymbol{v}\rangle\\&=\min_{\boldsymbol{p}}\max_{\|\boldsymbol{v}\|_\infty\leqslant\alpha_0,\|\boldsymbol{d}\|_\infty\leqslant\alpha_1}\langle\boldsymbol{p}-\nabla\boldsymbol{u},\boldsymbol{d}\rangle+\langle\varepsilon\boldsymbol{p},\boldsymbol{v}\rangle\\&=\min_{\boldsymbol{p}}\ \alpha_0\|\varepsilon\boldsymbol{p}\|_1+\alpha_1\|\nabla\boldsymbol{u}-\boldsymbol{p}\|_1\end{aligned} \tag{3-20}$$

其中 ε 為對稱差分算子，為方便後續應用，將$\mathrm{TGV}_{\boldsymbol{\alpha}}^2(\boldsymbol{u})$ 寫為：

$$\mathrm{TGV}_{\boldsymbol{\alpha}}^2(\boldsymbol{u})=\min_{\boldsymbol{p}}\ \alpha_1\|\nabla\boldsymbol{u}-\boldsymbol{p}\|_1+\alpha_2\|\varepsilon\boldsymbol{p}\|_1 \tag{3-21}$$

若向量 $\boldsymbol{u}\in\mathbb{R}^{mn}$表徵 $m\times n$ 的圖像，則 $\boldsymbol{p}\in\mathbb{R}^{mn}\times\mathbb{R}^{mn}(\boldsymbol{p}_{i,j}=(p_{i,j,1},\ p_{i,j,2}))$ 為二維一階張量，而 $(\varepsilon\boldsymbol{p})_{i,j}$，$1\leqslant i\leqslant m$，$1\leqslant j\leqslant n$ 則由下式給出：

$$(\varepsilon\boldsymbol{p})_{i,j}=\begin{bmatrix}(\varepsilon\boldsymbol{p})_{i,j,1} & (\varepsilon\boldsymbol{p})_{i,j,3}\\ (\varepsilon\boldsymbol{p})_{i,j,3} & (\varepsilon\boldsymbol{p})_{i,j,2}\end{bmatrix}=\begin{bmatrix}\nabla_1 p_{i,j,1} & \dfrac{\nabla_2 p_{i,j,1}+\nabla_1 p_{i,j,2}}{2}\\ \dfrac{\nabla_2 p_{i,j,1}+\nabla_1 p_{i,j,2}}{2} & \nabla_2 p_{i,j,2}\end{bmatrix} \tag{3-22}$$

其中∇_1和∇_2分別表示水平方向和垂直方向的差分算子。有關∇(包括∇_1和∇_2）在循環邊界條件下的定義，文獻［167］中有著詳細定義，本文不再贅述。$\boldsymbol{p}$ 和 $\varepsilon\boldsymbol{p}$ 的 1 範數分別定義為 $\|\boldsymbol{p}\|_1=\sum_{i,\ j=1}^{m,\ n}\|\boldsymbol{p}_{i,\ j}\|_2=$

$\sum_{i,j=1}^{m,n}\sqrt{p_{i,j,1}^2+p_{i,j,2}^2}$ 和 $\|\varepsilon(\boldsymbol{p})\|_1=\sum_{i,j=1}^{m,n}\|(\varepsilon\boldsymbol{p})_{i,j}\|_2=\sum_{i,j=1}^{m,n}\sqrt{(\varepsilon\boldsymbol{p})_{i,j,1}^2+(\varepsilon\boldsymbol{p})_{i,j,2}^2+2(\varepsilon\boldsymbol{p})_{i,j,3}^2}$。

在式(3-21) 的$\mathrm{TGV}_{\boldsymbol{\alpha}}^2$ 中，$\alpha_1\|\nabla\boldsymbol{u}-\boldsymbol{p}\|_1$ 代表了對不連續元素的限制，而 $\alpha_2\|\varepsilon\boldsymbol{p}\|_1$ 則代表了對於光滑斜坡區域的限制。正因如此，$\mathrm{TGV}_{\boldsymbol{\alpha}}^2$ 正則化能夠有效抑制 TV 模型正則化所導致的階梯效應。根據理論分析，$\mathrm{TGV}_{\boldsymbol{\alpha}}^k$ 正則化趨於得到由分片 $k-1$ 階二元多項式函數所構成的結果。

圖 3-8 所示的去噪例子說明了$\mathrm{TGV}_{\boldsymbol{\alpha}}^2$ 在抑制 TV 階梯效應方面的有效性。其中，原始圖像為合成的分片仿射圖像［其一階導數為分片常值，如圖 3-8(a) 所示］，原始圖像被標準差為 $\sigma=15$ 的 Gauss 噪聲污染［如圖 3-8(b) 所示］。兩種正則化模型均可以較好地保持原始圖像中的邊緣，所不同的是，$\mathrm{TGV}_{\boldsymbol{\alpha}}^2$ 正則化模型的結果幾乎不存在階梯效應［如圖 3-8(c) 和 (e) 所示］，而 TV 正則化模型的結果則含有顯著的階梯效應［如圖 3-8(d) 和 (f) 所示］。

非線性正則化圖像復原方法應用過程中的一個重要問題是關於解的唯一性和存在性的討論。以 TV（一階 TGV）正則化模型式(1-16) 為例，其解的存在性和唯一性需要滿足以下幾個條件[37]：

① 理想圖像 $\boldsymbol{u}\in\mathrm{BV}(\Omega)$；

② 退化觀測圖像 $\boldsymbol{f}\in l_2(\Omega)$；

③ 線性模糊算子 $\boldsymbol{K}$：$l_1(\Omega)\rightarrow l_2(\Omega)$ 是有界的和單射的，且滿足 DC 條件 $\boldsymbol{K1}=\boldsymbol{1}$，即模糊並不損失圖像能量。

條件 1 和條件 2 保證了能量函數式(1-16) 的意義，而單射條件（$\boldsymbol{K}$ 必須是非奇異的）則保證了圖像復原結果的唯一性。若 $\boldsymbol{K}$ 為非奇異則最小化函數式(1-16) 為嚴格凸的，此時，其解為唯一，若 $\boldsymbol{K}$ 為奇異的，則 $\mathrm{TV}(\boldsymbol{u})$ 和 $\|\boldsymbol{Ku}-\boldsymbol{f}\|_2^2$ 均是非嚴格凸的，最小化函數式(1-16) 的解可能不唯一，但均為全局最優解，即所有解均可使目標函數取得相同的最小值。

需要強調的是，正則化函數解的唯一性，並不是指導致觀測圖像的原始圖像是唯一的。實際的圖像模糊是一個連續卷積過程，作為低通濾波器，它通常在頻域中存在零點，即原始圖像的某些頻率成分在模糊圖像中已無法觀測到，這意味著可以導致觀測圖像的原始圖像並不唯一。因此，圖像反問題正則化的目的是求得原始圖像的一個近似估計而非得到準確的原始圖像。從這一角度來看，刻意保證凸正則化函數的解唯一並不具有實際意義，這是因為在凸正則化中所有的解均使得目標函數取得相同的最小值，它們均符合對結果的期望，均應視為對原始圖像的合理估計。

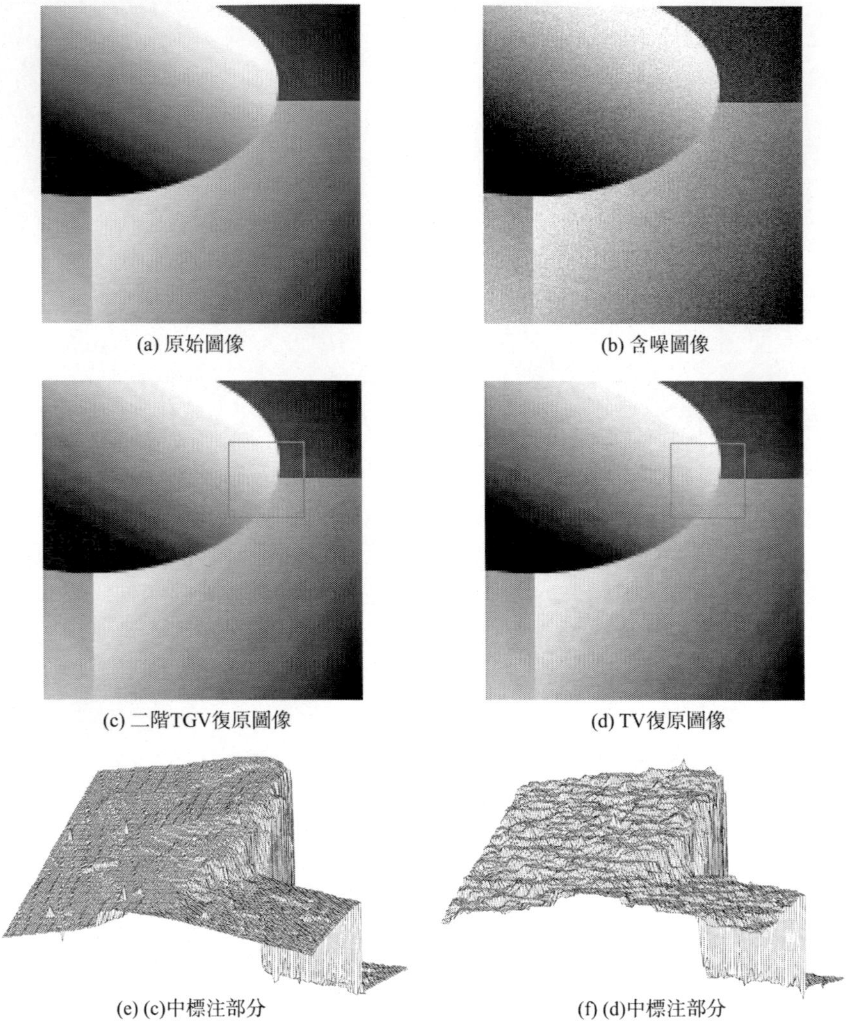

圖 3-8 二階 TGV 與 TV 正則化圖像去噪效果比較

3.5.2 剪切波正則化模型

第 1 章已經講到，傳統小波可以有效處理點奇異，但對於高維空間中其他類型的奇異性則顯得捉襟見肘。而對於圖像訊號而言，邊緣和細節又是重要的特徵資訊，這使得能夠有效表徵多維奇異性的剪切波（sheralet）變換[78-83,180-182] 在圖像處理中越來越受到重視。剪切波變換得以推廣的一個重要優勢是它與多解析度分析相關聯，存在離散快速變換[80-82]。

令各向異性尺度/膨脹矩陣 $\boldsymbol{A}_a$ 和剪切矩陣 $\boldsymbol{S}_s$ 分別定義為：

$$\boldsymbol{A}_a=\begin{bmatrix} a & 0 \\ 0 & \sqrt{a} \end{bmatrix}, a\in\mathbb{R}^+ \text{和 } \boldsymbol{S}_s=\begin{bmatrix} 1 & s \\ 0 & 1 \end{bmatrix}, s\in\mathbb{R} \tag{3-23}$$

剪切波系統 $\{\psi_{a,s,t},\ a\in\mathbb{R}^+,\ s\in R,\ \boldsymbol{t}\in\mathbb{R}^2\}$ 可以通過函數 $\psi\in L_2(\mathbb{R}^2)$ 的膨脹、剪切和移位等步驟實現：

$$\psi_{a,s,t}=|\det\boldsymbol{M}_{as}|^{-\frac{1}{2}}\psi(\boldsymbol{M}_{as}^{-1}(\boldsymbol{x}-\boldsymbol{t})), \boldsymbol{M}_{as}=\boldsymbol{S}_s\boldsymbol{A}_a \tag{3-24}$$

二維函數 $f\in L_2(\mathbb{R}^2)$ 的連續剪切波變換定義為：

$$SH_\psi(f)(a,s,t)\triangleq\langle f,\psi_{a,s,t}\rangle \tag{3-25}$$

相關理論研究表明，若二維函數 f 除去一條分段 C^2 連續（二階導數連續）的曲線外是 C^2 連續的，令 f_M 為 f 的採用 M 個最大剪切波係數的逼近，則：

$$\|f-f_M\|_2\leqslant C(\lg M)^3M^{-2} \tag{3-26}$$

相比之下，傳統小波獲得的 f_M 僅滿足 $\|f-f_M\|_2\leqslant CM^{-1}$。因此，剪切波變換在處理曲線等高維奇異性方面優於傳統的小波變換。

剪切波具有非常好的局部化特性，它在頻域上是緊支撐的，在空域上又具有很快的衰減特性，此外，剪切波具有很強的方向敏感性，剪切波變換對於高維數據具有最優的稀疏表示[25]。離散剪切波快速變換是當前調和分析領域和圖像處理領域的一個研究焦點，現有的變換分為兩種，基於 Cartesian（笛卡爾）座標的變換和基於偽極座標的變換。本文採用的是 Häuser 在 Cartesian 座標系下提出的快速有限剪切波變換❶[82]（fast finite shearlet transform，FFST）。在一些網站❷上還存在其他版本的快速剪切波變換算法。

根據 FFST，$\boldsymbol{u}\in\mathbb{R}^{mn}$ 的第 r 個非下採樣剪切波變換子帶可以通過頻域的逐點乘積來實現，即：

$$\mathrm{SH}_r(\boldsymbol{u})=F_2^{-1}(\hat{\boldsymbol{H}}_r.*\hat{\boldsymbol{u}})=F_2^{-1}\mathrm{diag}(\hat{\boldsymbol{H}}_r)F_2\boldsymbol{u}=\boldsymbol{S}_r\boldsymbol{u} \tag{3-27}$$

其中，$\mathrm{SH}_r(\boldsymbol{u})$ 和 $\hat{\boldsymbol{u}}$ 分別表示 $\boldsymbol{u}$ 的剪切波變換和二維 Fourier 變換；$\hat{\boldsymbol{H}}_r$ 表示第 r 個剪切波變換子帶的頻域基；.* 表徵逐點相乘運算；F_2 和 F_2^{-1} 表示二維 Fourier 變換算子及其反變換算子；「diag」表示將向量對角化為矩陣的對角化算子；$\boldsymbol{S}_r$ 為分塊循環矩陣，它可通過二維 Fourier 變換進行對角化。由以上討論可知，對於一幅 $m\times n$ 大小的圖像，可通過二維 Fourier 變換以 $mn\log mn$ 的複雜度實現剪切波變換。總的剪切波變換的子帶

❶ http://www.mathematik.uni-kl.de/imagepro/members/haeuser/ffst.

❷ http://shearlab.org/和 http://shearlet.org/.

數由變換的層數決定。有關 FFST 的詳細介紹，可參考文獻［82］。

圖 3-9 對剪切波變換和小波變換的圖像重構能力進行了比較。圖 3-9(a) 為原始圖像；圖 3-9(b) 為採用 MATLAB「db1」小波對原始圖像進行 2 層分解後又重構的圖像；圖 3-9(c) 為相應的誤差圖像，它所代表的相對誤差為 6.18×10^{-16}（相對誤差為誤差圖像向量 2 範數與原始圖像向量 2 範數之比，為更好地表現原始圖像與重構圖像間的差別，圖中所示的誤差圖像作了仿射變換）；圖 3-9(d) 為採用 FFST 對原始圖像進行 4 層分解（共計 61 個頻域子帶[82]）後又重構的圖像；圖 3-9(e) 為剪切波變換所對應的誤差圖像，它所代表的相對誤差為 $(4\sim15)\times10^{-16}$；圖 3-9 (f) 為剪切波變換的第十八個頻域子帶；圖 3-9(g) 則給出了該子帶所對應的變換係數，顯然，係數具有很強的稀疏性。盡管相對誤差在同一個量級上，但比較小波重構與剪切波重構的誤差圖像可以發現，小波誤差圖像中含有明顯的圖像邊緣，這說明小波圖像重構存在較嚴重邊緣損失，相比之下，剪切波誤差圖像中並不存在明顯的邊緣，這說明剪切波有著比傳統小波更為優異的邊緣檢測能力。

(a) 原始圖像

(b) db1小波重構圖像

(c) db1小波誤差圖像

(d) 剪切波重構圖像

(e) 剪切波誤差圖像

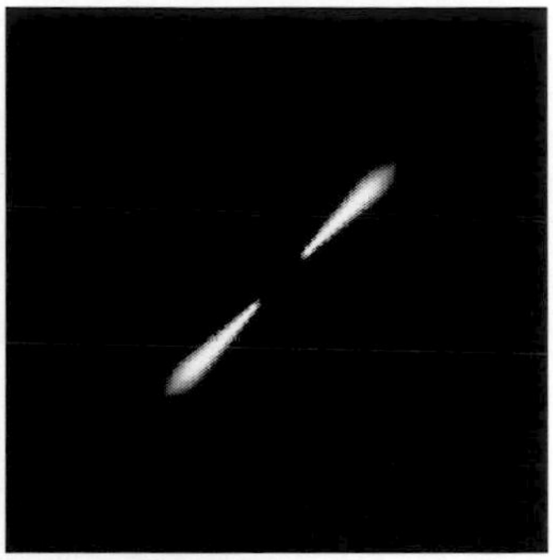

(f) 剪切波頻域子帶

(g) 剪切波變換系數

圖 3-9 剪切波變換與小波變換圖像重構比較

3.6 圖像品質評價

圖像的品質評價可分為客觀評價和主觀評價。圖像的客觀評價可以定量地衡量兩幅圖像間的相似度，而主觀評價則可以依據人眼定性地評判圖像的可辨識度。常用的客觀評價方法有峰值訊噪比（peak-sigal-to-noise ratio，PSNR）、均方誤差（mean square error，MSE）、提升訊噪比（improved-sigal-to-noise ratio，ISNR）、結構相似度（structured similarity index measurement，SSIM）指數[182] 等。其中 PSNR、MSE 和 ISNR 是成比例的，可互相導出。大量研究表明，不同類型評價方法的綜合運用比單一的品質評價方法要更為客觀合理。

本文採用了兩種客觀評價指標，PSNR 和 SSIM。PSNR 意義明確，計算簡單，最為常用，其定義為（本文圖像像素值限定於［0，255］）：

$$\mathrm{PSNR}=10\ \lg\frac{255^2}{\mathrm{MSE}}=10\ \lg\left(\frac{255^2 \boldsymbol{mn}}{\|\boldsymbol{u}-\boldsymbol{u}_{\mathrm{clean}}\|_2^2}\right)(\mathrm{dB}) \tag{3-28}$$

其中，$\boldsymbol{u}$ 為估計圖像而 $\boldsymbol{u}_{\mathrm{clean}}$ 為原始圖像。ISNR 可由下式求得：

$$\mathrm{ISNR}=10\ \lg\left(\frac{\|\boldsymbol{u}-\boldsymbol{u}_{\mathrm{clean}}\|_2^2}{\|\boldsymbol{f}-\boldsymbol{u}_{\mathrm{clean}}\|_2^2}\right)=\mathrm{PSNR}(\boldsymbol{u})-\mathrm{PSNR}(\boldsymbol{f}) \tag{3-29}$$

其中 f 是觀測圖像。

SSIM 被認為是比 PSNR 等傳統評價指標更符合人類視覺效應的客觀評價指標，它將圖像資訊解析為亮度（l）、對比度（c）和結構（s）三部分。分別用 x 和 y 表示兩幅不同的圖像，用 μ_x 和 μ_y 表示兩者的均值，用 σ_x 和 σ_y 表示兩者的方差，用 σ_{xy} 表示兩者的協方差，則它們的 SSIM 定義如下：

$$\mathrm{SSIM}(x,y)=[l(x,y)]^{\alpha}[c(x,y)]^{\beta}[s(x,y)]^{\gamma} \tag{3-30}$$

其中 $l(x,\ y)=\dfrac{2\mu_x\mu_y+C_1}{\mu_x^2+\mu_y^2+C_1}$、$c(x,\ y)=\dfrac{2\sigma_x\sigma_y+C_2}{\sigma_x^2+\sigma_y^2+C_2}$、$s(x,\ y)=\dfrac{\sigma_{xy}+C_3}{\sigma_x\sigma_y+C_3}$分別定義了兩圖像間的亮度比較、對比度比較和結構比較，α、β、$\gamma>0$ 用來調節三個函數的權重，常數 C_1、C_2、C_3 則起到防止分母為零的作用。SSIM 更常用的一種形式是，在式(3-37) 的基礎上取 $\alpha=\beta=\gamma=1$ 和 $C_3=C_2/2$，即：

$$\mathrm{SSIM}(x,y)=\frac{(2\mu_x\mu_y+C_1)(2\sigma_{xy}+C_2)}{(\mu_x^2+\mu_y^2+C_1)(\sigma_x^2+\sigma_y^2+C_2)} \tag{3-31}$$

有關 SSIM 的其他具體細節，可參考文獻［182］。在 SSIM 的基礎上，Wang 等又發展了很多品質評價指標以用於不同的應用場合。有關 SSIM 的改進和應用，可參考 Wang 的個人網址。

第4章

TV正則化圖像復原中的快速自適應參數估計

4.1 概述

第 3 章提到，相比於線性方法，非線性正則化圖像復原方法在噪聲抑制和細節保存的平衡方面更有優勢。全變差（TV）模型是當前圖像復原中最常用的正則化模型之一，由於該模型的不可微性，非線性 TV 正則化圖像復原問題的求解也一直是學術界關注的焦點。

在正則化圖像復原中，準確估計平衡數據保真項和正則項的正則化參數，是成功解決病態圖像復原問題的關鍵，而正則化參數的自適應估計則是實現圖像復原自動化的先決條件。目前，現有的多數 TV 正則化圖像復原算法僅採用人為預先確定的方式選擇正則化參數[84,125,126,166,167]。當觀測圖像的噪聲程度可估計時，Morozov 偏差原理是實現正則化參數自適應估計的基本方法。事實上，圖像噪聲水平估計同樣是圖像領域的研究焦點，目前，已有大量研究成果見諸報端。當前，基於偏差原理的自適應圖像復原所存在的主要問題是，在實現正則化參數自適應選擇的同時，需要在基本迭代算法中引入內迭代[15,30,170-172]。這既導致算法結構複雜化，影響圖像復原效率；又使得算法的收斂性和最終結果易受內迭代方法求解精度的影響。

要實現圖像復原正則化參數的自適應估計，需同時考慮以下兩個方面：①選擇合適的參數估計策略，從而使得參數估計更為準確，算法結構更為簡潔；②嚴格證明算法的收斂性，從而使得算法具有堅實的理論基礎和更好的推廣性。

本章基於經典的 TV 模型和交替方向乘子法（ADMM），提出了一種能夠同時進行正則化參數估計和圖像復原的新算法。通過對正則項和保真項同時應用變量分裂，克服了 TV 模型的不可微性，實現了正則化參數閉合形式的快速迭代更新，並保證了復原結果滿足 Morozov 偏差原理。本章在參數變化的前提下證明了所提算法的全局收斂性。更進一步地，給出了所提算法的等價分裂 Bregman 形式，並將參數自適應估計思想推廣應用到了區間約束的 TV 圖像復原問題中。實驗結果表明，與已有的 TV 圖像復原算法相比，所提算法在速度上具有較顯著的優勢，在精度上則更具競爭力。

本章結構安排如下：4.2 節概述了現有的基於 Morozov 偏差原理的 TV 正則化參數自適應估計方法，並分析了其優缺點。4.3 節提出了可以同時進行正則化參數估計和圖像復原的參數自適應的 ADMM 算法（adaptive parameter estimation for ADMM，APE-ADMM)，並詳細闡述了其鞍點條件、推導過程和收斂性分析。4.4 節給出了與 APE-ADMM 等價的參數自適應的分裂 Bregman 算法（APE for SBA，APE-SBA)，並將自適應參數估計思想推廣到了帶有區間約束的圖像復原情形，得出了參數自適應的區間約束交替方向乘子法（APE for box-constrained ADMM，APE-BCADMM)。4.5 節通過三個比較實驗驗證了所提算法在正則化參數自適應估計和圖像復原方面的有效性以及相比於已有算法的優越性。

4.2 TV 圖像復原中的參數自適應估計方法概述

TV 圖像復原中正則化參數［式(1-16) 中的 λ］的自適應估計一直是圖像處理領域關注的熱門問題。在 Morozov 偏差原理和 Gauss 噪聲條件下，該問題實質上是求解：

$$\min_{\boldsymbol{u}} \mathrm{TV}(\boldsymbol{u}) \quad \text{s. t.} \quad \boldsymbol{u} \in \Psi \triangleq \{\boldsymbol{u} : \|\boldsymbol{K}\boldsymbol{u} - \boldsymbol{f}\|_2^2 \leqslant c\} \tag{4-1}$$

根據 Lagrange 理論，可以將約束問題式(4-1) 轉化為無約束問題式(1-16)。若 $\boldsymbol{u}$ 為問題式(4-1) 的解，則對於某個特定的 $\lambda \geqslant 0$，它也是問題式(1-16) 的解。給定 λ，用 $\boldsymbol{u}^*(\lambda)$ 表示問題式(1-16) 的最優解，則關於問題式(4-1)，當 $\lambda = 0$ 時，有 $\boldsymbol{u}^*(0) \in \Psi$；或當 $\lambda > 0$ 時，有：

$$\|\boldsymbol{K}\boldsymbol{u}^*(\lambda) - \boldsymbol{f}\|_2^2 = c \tag{4-2}$$

事實上，當 $\lambda = 0$ 時，最小化問題式(1-16) 相當於最小化 $\mathrm{TV}(\boldsymbol{u})$，其解為常值圖像，顯然，這並不符合實際應用情況。因此，Morozov 偏差原理的目的是找到一個 $\lambda > 0$ 使得問題式(4-1) 的解為非常值圖像。值得一提的是，因為問題式(1-16) 並不存在封閉解，很難直接確認其解是否在可行域 Ψ 之中。

在求解問題式(4-1) 時，為使求解式(1-16) 的方法變得可用，Blomgren 和 Chan 提出了用以更新 λ 的一套標準方法[184]。儘管可以找到一個近似解，但該方法耗時過長，其原因是，要針對一系列 λ 多次求解問題式(1-16)。

Ng 等基於 ADMM 提出了一種求解問題式(4-1) 的算法。在每步迭代中，需要先求解一個最小二乘問題，而後再將當前關於原始圖像的估計投影到可行域 Ψ 中。通過採用循環邊界或是 Neumann 邊界條件，模糊矩陣 $\boldsymbol{K}$ 可以被 FFT 對角化，因此，該方法可以方便地解決所涉及的最小二乘問題。然而，該方法需要引入 Newton 迭代法來實現 λ 的自動更新。

Afonso 等同樣基於 ADMM 提出了另一種求解問題式(4-1) 的算法[15]。在該算法中，採用變量分裂引入了一個用以替代 $\boldsymbol{Ku}$ 的輔助變量，由此，關於 TV 的復原問題被分解為一個 Moreau 臨近去噪問題和一個逆濾波問題。而後，在每步迭代中，通過 Chambolle 去噪算法[116] 求解相應的臨近去噪問題。

基於 TV 的原始對偶模型[37]，Wen 和 Chan 導出了一種求解問題式(4-1) 的有效方法[30]。其步驟是，先將問題式(4-1) 的求解轉化為所對應原始-對偶問題的鞍點問題，再利用原始-對偶聯合梯度算法（PDHG）求得問題的解。為保證問題的解在可行域中，在該方法中同樣引入了 Newton 迭代法作為嵌套算法。

上述求解問題式(4-1) 的方法在保證一個可行解的同時均引入了內迭代結構，此外，僅文獻［30］提供了相應的算法證明。

4.3 基於 ADMM 和偏差原理的快速自適應參數估計

本節基於 ADMM 提出了一種求解約束 TV 復原問題式(4-1) 的算法，其貢獻有三方面：首先，不同於關注固定正則化參數的復原算法[84,125,126,166,167]，本文所提算法的目的是求解約束問題式(4-1)，並在無人工干預的前提下自適應地找到最優的 λ。其次，不同於求解問題式(4-1) 的現有算法[15,30,170-172]，所提算法在結構上更加緊湊，避免了嵌套迭代。在所提算法中，通過採用變量分裂技術，同時引入了兩個輔助變量用以替換 $\boldsymbol{Ku}$ 和 TV 範數，從而將問題式(4-1) 分解為可通過 ADMM 求解的多個簡單子問題。得益於此，在每步迭代中，λ 可以通過閉合形式進行更新。Morozov 偏差原理的應用保證了解始終在可行域 Ψ 中。最後，基於變分不等式完成了算法收斂性的證明。因為算法中的 λ 是變化的，本文中的算法證明與現有文獻[161,164,167] 中關於 ADMM 的證明有著很大區別。此外，所提參數估計思想可以被自然地推廣到區間約束的 TV 圖像復原中。實驗表明，所提算法可以找到最優的 λ，且在速度和精度方面均優於現有的一些著名算法。根據 ADMM、分裂 Bregman 算法和 Douglas-Rachford 算法的等價性[152]，所提算法也可以看作是後兩者的一個應用實例。

不失一般性地，記 Euclidean 空間$\mathbb{R}^{mn}$為V並定義$Q \triangleq V \times V$。對於$\boldsymbol{u} \in V$，$u_{i,j} \in \mathbb{R}$表示$\boldsymbol{u}$的第（$(i-1)n+j$）個元素，對於$\boldsymbol{y} \in Q$，（$y_{i,j,1}$，$y_{i,j,2}$）表示$\boldsymbol{y}$的第（$(i-1)n+j$）個元素。Euclidean 空間V和Q中的內積分別定義為：

$$\begin{aligned} \langle \boldsymbol{u}, \boldsymbol{v} \rangle_V &= \sum\nolimits_{i,j}^{m,n} u_{i,j} v_{i,j}, \ \|\boldsymbol{u}\|_2 = \sqrt{\langle \boldsymbol{u}, \boldsymbol{u} \rangle_V} \\ \langle \boldsymbol{y}, \boldsymbol{q} \rangle_Q &= \sum\nolimits_{i,j}^{m,n} \sum\nolimits_{k=1}^{2} y_{i,j,k} q_{i,j,k}, \ \|\boldsymbol{y}\|_2 = \sqrt{\langle \boldsymbol{y}, \boldsymbol{y} \rangle_Q} \end{aligned} \tag{4-3}$$

此外，對於像素（i，j），記$\|\boldsymbol{y}_{i,j}\|_2 = \sqrt{y_{i,j,1}^2 + y_{i,j,2}^2}$，對於$\boldsymbol{y} \in Q$，記$\|\boldsymbol{y}\|_1 = \sum\nolimits_{i,j}^{m,n} \|\boldsymbol{y}_{i,j}\|_2$。記二維一階差分算子為映射$\nabla: V \to Q$，且$\nabla \boldsymbol{u} \in Q$通過$(\nabla \boldsymbol{u})_{i,j} = ((\nabla_1 \boldsymbol{u})_{i,j}, (\nabla_2 \boldsymbol{u})_{i,j})$給出，則各向同性的全變差由$\mathrm{TV}(\boldsymbol{u}) = \|\nabla \boldsymbol{u}\|_1$給出。利用$V$和$Q$中內積的定義可以導出$-\nabla$的伴隨算子為散度算子 div：$Q \to V$，即$\mathrm{div} = -\nabla^{\mathrm{T}}$，因此，對於任意$\boldsymbol{u} \in V$和$\boldsymbol{y} \in Q$，必有$\langle -\mathrm{div}\boldsymbol{y}, \boldsymbol{u} \rangle_V = \langle \boldsymbol{y}, \nabla \boldsymbol{u} \rangle_Q$。關於循環邊界條件下，梯度算子和散度算子的具體定義可參考文獻［167］。

4.3.1 TV 正則化問題的增廣 Lagrange 模型

模糊矩陣$\boldsymbol{K}$由某一 PSF 生成，且有$\boldsymbol{K1} = \boldsymbol{1}$成立[30,37]，其中$\boldsymbol{1}$為所有元素為 1 的向量，因此，$\boldsymbol{K}$的零空間不包含除$\boldsymbol{0}$外的任何常值向量。相反，$\nabla$的零空間則為常值向量的集合。因此，僅有$\boldsymbol{0}$為$\boldsymbol{K}$和$\nabla$零空間的共同元素，即$\mathrm{zer}\,\nabla \cap \mathrm{zer}\boldsymbol{K} = \{\boldsymbol{0}\}$。在該條件下，最小化函數式(1-16) 為正常凸函數且解存在。根據 Fermat 法則，下述引理成立。

引理 4-1[37,167]　問題式(1-16) 至少有一個解$\boldsymbol{u}^*$，它滿足：

$$\boldsymbol{0} \in \lambda \boldsymbol{K}^{\mathrm{T}}(\boldsymbol{K}\boldsymbol{u}^* - \boldsymbol{f}) - \mathrm{div}(\partial \|\nabla \boldsymbol{u}^*\|_1) \tag{4-4}$$

其中$\partial \|\nabla \boldsymbol{u}^*\|_1$表示$\mathrm{TV}(\boldsymbol{u})$在$\nabla \boldsymbol{u}^*$處的次微分。

接下來，採用算子分裂技術[126]，將$\nabla \boldsymbol{u}$從不可微的 1 範數中解放出來，並簡化正則化參數λ的更新過程。具體地，引入一個輔助變量$\boldsymbol{y} \in Q$來替代$\nabla \boldsymbol{u}$（或$\boldsymbol{y}_{i,j} \in \mathbb{R}^2$替代$(\nabla \boldsymbol{u})_{i,j}$），引入另一個輔助變量$\boldsymbol{x} \in V$來替代$\boldsymbol{K}\boldsymbol{u}$，從而將問題式(1-16) 轉化為如下線性約束形式：

$$\min_{\boldsymbol{u}, \boldsymbol{x}, \boldsymbol{y}} \left\{ \|\boldsymbol{y}\|_1 + \frac{\lambda}{2} \|\boldsymbol{x} - \boldsymbol{f}\|_2^2 \right\} \quad \text{s. t.} \quad \boldsymbol{K}\boldsymbol{u} = \boldsymbol{x}; \boldsymbol{y} = \nabla \boldsymbol{u} \tag{4-5}$$

問題式(4-5) 的增廣 Lagrange（augmented Lagrangian，AL）函數定義為：

$$\begin{aligned} L_A(\boldsymbol{u}, \boldsymbol{x}, \boldsymbol{y}; \boldsymbol{\mu}, \boldsymbol{\xi}; \lambda) \triangleq & \frac{\lambda}{2} \|\boldsymbol{x} - \boldsymbol{f}\|_2^2 - \boldsymbol{\mu}^{\mathrm{T}}(\boldsymbol{x} - \boldsymbol{K}\boldsymbol{u}) + \frac{\beta_1}{2} \|\boldsymbol{x} - \boldsymbol{K}\boldsymbol{u}\|_2^2 + \\ & \|\boldsymbol{y}\|_1 - \boldsymbol{\xi}^{\mathrm{T}}(\boldsymbol{y} - \nabla \boldsymbol{u}) + \frac{\beta_2}{2} \|\boldsymbol{y} - \nabla \boldsymbol{u}\|_2^2 \end{aligned} \tag{4-6}$$

其中 $\boldsymbol{\mu}\in V$ 和 $\boldsymbol{\xi}\in Q$ 為 Lagrange 乘子（或對偶變量），而 β_1 和 β_2 為正的懲罰參數。對於 AL 函數式(4-5)，考慮如下鞍點問題：

$$L_A(\boldsymbol{u}^*,\boldsymbol{x}^*,\boldsymbol{y}^*;\boldsymbol{\mu},\boldsymbol{\xi};\lambda)\leqslant L_A(\boldsymbol{u}^*,\boldsymbol{x}^*,\boldsymbol{y}^*;\boldsymbol{\mu}^*,\boldsymbol{\xi}^*;\lambda)$$
$$\leqslant L_A(\boldsymbol{u},\boldsymbol{x},\boldsymbol{y};\boldsymbol{\mu}^*,\boldsymbol{\xi}^*;\lambda),(\boldsymbol{u}^*,\boldsymbol{x}^*,\boldsymbol{y}^*;\boldsymbol{\mu}^*,\boldsymbol{\xi}^*)\in V\times V\times Q\times V\times Q \tag{4-7}$$

定理 4-1 描述了問題式(4-7) 的鞍點與問題式(1-16) 的解之間的關係。首先給出引理 4-2，它對於定理 4-1 的證明至關重要。

引理 4-2[185]　設 $F=F_1+F_2$，其中，F_1 和 F_2 為從 $\mathbb{R}^N$ 映射到 $\mathbb{R}$ 的下半連續的凸函數，F_1 可微且其梯度為 F_1'，令 $\boldsymbol{p}^*\in\mathbb{R}^N$，則下述兩條件等價：

① $\boldsymbol{p}^*$ 為 $\operatorname*{Inf}_{\boldsymbol{p}\in\mathbb{R}^N} F(\boldsymbol{p})$ 的解；

② $\langle F_1'(\boldsymbol{p}^*),\ \boldsymbol{p}-\boldsymbol{p}^*\rangle+F_2(\boldsymbol{p})-F_2(\boldsymbol{p}^*)\geqslant 0\quad \forall\,\boldsymbol{p}\in\mathbb{R}^N$。

定理 4-1　$\boldsymbol{u}^*\in V$ 為問題式(1-16) 的解，當且僅當存在 $\boldsymbol{x}^*$、$\boldsymbol{\mu}^*\in V$ 和 $\boldsymbol{y}^*$，$\boldsymbol{\xi}^*\in Q$，使得 $(\boldsymbol{u}^*,\boldsymbol{x}^*,\boldsymbol{y}^*;\boldsymbol{\mu}^*,\boldsymbol{\xi}^*)$ 為問題式(4-7) 的鞍點。

證明　設 $(\boldsymbol{u}^*,\boldsymbol{x}^*,\boldsymbol{y}^*;\boldsymbol{\mu}^*,\boldsymbol{\xi}^*)$ 滿足鞍點條件，由式(4-7) 的第一個不等式可知：

$$\boldsymbol{\mu}^{\mathrm{T}}(\boldsymbol{x}^*-\boldsymbol{K}\boldsymbol{u}^*)+\boldsymbol{\xi}^{\mathrm{T}}(\boldsymbol{y}^*-\nabla\boldsymbol{u}^*)\geqslant(\boldsymbol{\mu}^*)^{\mathrm{T}}(\boldsymbol{x}^*-\boldsymbol{K}\boldsymbol{u}^*)+(\boldsymbol{\xi}^*)^{\mathrm{T}}(\boldsymbol{y}^*-\nabla\boldsymbol{u}^*)\ \forall\,\boldsymbol{\mu}\in V,\boldsymbol{\xi}\in Q \tag{4-8}$$

令式(4-8) 中 $\boldsymbol{\xi}=\boldsymbol{\xi}^*$，則有

$$\boldsymbol{\mu}^{\mathrm{T}}(\boldsymbol{x}^*-\boldsymbol{K}\boldsymbol{u}^*)\geqslant(\boldsymbol{\mu}^*)^{\mathrm{T}}(\boldsymbol{x}^*-\boldsymbol{K}\boldsymbol{u}^*)\ \forall\,\boldsymbol{\mu}\in V \tag{4-9}$$

不等式(4-9) 表明 $\boldsymbol{x}^*-\boldsymbol{K}\boldsymbol{u}^*=\boldsymbol{0}$，同理可得 $\boldsymbol{y}^*-\nabla\boldsymbol{u}^*=\boldsymbol{0}$。因而下式成立：

$$\begin{cases}\boldsymbol{x}^*-\boldsymbol{K}\boldsymbol{u}^*=\boldsymbol{0}\\ \boldsymbol{y}^*-\nabla\boldsymbol{u}^*=\boldsymbol{0}\end{cases} \tag{4-10}$$

聯立式(4-10) 和式(4-7) 中的第二個不等式可得：

$$\|\nabla\boldsymbol{u}^*\|_1+\frac{\lambda}{2}\|\boldsymbol{K}\boldsymbol{u}^*-\boldsymbol{f}\|_2^2\leqslant\frac{\lambda}{2}\|\boldsymbol{x}-\boldsymbol{f}\|_2^2-(\boldsymbol{\mu}^*)^{\mathrm{T}}(\boldsymbol{x}-\boldsymbol{K}\boldsymbol{u})+\frac{\beta_1}{2}\|\boldsymbol{x}-\boldsymbol{K}\boldsymbol{u}\|_2^2+$$
$$\|\boldsymbol{y}\|_1-(\boldsymbol{\xi}^*)^{\mathrm{T}}(\boldsymbol{y}-\nabla\boldsymbol{u})+\frac{\beta_2}{2}\|\boldsymbol{y}-\nabla\boldsymbol{u}\|_2^2\quad\forall\,(\boldsymbol{u},\boldsymbol{x},\boldsymbol{y})\in V\times V\times Q \tag{4-11}$$

將 $\boldsymbol{x}=\boldsymbol{K}\boldsymbol{u}$ 和 $\boldsymbol{y}=\nabla\boldsymbol{u}$ 代入式(4-11)，可得：

$$\|\nabla\boldsymbol{u}^*\|_1+\frac{\lambda}{2}\|\boldsymbol{K}\boldsymbol{u}^*-\boldsymbol{f}\|_2^2\leqslant\|\nabla\boldsymbol{u}\|_1+\frac{\lambda}{2}\|\boldsymbol{K}\boldsymbol{u}-\boldsymbol{f}\|_2^2 \tag{4-12}$$

不等式(4-12) 表明 $\boldsymbol{u}^*$ 為問題式(1-16) 的解。

反之，設 $\boldsymbol{u}^* \in V$ 為問題式(1-16) 的解，令 $\boldsymbol{x}^* = \boldsymbol{K}\boldsymbol{u}^*$ 和 $\boldsymbol{y}^* = \nabla \boldsymbol{u}^*$，根據引理 4-1，必存在 $\boldsymbol{\mu}^*$ 和 $\boldsymbol{\xi}^*$ 使得 $\boldsymbol{\mu}^* = \lambda(\boldsymbol{K}\boldsymbol{u}^* - \boldsymbol{f})$、$\boldsymbol{\xi}^* = \partial \|\nabla \boldsymbol{u}^*\|_1$ 和 $\nabla^{\mathrm{T}}\boldsymbol{\xi}^* = -\lambda \boldsymbol{K}^{\mathrm{T}}(\boldsymbol{K}\boldsymbol{u}^* - \boldsymbol{f})$ （或 $\mathrm{div}\boldsymbol{\xi}^* = \lambda \boldsymbol{K}^{\mathrm{T}}(\boldsymbol{K}\boldsymbol{u}^* - \boldsymbol{f})$ ）成立。接下來證明 $(\boldsymbol{u}^*, \boldsymbol{x}^*, \boldsymbol{y}^*; \boldsymbol{\mu}^*, \boldsymbol{\xi}^*)$ 為式(4-7) 中的一個鞍點。因為 $\boldsymbol{x}^* = \boldsymbol{K}\boldsymbol{u}^*$ 和 $\boldsymbol{y}^* = \nabla \boldsymbol{u}^*$ 成立，式(4-7) 中的第一個不等式成立。接下來證明：

$$L_A(\boldsymbol{u}^*, \boldsymbol{x}^*, \boldsymbol{y}^*; \boldsymbol{\mu}^*, \boldsymbol{\xi}^*; \lambda) \leqslant L_A(\boldsymbol{u}, \boldsymbol{x}, \boldsymbol{y}; \boldsymbol{\mu}^*, \boldsymbol{\xi}^*; \lambda)\ \forall \boldsymbol{u}, \boldsymbol{x}, \boldsymbol{y} \in V \times V \times Q \tag{4-13}$$

從式(4-6) 中 L_A 的定義可知，若分別以 $\boldsymbol{u}$、$\boldsymbol{x}$ 和 $\boldsymbol{y}$ 為變量（固定另外兩個），$L_A(\boldsymbol{u}, \boldsymbol{x}, \boldsymbol{y}; \boldsymbol{\mu}^*, \boldsymbol{\xi}^*; \lambda)$ 均是正常凸函數。因此，根據引理 4-2，它在 $V \times V \times Q$ 中存在極小點 $(\overline{\boldsymbol{u}}, \overline{\boldsymbol{x}}, \overline{\boldsymbol{y}})$，當且僅當：

$$\begin{aligned}\langle \boldsymbol{K}^{\mathrm{T}}\boldsymbol{\mu}^* + \nabla^{\mathrm{T}}\boldsymbol{\xi}^*, \boldsymbol{u} - \overline{\boldsymbol{u}} \rangle + \beta_1 \langle \boldsymbol{K}^{\mathrm{T}}(\boldsymbol{K}\overline{\boldsymbol{u}} - \overline{\boldsymbol{x}}), \boldsymbol{u} - \overline{\boldsymbol{u}} \rangle + \\ \beta_2 \langle \nabla^{\mathrm{T}}(\nabla \overline{\boldsymbol{u}} - \overline{\boldsymbol{y}}), \boldsymbol{u} - \overline{\boldsymbol{u}} \rangle \geqslant 0 \quad \forall \boldsymbol{u} \in V\end{aligned} \tag{4-14}$$

$$\|\boldsymbol{y}\|_1 - \|\overline{\boldsymbol{y}}\|_1 - \langle \boldsymbol{\xi}^*, \boldsymbol{y} - \overline{\boldsymbol{y}} \rangle + \beta_2 \langle \overline{\boldsymbol{y}} - \nabla \overline{\boldsymbol{u}}, \boldsymbol{y} - \overline{\boldsymbol{y}} \rangle \geqslant 0 \quad \forall \boldsymbol{y} \in Q \tag{4-15}$$

$$\frac{\lambda}{2}\|\boldsymbol{x} - \boldsymbol{f}\|_2^2 - \frac{\lambda}{2}\|\overline{\boldsymbol{x}} - \boldsymbol{f}\|_2^2 - \langle \boldsymbol{\mu}^*, \boldsymbol{x} - \overline{\boldsymbol{x}} \rangle + \beta_1 \langle \overline{\boldsymbol{x}} - \boldsymbol{K}\overline{\boldsymbol{u}}, \boldsymbol{x} - \overline{\boldsymbol{x}} \rangle \geqslant 0 \quad \forall \boldsymbol{x} \in V \tag{4-16}$$

一方面，將 $\overline{\boldsymbol{u}} = \boldsymbol{u}^*$、$\overline{\boldsymbol{x}} = \boldsymbol{x}^*$ 和 $\overline{\boldsymbol{y}} = \boldsymbol{y}^*$ 代入式(4-14)，根據上述關於 $\boldsymbol{\mu}^*$ 和 $\boldsymbol{\xi}^*$ 的假設，有 $(\boldsymbol{u}^*, \boldsymbol{x}^*, \boldsymbol{y}^*)$ 滿足式(4-14)。另一方面，根據引理 4-1，必有 $\boldsymbol{0} \in \lambda \boldsymbol{K}^{\mathrm{T}}(\boldsymbol{K}\boldsymbol{u}^* - \boldsymbol{f}) - \mathrm{div}(\partial \|\boldsymbol{y}^*\|_1)$ $(\boldsymbol{y}^* = \nabla \boldsymbol{u}^*)$。將 $\overline{\boldsymbol{u}} = \boldsymbol{u}^*$ 和 $\overline{\boldsymbol{y}} = \boldsymbol{y}^*$ 代入式(4-15)，則式(4-15) 第三項為零。根據 $\mathrm{div}\boldsymbol{\xi}^* = \lambda \boldsymbol{K}^{\mathrm{T}}(\boldsymbol{K}\boldsymbol{u}^* - \boldsymbol{f})$ 和 Bregman 距離的非負性，不等式(4-15) 等價於：

$$\|\boldsymbol{y}\|_1 - \|\boldsymbol{y}^*\|_1 - \langle \partial \|\boldsymbol{y}^*\|_1, \boldsymbol{y} - \boldsymbol{y}^* \rangle \geqslant 0 \quad \forall \boldsymbol{y} \in Q \tag{4-17}$$

即 $(\boldsymbol{u}^*, \boldsymbol{x}^*, \boldsymbol{y}^*)$ 滿足式(4-15)。同理，若取 $\overline{\boldsymbol{u}} = \boldsymbol{u}^*$ 和 $\overline{\boldsymbol{x}} = \boldsymbol{x}^*$，不等式(4-16) 成立。所以，$(\boldsymbol{u}^*, \boldsymbol{x}^*, \boldsymbol{y}^*)$ 同時滿足式(4-14)、式(4-15) 和式(4-16)，故式(4-7) 中的第二個不等式成立。定理 4-1 得證。

引理 4-1 聯合定理 4-1，表明問題式(4-7) 至少存在一個鞍點且每個 $\boldsymbol{u}^*$ 均為問題式(1-16) 的極小點。增廣 Lagrange 方法（augmented Lagrangian method，ALM）[186] 可以通過以下迭代框架求解鞍點問題式(4-7)：

$$\begin{cases}(\boldsymbol{u}^{k+1}, \boldsymbol{x}^{k+1}, \boldsymbol{y}^{k+1}) = \underset{\boldsymbol{u}, \boldsymbol{x}, \boldsymbol{y}}{\operatorname{argmin}}\ L_A(\boldsymbol{u}, \boldsymbol{x}, \boldsymbol{y}; \boldsymbol{\mu}^k, \boldsymbol{\xi}^k; \lambda) \\ \boldsymbol{\mu}^{k+1} = \boldsymbol{\mu}^k - \beta_1(\boldsymbol{x}^{k+1} - \boldsymbol{K}\boldsymbol{u}^{k+1}) \\ \boldsymbol{\xi}^{k+1} = \boldsymbol{\xi}^k - \beta_2(\boldsymbol{y}^{k+1} - \nabla \boldsymbol{u}^{k+1})\end{cases} \tag{4-18}$$

精確求解（u^{k+1}，x^{k+1}，y^{k+1}）的問題並不簡單，這需要在框架式(4-18）中引入內迭代。本文採用 ADMM 來解決這一問題，在每步迭代中，僅需對三個變量分別求解一次，而 4.3.3 節的收斂性分析則說明了其合理性。

4.3.2 算法導出

本小節通過 ADMM 求解 TV 正則化問題式(4-1)，其中，正則化參數 λ 以閉合形式更新且最終收斂到由偏差原理所決定的最優值上。用於求解問題式(4-1）的 ADMM 迭代方案為：

$$\boldsymbol{u}^{k+1}=\underset{\boldsymbol{u}}{\operatorname{argmin}}\ L_A(\boldsymbol{u},\boldsymbol{x}^k,\boldsymbol{y}^k;\boldsymbol{\mu}^k,\boldsymbol{\xi}^k;\lambda^k) \tag{4-19}$$

$$\boldsymbol{y}^{k+1}=\underset{\boldsymbol{y}}{\operatorname{argmin}}\ L_A(\boldsymbol{u}^{k+1},\boldsymbol{x}^k,\boldsymbol{y};\boldsymbol{\mu}^k,\boldsymbol{\xi}^k;\lambda^k) \tag{4-20}$$

$$\boldsymbol{x}^{k+1}=\underset{\boldsymbol{x}}{\operatorname{argmin}}\ L_A(\boldsymbol{u}^{k+1},\boldsymbol{x},\boldsymbol{y}^{k+1};\boldsymbol{\mu}^k,\boldsymbol{\xi}^k;\lambda^{k+1}) \tag{4-21}$$

$$\boldsymbol{\mu}^{k+1}=\boldsymbol{\mu}^k-\beta_1(\boldsymbol{x}^{k+1}-\boldsymbol{K}\boldsymbol{u}^{k+1}) \tag{4-22}$$

$$\boldsymbol{\xi}^{k+1}=\boldsymbol{\xi}^k-\beta_2(\boldsymbol{y}^{k+1}-\nabla\boldsymbol{u}^{k+1}) \tag{4-23}$$

在式(4-21）中，λ^{k+1} 為第 $k+1$ 步根據偏差原理更新得到的正則化參數。從式(4-6）中 L_A 的定義以及上述 5 個迭代步驟可以看出，僅變量 $\boldsymbol{x}$ 而非變量 $\boldsymbol{u}$ 與 λ 的更新有關，換言之，僅變量 $\boldsymbol{x}$ 受偏差原理的限制。接下來的部分詳細闡述了如何求解子問題式(4-19)～式(4-21)。

關於 $\boldsymbol{u}$ 的子問題具有如下二次最小化形式：

$$\boldsymbol{u}^{k+1}=\underset{\boldsymbol{u}}{\operatorname{argmin}}(\boldsymbol{\mu}^k)^{\mathrm{T}}\boldsymbol{K}\boldsymbol{u}+\frac{\beta_1}{2}\|\boldsymbol{x}^k-\boldsymbol{K}\boldsymbol{u}\|_2^2+(\boldsymbol{\xi}^k)^{\mathrm{T}}\nabla\boldsymbol{u}+\frac{\beta_2}{2}\|\boldsymbol{y}^k-\nabla\boldsymbol{u}\|_2^2 \tag{4-24}$$

因此，有：

$$\boldsymbol{u}^{k+1}=(\beta_1\boldsymbol{K}^{\mathrm{T}}\boldsymbol{K}-\beta_2\Delta)^{-1}[\boldsymbol{K}^{\mathrm{T}}(\beta_1\boldsymbol{x}^k-\boldsymbol{\mu}^k)-\operatorname{div}(\beta_2\boldsymbol{y}^k-\boldsymbol{\xi}^k)] \tag{4-25}$$

其中 $\Delta=\operatorname{div}\cdot\nabla$ 表示 Laplace 算子。在循環邊界條件下，算子 $\boldsymbol{K}$ 和 ∇ 具有循環矩陣的形式，可以通過快速 Fourier 變換（FFT）進行對角化。因此，等式(4-25）可以通過兩次前向 FFT 和一次逆 FFT 進行求解[126]，若圖像大小為 $m\times n$，則其計算複雜度為 $O(mn\log(mn))$ 的乘法運算。相應地，若假設符合 Neumann 邊界條件，FFT 則應換作離散餘弦變換(discrete cosine transform，DCT)。

由式(4-20）可知，關於 $\boldsymbol{y}$ 的子問題，有：

$$\boldsymbol{y}_{i,j}^{k+1}=\underset{\boldsymbol{y}_{i,j}}{\operatorname{argmin}}|\boldsymbol{y}_{i,j}|+\frac{\beta_2}{2}\left\|\boldsymbol{y}_{i,j}-(\nabla\boldsymbol{u}^{k+1})_{i,j}-\frac{\boldsymbol{\xi}_{i,j}^k}{\beta_2}\right\|_2^2 \tag{4-26}$$

最小化問題式(4-26) 為臨近最小化問題，其解可通過如下二維收縮運算[126] 得到：

$$\boldsymbol{y}_{i,j}^{k+1}=\max\left\{\|(\nabla\boldsymbol{u}^{k+1})_{i,j}+\boldsymbol{\xi}_{i,j}^{k}/\beta_2\|_2-\frac{1}{\beta_2},0\right\}\frac{(\nabla\boldsymbol{u}^{k+1})_{i,j}+\boldsymbol{\xi}_{i,j}^{k}/\beta_2}{\|(\nabla\boldsymbol{u}^{k+1})_{i,j}+\boldsymbol{\xi}_{i,j}^{k}/\beta_2\|_2} \tag{4-27}$$

這裡需要假設 $0\times(0/0)=0$ 以避免計算溢出。運算式(4-27) 的計算複雜度則與 mn 成線性關係。

根據式(4-21)，關於 $\boldsymbol{x}$ 的子問題可以寫為：

$$\boldsymbol{x}^{k+1}=\underset{\boldsymbol{x}}{\operatorname{argmin}}\frac{\lambda^{k+1}}{2}\|\boldsymbol{x}-\boldsymbol{f}\|_2^2+\frac{\beta_1}{2}\|\boldsymbol{x}-\boldsymbol{a}^{k+1}\|_2^2 \tag{4-28}$$

其中 $\boldsymbol{a}^{k+1}=\boldsymbol{K}\boldsymbol{u}^{k+1}+\boldsymbol{\mu}^{k}/\beta_1$。

最小化問題式(4-28) 顯然表明 $\boldsymbol{x}$ 與 λ 是相關聯的，由式(4-5) 可知 $\boldsymbol{x}$ 扮演著 $\boldsymbol{Ku}$ 的角色，因此，接下來，僅需驗證 $\boldsymbol{x}$ 是否滿足偏差原理，即 $\|\boldsymbol{x}-\boldsymbol{f}\|_2^2\leqslant c$ 是否成立。由式(4-28) 知，關於 $\boldsymbol{x}$ 的最小化問題同樣是二次的，其封閉解為：

$$\boldsymbol{x}^{k+1}=\frac{\lambda^{k+1}\boldsymbol{f}+\beta_1\boldsymbol{a}^{k+1}}{\lambda^{k+1}+\beta_1} \tag{4-29}$$

在每步迭代中，根據 $\boldsymbol{a}^{k+1}$ 的取值，λ 的取值可能有兩種情況，一方面，若：

$$\|\boldsymbol{a}^{k+1}-\boldsymbol{f}\|_2^2\leqslant c \tag{4-30}$$

則可設置 $\lambda^{k+1}=0$ 和 $\boldsymbol{x}^{k+1}=\boldsymbol{a}^{k+1}$，且顯然 $\boldsymbol{x}^{k+1}$ 滿足偏差原理。另一方面，若 $\|\boldsymbol{a}^{k+1}-\boldsymbol{f}\|_2^2>c$，根據偏差原理，應通過求解下列方程確定 $\boldsymbol{x}^{k+1}$：

$$\|\boldsymbol{x}^{k+1}-\boldsymbol{f}\|_2^2=c \tag{4-31}$$

將式(4-31) 中的 $\boldsymbol{x}^{k+1}$ 替換為式(4-29)，則有

$$\lambda^{k+1}=\frac{\beta_1\|\boldsymbol{f}-\boldsymbol{a}^{k+1}\|_2}{\sqrt{c}}-\beta_1 \tag{4-32}$$

從上述討論可以看到，通過引入輔助變量 $\boldsymbol{x}$，可以將 $\boldsymbol{Ku}$ 從偏差原理中釋放出來，得益於此，不用附加任何條件，在每步迭代中便可得到關於 λ 的封閉解，這是所提算法與文獻 [172] 中算法的最大區別。在文獻 [172] 中，Ng 等同樣基於 ADMM 求解約束問題式(4-1)，不同的是，僅有一個輔助變量被引入用以替換 TV 正則化子。不同於式(4-32)，對於式(4-2) 而言，λ 的封閉解並不存在，因此，需要引入 Newton 迭代法來求解 λ，不可避免的，需要對式(4-2) 施加必要的附加條件以保證 λ 的存在性和唯一

性[30]。相反，所提算法則不受額外附加條件的限制。

算法 4-1 參數自適應的交替方向乘子法（APE-ADMM）

步驟 1：輸入 $\boldsymbol{f}$，$\boldsymbol{K}$，c；

步驟 2：初始化 $\boldsymbol{u}^0$，$\boldsymbol{x}^0$，$\boldsymbol{y}^0$，$\boldsymbol{\mu}^0$，$\boldsymbol{\xi}^0=\boldsymbol{0}$，$k=0$，$\beta_1$，$\beta_2>0$；

步驟 3：判斷是否滿足終止條件，若否，則執行以下步驟；

步驟 4：通過式(4-25) 計算 $\boldsymbol{u}^{k+1}$；

步驟 5：通過式(4-27) 計算 $\boldsymbol{y}^{k+1}$；

步驟 6：若式(4-30) 成立，則設置 $\lambda^{k+1}=0$，$\boldsymbol{x}^{k+1}=\boldsymbol{a}^{k+1}$，否則通過式(4-32) 和式(4-29) 分別更新 λ^{k+1} 和 $\boldsymbol{x}^{k+1}$；

步驟 7：通過式(4-22) 和式(4-23) 更新 $\boldsymbol{\mu}^{k+1}$ 和 $\boldsymbol{\xi}^{k+1}$；

步驟 8：$k=k+1$；

步驟 9：結束循環並輸出 $\boldsymbol{u}^{k+1}$ 和 λ^{k+1}。

算法 4-1（APE-ADMM）總結了所導出的算法。其中，關於 $\boldsymbol{u}$ 子問題（步驟 4）計算量最大，在每步迭代中，需要求解 3 次 FFT/逆 FFT，因此，若 APE-ADMM 迭代 L 次，則計算消耗約為 $3L$ 次二維 FFT 所用的時間。此外，容易發現，算法 4-1 中的某些變量可並行更新（如 $\boldsymbol{y}$ 和 $\boldsymbol{x}$），故可通過 GPU 等並行運算設備對算法 4-1 進行加速。

4.3.3 收斂性分析

本小節將證明 APE-ADMM 所產生的序列 $\{\boldsymbol{u}^k\}$ 收斂到約束 TV 正則化問題式(4-1) 的極小點，$\{\lambda^k\}$ 則趨向於約束 $\boldsymbol{u}\in\Psi$ 所對應的最優正則化參數 λ^*，即問題式(4-1) 的解同時是 $\lambda=\lambda^*$ 時問題式(1-16) 的解。

算法 APE-ADMM 中的步驟 6 表明，當 $k\to+\infty$時，序列 $\{\lambda^k\}$ 趨於某個非負的 $\lambda^\dagger$，並且若 $\boldsymbol{u}\in\Psi$，則有 $\lambda^\dagger=0$，若 $\|\boldsymbol{Ku}-\boldsymbol{f}\|_2^2=c$，則有 $\lambda^\dagger>0$（事實上對於一幅自然圖像，僅可能出現後一種情形）。式(4-7) 中所述的鞍點條件對於 $L_A(u, \boldsymbol{x}, \boldsymbol{y}; \boldsymbol{\mu}, \boldsymbol{\xi}; \lambda^\dagger)$ 依然成立，在接下來的討論中，記 $(\boldsymbol{u}^*, \boldsymbol{x}^*, \boldsymbol{y}^*; \boldsymbol{\mu}^*, \boldsymbol{\xi}^*)$ 為其鞍點。

引理 4-3 和引理 4-5 揭示了算法 APE-ADMM 所產生序列的收縮性和收斂性。

引理 4-3 令 $\{\boldsymbol{u}^k, \boldsymbol{x}^k, \boldsymbol{y}^k; \boldsymbol{\mu}^k, \boldsymbol{\xi}^k\}$ 為 APE-ADMM 產生的序列，則 $\{\boldsymbol{x}^k\}$、$\{\boldsymbol{y}^k\}$、$\{\boldsymbol{\mu}^k\}$ 和 $\{\boldsymbol{\xi}^k\}$ 有界，且以下成立：

$$\begin{cases}\lim\limits_{k\to+\infty}\|\boldsymbol{x}^{k+1}-\boldsymbol{x}^k\|_2=0, & \lim\limits_{k\to+\infty}\|\boldsymbol{y}^{k+1}-\boldsymbol{y}^k\|_2=0\\ \lim\limits_{k\to+\infty}\|\boldsymbol{x}^k-\boldsymbol{K}\boldsymbol{u}^k\|_2=0, & \lim\limits_{k\to+\infty}\|\boldsymbol{y}^k-\nabla\boldsymbol{u}^k\|_2=0\\ \lim\limits_{k\to+\infty}\|\boldsymbol{\mu}^{k+1}-\boldsymbol{\mu}^k\|_2=0, & \lim\limits_{k\to+\infty}\|\boldsymbol{\xi}^{k+1}-\boldsymbol{\xi}^k\|_2=0\end{cases} \tag{4-33}$$

記 $\boldsymbol{v}=(\sqrt{\beta_1}\boldsymbol{x}, \sqrt{\beta_2}\boldsymbol{y}, \boldsymbol{\mu}/\sqrt{\beta_1}, \boldsymbol{\xi}/\sqrt{\beta_2})$，則必有 $\|\boldsymbol{v}^{k+1}-\boldsymbol{v}^*\|_2^2 \leqslant \|\boldsymbol{v}^k-\boldsymbol{v}^*\|_2^2$，即 $\{\boldsymbol{v}^k\}$ 關於所有 $\boldsymbol{v}^*$ 的集合是 Fejér 單調的。

證明 設 $(\boldsymbol{u}^*, \boldsymbol{x}^*, \boldsymbol{y}^*; \boldsymbol{\mu}^*, \boldsymbol{\xi}^*)$ 為 $L_A(\boldsymbol{u}, \boldsymbol{x}, \boldsymbol{y}; \boldsymbol{\mu}, \boldsymbol{\xi}; \lambda^\dagger)$ 的鞍點，定義 $\hat{\boldsymbol{u}}^{k+1} \triangleq \boldsymbol{u}^{k+1}-\boldsymbol{u}^*$，並以同樣方式定義 $\hat{\boldsymbol{x}}^{k+1}$、$\hat{\boldsymbol{y}}^{k+1}$、$\hat{\boldsymbol{\mu}}^{k+1}$ 和 $\hat{\boldsymbol{\xi}}^{k+1}$。

取 $\lambda=\lambda^\dagger$，根據式(4-7) 中的第一個不等式可得 $\boldsymbol{x}^*=\boldsymbol{K}\boldsymbol{u}^*$ 和 $\boldsymbol{y}^*=\nabla\boldsymbol{u}^*$。聯立該結論與式(4 22) 和式(4-23) 可得：

$$\begin{cases}\hat{\boldsymbol{\mu}}^{k+1}=\hat{\boldsymbol{\mu}}^k-\beta_1(\hat{\boldsymbol{x}}^{k+1}-\boldsymbol{K}\hat{\boldsymbol{u}}^{k+1}) \\ \hat{\boldsymbol{\xi}}^{k+1}=\hat{\boldsymbol{\xi}}^k-\beta_2(\hat{\boldsymbol{y}}^{k+1}-\nabla\hat{\boldsymbol{u}}^{k+1})\end{cases} \tag{4-34}$$

故有：

$$\begin{cases}\dfrac{\|\hat{\boldsymbol{\mu}}^k\|_2^2-\|\hat{\boldsymbol{\mu}}^{k+1}\|_2^2}{\beta_1}=2\langle\hat{\boldsymbol{\mu}}^k,\hat{\boldsymbol{x}}^{k+1}-\boldsymbol{K}\hat{\boldsymbol{u}}^{k+1}\rangle-\beta_1\|\hat{\boldsymbol{x}}^{k+1}-\boldsymbol{K}\hat{\boldsymbol{u}}^{k+1}\|_2^2 \\ \dfrac{\|\hat{\boldsymbol{\xi}}^k\|_2^2-\|\hat{\boldsymbol{\xi}}^{k+1}\|_2^2}{\beta_2}=2\langle\hat{\boldsymbol{\xi}}^k,\hat{\boldsymbol{y}}^{k+1}-\nabla\hat{\boldsymbol{u}}^{k+1}\rangle-\beta_2\|\hat{\boldsymbol{y}}^{k+1}-\nabla\hat{\boldsymbol{u}}^{k+1}\|_2^2\end{cases} \tag{4-35}$$

一方面，由定理 4-1 的證明和式(4-7) 中的第二個不等式 $(\lambda=\lambda^\dagger)$ 可知：

$$\begin{aligned}&\langle\boldsymbol{K}^{\mathrm{T}}\boldsymbol{\mu}^*+\nabla^{\mathrm{T}}\boldsymbol{\xi}^*,\boldsymbol{u}-\boldsymbol{u}^*\rangle+\beta_1\langle\boldsymbol{K}^{\mathrm{T}}(\boldsymbol{K}\boldsymbol{u}^*-\boldsymbol{x}^*),\boldsymbol{u}-\boldsymbol{u}^*\rangle+ \\ &\quad\beta_2\langle\nabla^{\mathrm{T}}(\nabla\boldsymbol{u}^*-\boldsymbol{y}^*),\boldsymbol{u}-\boldsymbol{u}^*\rangle\geqslant 0 \quad \forall\,\boldsymbol{u}\in V\end{aligned} \tag{4-36}$$

$$\|\boldsymbol{y}\|_1-\|\boldsymbol{y}^*\|_1-\langle\boldsymbol{\xi}^*,\boldsymbol{y}-\boldsymbol{y}^*\rangle+\beta_2\langle\boldsymbol{y}^*-\nabla\boldsymbol{u}^*,\boldsymbol{y}-\boldsymbol{y}^*\rangle\geqslant 0 \quad \forall\,\boldsymbol{y}\in Q \tag{4-37}$$

$$\begin{aligned}&\frac{\lambda^\dagger}{2}\|\boldsymbol{x}-\boldsymbol{f}\|_2^2-\frac{\lambda^\dagger}{2}\|\boldsymbol{x}^*-\boldsymbol{f}\|_2^2-\langle\boldsymbol{\mu}^*,\boldsymbol{x}-\boldsymbol{x}^*\rangle+ \\ &\quad\beta_1\langle\boldsymbol{x}^*-\boldsymbol{K}\boldsymbol{u}^*,\boldsymbol{x}-\boldsymbol{x}^*\rangle\geqslant 0 \quad \forall\,\boldsymbol{x}\in V\end{aligned} \tag{4-38}$$

另一方面，因為 $\boldsymbol{u}^{k+1}$、$\boldsymbol{x}^{k+1}$ 和 $\boldsymbol{y}^{k+1}$ 分別是所對應的子問題的解，根據引理 4-2，必有

$$\begin{aligned}&\langle\boldsymbol{K}^{\mathrm{T}}\boldsymbol{\mu}^k+\nabla^{\mathrm{T}}\boldsymbol{\xi}^k,\boldsymbol{u}-\boldsymbol{u}^{k+1}\rangle+\beta_1\langle\boldsymbol{K}^{\mathrm{T}}(\boldsymbol{K}\boldsymbol{u}^{k+1}-\boldsymbol{x}^k),\boldsymbol{u}-\boldsymbol{u}^{k+1}\rangle+ \\ &\quad\beta_2\langle\nabla^{\mathrm{T}}(\nabla\boldsymbol{u}^{k+1}-\boldsymbol{y}^k),\boldsymbol{u}-\boldsymbol{u}^{k+1}\rangle\geqslant 0,\ \forall\,\boldsymbol{u}\in V\end{aligned} \tag{4-39}$$

$$\|\boldsymbol{y}\|_1-\|\boldsymbol{y}^{k+1}\|_1-\langle\boldsymbol{\xi}^k,\boldsymbol{y}-\boldsymbol{y}^{k+1}\rangle+\beta_2\langle\boldsymbol{y}^{k+1}-\nabla\boldsymbol{u}^{k+1},\boldsymbol{y}-\boldsymbol{y}^{k+1}\rangle\geqslant 0 \quad \forall\,\boldsymbol{y}\in Q \tag{4-40}$$

$$\begin{aligned}&\frac{\lambda^{k+1}}{2}\|\boldsymbol{x}-\boldsymbol{f}\|_2^2-\frac{\lambda^{k+1}}{2}\|\boldsymbol{x}^{k+1}-\boldsymbol{f}\|_2^2-\langle\boldsymbol{\mu}^k,\boldsymbol{x}-\boldsymbol{x}^{k+1}\rangle+ \\ &\quad\beta_1\langle\boldsymbol{x}^{k+1}-\boldsymbol{K}\boldsymbol{u}^{k+1},\boldsymbol{x}-\boldsymbol{x}^{k+1}\rangle\geqslant 0 \quad \forall\,\boldsymbol{x}\in V\end{aligned} \tag{4-41}$$

將 $\boldsymbol{u}=\boldsymbol{u}^{k+1}$ 和 $\boldsymbol{u}=\boldsymbol{u}^*$ 分別代入式(4-36) 和式(4-39)，而後相加可得：

$$\begin{aligned}&\langle \hat{\boldsymbol{\mu}}^k, \boldsymbol{K}\hat{\boldsymbol{u}}^{k+1}\rangle + \beta_1\langle \boldsymbol{K}\hat{\boldsymbol{u}}^{k+1} - \hat{\boldsymbol{x}}^k, \boldsymbol{K}\hat{\boldsymbol{u}}^{k+1}\rangle + \\ &\langle \hat{\boldsymbol{\xi}}^k, \nabla\hat{\boldsymbol{u}}^{k+1}\rangle + \beta_2\langle \nabla\hat{\boldsymbol{u}}^{k+1} - \hat{\boldsymbol{y}}^k, \nabla\hat{\boldsymbol{u}}^{k+1}\rangle \leqslant 0\end{aligned} \tag{4-42}$$

同理，將 $\boldsymbol{y}=\boldsymbol{y}^{k+1}$ 和 $\boldsymbol{y}=\boldsymbol{y}^*$ 分別代入式(4-37) 和式(4-40)，而後相加可得：

$$\langle \hat{\boldsymbol{\xi}}^k, -\hat{\boldsymbol{y}}^{k+1}\rangle + \beta_2\langle \nabla\hat{\boldsymbol{u}}^{k+1} - \hat{\boldsymbol{y}}^{k+1}, -\hat{\boldsymbol{y}}^{k+1}\rangle \leqslant 0 \tag{4-43}$$

從算法 APE-ADMM 的步驟 6 可知，必有① $\|\boldsymbol{a}^{k+1}-\boldsymbol{f}\|_2^2 \leqslant c$ 和 $\lambda^{k+1}=0$ 或② $\|\boldsymbol{a}^{k+1}-\boldsymbol{f}\|_2^2 > c$、$\lambda^{k+1}>0$ 和 $\|\boldsymbol{x}^{k+1}-\boldsymbol{f}\|_2^2 = c$。因為 $\|\boldsymbol{x}^*-\boldsymbol{f}\|_2^2=c$，對於情況①和情況②均有：

$$\langle \hat{\boldsymbol{\mu}}^k, -\hat{\boldsymbol{x}}^{k+1}\rangle + \beta_1\langle \boldsymbol{K}\hat{\boldsymbol{u}}^{k+1} - \hat{\boldsymbol{x}}^{k+1}, -\hat{\boldsymbol{x}}^{k+1}\rangle \leqslant 0 \tag{4-44}$$

將式(4-42)、式(4-43) 和式(4-44) 相加，可得：

$$\begin{aligned}&\langle \hat{\boldsymbol{\mu}}^k, \hat{\boldsymbol{x}}^{k+1} - \boldsymbol{K}\hat{\boldsymbol{u}}^{k+1}\rangle + \langle \hat{\boldsymbol{\xi}}^k, \hat{\boldsymbol{y}}^{k+1} - \nabla\hat{\boldsymbol{u}}^{k+1}\rangle \geqslant \\ &\beta_1\|\hat{\boldsymbol{x}}^{k+1} - \boldsymbol{K}\hat{\boldsymbol{u}}^{k+1}\|_2^2 + \beta_2\|\hat{\boldsymbol{y}}^{k+1} - \nabla\hat{\boldsymbol{u}}^{k+1}\|_2^2 + \\ &\beta_1\langle \hat{\boldsymbol{x}}^{k+1} - \hat{\boldsymbol{x}}^k, \boldsymbol{K}\hat{\boldsymbol{u}}^{k+1}\rangle + \beta_2\langle \hat{\boldsymbol{y}}^{k+1} - \hat{\boldsymbol{y}}^k, \nabla\hat{\boldsymbol{u}}^{k+1}\rangle\end{aligned} \tag{4-45}$$

聯立式(4-35) 和式(4-45) 得：

$$\begin{aligned}&\frac{\|\hat{\boldsymbol{\mu}}^k\|_2^2 - \|\hat{\boldsymbol{\mu}}^{k+1}\|_2^2}{\beta_1} + \frac{\|\hat{\boldsymbol{\xi}}^k\|_2^2 - \|\hat{\boldsymbol{\xi}}^{k+1}\|_2^2}{\beta_2} \geqslant 2\beta_1\langle \hat{\boldsymbol{x}}^{k+1} - \hat{\boldsymbol{x}}^k, \boldsymbol{K}\hat{\boldsymbol{u}}^{k+1}\rangle + \\ &2\beta_2\langle \hat{\boldsymbol{y}}^{k+1} - \hat{\boldsymbol{y}}^k, \nabla\hat{\boldsymbol{u}}^{k+1}\rangle + \beta_1\|\hat{\boldsymbol{x}}^{k+1} - \boldsymbol{K}\hat{\boldsymbol{u}}^{k+1}\|_2^2 + \beta_2\|\hat{\boldsymbol{y}}^{k+1} - \nabla\hat{\boldsymbol{u}}^{k+1}\|_2^2\end{aligned} \tag{4-46}$$

接下來估計不等式(4-46) 右邊前兩項的界。由 $\boldsymbol{x}^k$ 和 $\boldsymbol{y}^k$ 的更新可知：

$$\|\boldsymbol{y}\|_1 - \|\boldsymbol{y}^k\|_1 - \langle \boldsymbol{\xi}^{k-1}, \boldsymbol{y} - \boldsymbol{y}^k\rangle + \beta_2\langle \boldsymbol{y}^k - \nabla\boldsymbol{u}^k, \boldsymbol{y} - \boldsymbol{y}^k\rangle \geqslant 0 \tag{4-47}$$

$$\frac{\lambda^k}{2}\|\boldsymbol{x} - \boldsymbol{f}\|_2^2 - \frac{\lambda^k}{2}\|\boldsymbol{x}^k - \boldsymbol{f}\|_2^2 - \langle \boldsymbol{\mu}^{k-1}, \boldsymbol{x} - \boldsymbol{x}^k\rangle + \beta_1\langle \boldsymbol{x}^k - \boldsymbol{K}\boldsymbol{u}^k, \boldsymbol{x} - \boldsymbol{x}^k\rangle \geqslant 0 \tag{4-48}$$

將 $\boldsymbol{y}=\boldsymbol{y}^k$ 和 $\boldsymbol{y}=\boldsymbol{y}^{k+1}$ 分別代入式(4-40) 和式(4-47)，而後相加可得：

$$\beta_2\|\hat{\boldsymbol{y}}^{k+1} - \hat{\boldsymbol{y}}^k\|_2^2 - \langle \hat{\boldsymbol{\xi}}^k - \hat{\boldsymbol{\xi}}^{k-1}, \hat{\boldsymbol{y}}^{k+1} - \hat{\boldsymbol{y}}^k\rangle - \beta_2\langle \nabla\hat{\boldsymbol{u}}^{k+1} - \nabla\hat{\boldsymbol{u}}^k, \hat{\boldsymbol{y}}^{k+1} - \hat{\boldsymbol{y}}^k\rangle \leqslant 0 \tag{4-49}$$

根據 APE-ADMM 的步驟 6，有：

$$\begin{cases}\lambda^k\|\boldsymbol{x}^k - \boldsymbol{f}\|_2^2 \geqslant \lambda^k\|\boldsymbol{x}^{k+1} - \boldsymbol{f}\|_2^2 \\ \lambda^{k+1}\|\boldsymbol{x}^{k+1} - \boldsymbol{f}\|_2^2 \geqslant \lambda^{k+1}\|\boldsymbol{x}^k - \boldsymbol{f}\|_2^2\end{cases} \tag{4-50}$$

將 $\boldsymbol{x}=\boldsymbol{x}^k$ 和 $\boldsymbol{x}=\boldsymbol{x}^{k+1}$ 分別代入式(4-41) 和式(4-48)，而後相加可得：

$$\beta_1\|\hat{\boldsymbol{x}}^{k+1}-\hat{\boldsymbol{x}}^k\|_2^2-\langle\hat{\boldsymbol{\mu}}^k-\hat{\boldsymbol{\mu}}^{k-1},\hat{\boldsymbol{x}}^{k+1}-\hat{\boldsymbol{x}}^k\rangle-\beta_1\langle\boldsymbol{K}\hat{\boldsymbol{u}}^{k+1}-\boldsymbol{K}\hat{\boldsymbol{u}}^k,\hat{\boldsymbol{x}}^{k+1}-\hat{\boldsymbol{x}}^k\rangle\leqslant 0 \tag{4-51}$$

聯立式(4-34)（取 $k=k-1$）、式(4-49) 和式(4-51) 得：

$$\begin{cases}\langle\hat{\boldsymbol{x}}^{k+1}-\hat{\boldsymbol{x}}^k,\boldsymbol{K}\hat{\boldsymbol{u}}^{k+1}-\hat{\boldsymbol{x}}^k\rangle\geqslant\|\hat{\boldsymbol{x}}^{k+1}-\hat{\boldsymbol{x}}^k\|_2^2\\ \langle\hat{\boldsymbol{y}}^{k+1}-\hat{\boldsymbol{y}}^k,\nabla\hat{\boldsymbol{u}}^{k+1}-\hat{\boldsymbol{y}}^k\rangle\geqslant\|\hat{\boldsymbol{y}}^{k+1}-\hat{\boldsymbol{y}}^k\|_2^2\end{cases} \tag{4-52}$$

等式(4-52) 聯立：

$$\begin{cases}\langle\hat{\boldsymbol{y}}^{k+1}-\hat{\boldsymbol{y}}^k,\hat{\boldsymbol{y}}^k\rangle=\dfrac{1}{2}(\|\hat{\boldsymbol{y}}^{k+1}\|_2^2-\|\hat{\boldsymbol{y}}^k\|_2^2-\|\hat{\boldsymbol{y}}^{k+1}-\hat{\boldsymbol{y}}^k\|_2^2)\\ \langle\hat{\boldsymbol{x}}^{k+1}-\hat{\boldsymbol{x}}^k,\hat{\boldsymbol{x}}^k\rangle=\dfrac{1}{2}(\|\hat{\boldsymbol{x}}^{k+1}\|_2^2-\|\hat{\boldsymbol{x}}^k\|_2^2-\|\hat{\boldsymbol{x}}^{k+1}-\hat{\boldsymbol{x}}^k\|_2^2)\end{cases} \tag{4-53}$$

可得：

$$\begin{cases}\langle\hat{\boldsymbol{y}}^{k+1}-\hat{\boldsymbol{y}}^k,\nabla\hat{\boldsymbol{u}}^{k+1}\rangle\geqslant\dfrac{1}{2}(\|\hat{\boldsymbol{y}}^{k+1}\|_2^2-\|\hat{\boldsymbol{y}}^k\|_2^2+\|\hat{\boldsymbol{y}}^{k+1}-\hat{\boldsymbol{y}}^k\|_2^2)\\ \langle\hat{\boldsymbol{x}}^{k+1}-\hat{\boldsymbol{x}}^k,\boldsymbol{K}\hat{\boldsymbol{u}}^{k+1}\rangle\geqslant\dfrac{1}{2}(\|\hat{\boldsymbol{x}}^{k+1}\|_2^2-\|\hat{\boldsymbol{x}}^k\|_2^2+\|\hat{\boldsymbol{x}}^{k+1}-\hat{\boldsymbol{x}}^k\|_2^2)\end{cases} \tag{4-54}$$

聯立式(4-46) 和式(4-54) 得：

$$\frac{\|\hat{\boldsymbol{\mu}}^k\|_2^2-\|\hat{\boldsymbol{\mu}}^{k+1}\|_2^2}{\beta_1}+\frac{\|\hat{\boldsymbol{\xi}}^k\|_2^2-\|\hat{\boldsymbol{\xi}}^{k+1}\|_2^2}{\beta_2}+\beta_1(\|\hat{\boldsymbol{x}}^k\|_2^2-\|\hat{\boldsymbol{x}}^{k+1}\|_2^2)+$$
$$\beta_2(\|\hat{\boldsymbol{y}}^k\|_2^2-\|\hat{\boldsymbol{y}}^{k+1}\|_2^2)\geqslant\beta_1\|\hat{\boldsymbol{x}}^{k+1}-\boldsymbol{K}\hat{\boldsymbol{u}}^{k+1}\|_2^2+\beta_2\|\hat{\boldsymbol{y}}^{k+1}-\nabla\hat{\boldsymbol{u}}^{k+1}\|_2^2+$$
$$\beta_1\|\hat{\boldsymbol{x}}^{k+1}-\hat{\boldsymbol{x}}^k\|_2^2+\beta_2\|\hat{\boldsymbol{y}}^{k+1}-\hat{\boldsymbol{y}}^k\|_2^2 \tag{4-55}$$

上述不等式表明序列 $\{\|\hat{\boldsymbol{\mu}}^k\|_2^2/\beta_1+\|\hat{\boldsymbol{\xi}}^k\|_2^2/\beta_2+\beta_1\|\hat{\boldsymbol{x}}^k\|_2^2+\beta_2\|\hat{\boldsymbol{y}}^k\|_2^2\}$ 是非負的、有界的和非增的，故它必有極限。所以，當 $k\to+\infty$時，不等式(4-55) 的左邊趨於 0，這表明不等式(4-55) 右邊的極限也為 0。聯立該結果與式(4-22)、式(4-23) 和式(4-34) 可得引理 4-3 的結論。引理 4-3 得證。

引理 4-4[5]　令 $\{\boldsymbol{p}^k\}$ 為歐氏空間$\mathbb{R}^N$中的序列，C 為$\mathbb{R}^N$中的非空子集，若 $\{\boldsymbol{p}^k\}$ 關於 C 是 Fejér 單調的，即$\|\boldsymbol{p}^{k+1}-\boldsymbol{p}^*\|_2^2\leqslant\|\boldsymbol{p}^k-\boldsymbol{p}^*\|_2^2(\forall\,\boldsymbol{p}^*\in C)$，且 $\{\boldsymbol{p}^k\}$ 的所有聚點均在 C 中，則必有 $\{\boldsymbol{p}^k\}$ 收斂到 C 中的一點。

引理 4-5　令 $\{\boldsymbol{u}^k,\ \boldsymbol{x}^k,\ \boldsymbol{y}^k;\ \boldsymbol{\mu}^k,\ \boldsymbol{\xi}^k\}$ 為 APE-ADMM 產生的序列，則它必收斂到 $L_A(\boldsymbol{u},\ \boldsymbol{x},\ \boldsymbol{y};\ \boldsymbol{\mu},\ \boldsymbol{\xi};\ \lambda^\dagger)$ 的一個鞍點。特別地，$\{\boldsymbol{u}^k\}$ 收斂到 $\lambda=\lambda^\dagger$ 時問題式(1-16) 的解。

證明　將 $\boldsymbol{u}=\boldsymbol{u}^*$、$\boldsymbol{x}=\boldsymbol{x}^*$ 和 $\boldsymbol{y}=\boldsymbol{y}^*$ 分別代入式(4-39)、式(4-40) 和

式(4-41)，而後相加可得：

$$\begin{aligned}&\|\boldsymbol{y}^*\|_1+\frac{\lambda^{k+1}}{2}\|\boldsymbol{x}^*-\boldsymbol{f}\|_2^2\geqslant\|\boldsymbol{y}^{k+1}\|_1+\frac{\lambda^{k+1}}{2}\|\boldsymbol{x}^{k+1}-\boldsymbol{f}\|_2^2-\\&\langle\boldsymbol{\mu}^k,\boldsymbol{x}^{k+1}-\boldsymbol{K}\boldsymbol{u}^{k+1}\rangle-\langle\boldsymbol{\xi}^k,\boldsymbol{y}^{k+1}-\nabla\boldsymbol{u}^{k+1}\rangle+\\&\beta_1\|\boldsymbol{K}\boldsymbol{u}^{k+1}-\boldsymbol{x}^{k+1}\|_2^2+\beta_1\langle\boldsymbol{x}^{k+1}-\boldsymbol{x}^k,\boldsymbol{K}\boldsymbol{u}^{k+1}-\boldsymbol{K}\boldsymbol{u}^*\rangle+\\&\beta_2\|\nabla\boldsymbol{u}^{k+1}-\boldsymbol{y}^{k+1}\|_2^2+\beta_2\langle\boldsymbol{y}^{k+1}-\boldsymbol{y}^k,\nabla\boldsymbol{u}^{k+1}-\nabla\boldsymbol{u}^*\rangle\end{aligned}\tag{4-56}$$

根據引理 4-3 和不等式(4-56) 可得：

$$\|\boldsymbol{y}^*\|_1+\frac{\lambda^\dagger}{2}\|\boldsymbol{x}^*-\boldsymbol{f}\|_2^2\geqslant\lim_{k\to+\infty}\left(\|\boldsymbol{y}^{k+1}\|_1+\frac{\lambda^\dagger}{2}\|\boldsymbol{x}^{k+1}-\boldsymbol{f}\|_2^2\right)\tag{4-57}$$

因為 $(\boldsymbol{u}^*, \boldsymbol{x}^*, \boldsymbol{y}^*; \boldsymbol{\mu}^*, \boldsymbol{\xi}^*)$ 為 $L_A(\boldsymbol{u}, \boldsymbol{x}, \boldsymbol{y}; \boldsymbol{\mu}, \boldsymbol{\xi}; \lambda^\dagger)$ 的鞍點，因此根據式(4-7) 有：

$$\|\boldsymbol{y}^*\|_1+\frac{\lambda^\dagger}{2}\|\boldsymbol{x}^*-\boldsymbol{f}\|_2^2\leqslant\lim_{k\to+\infty}\left(\|\boldsymbol{y}^{k+1}\|_1+\frac{\lambda^\dagger}{2}\|\boldsymbol{x}^{k+1}-\boldsymbol{f}\|_2^2\right)\tag{4-58}$$

聯立不等式(4-57)、不等式(4-58)、$\boldsymbol{x}^*=\boldsymbol{K}\boldsymbol{u}^*$、$\boldsymbol{y}^*=\nabla\boldsymbol{u}^*$ 和引理 4-3 得：

$$\begin{aligned}&\|\nabla\boldsymbol{u}^*\|_1+\frac{\lambda^\dagger}{2}\|\boldsymbol{K}\boldsymbol{u}^*-\boldsymbol{f}\|_2^2=\|\boldsymbol{y}^*\|_1+\frac{\lambda^\dagger}{2}\|\boldsymbol{x}^*-\boldsymbol{f}\|_2^2\\&=\lim_{k\to+\infty}\left(\|\boldsymbol{y}^k\|_1+\frac{\lambda^\dagger}{2}\|\boldsymbol{x}^k-\boldsymbol{f}\|_2^2\right)=\lim_{k\to+\infty}\left(\|\nabla\boldsymbol{u}^k\|_1+\frac{\lambda^\dagger}{2}\|\boldsymbol{K}\boldsymbol{u}^k-\boldsymbol{f}\|_2^2\right)\end{aligned}\tag{4-59}$$

進一步，根據引理 4-3，有：

$$\begin{aligned}&\lim_{k\to\infty}L_A(\boldsymbol{u}^k,\boldsymbol{x}^k,\boldsymbol{y}^k;\boldsymbol{\mu}^k,\boldsymbol{\xi}^k;\lambda^\dagger)=\lim_{k\to+\infty}\left(\|\boldsymbol{y}^k\|_1+\frac{\lambda^\dagger}{2}\|\boldsymbol{x}^k-\boldsymbol{f}\|_2^2\right)\\&=\|\boldsymbol{y}^*\|_1+\frac{\lambda^\dagger}{2}\|\boldsymbol{x}^*-\boldsymbol{f}\|_2^2=L_A(\boldsymbol{u}^*,\boldsymbol{x}^*,\boldsymbol{y}^*;\boldsymbol{\mu}^*,\boldsymbol{\xi}^*;\lambda^\dagger)\end{aligned}\tag{4-60}$$

等式(4-60) 表明序列 $\{\boldsymbol{u}^k, \boldsymbol{x}^k, \boldsymbol{y}^k; \boldsymbol{\mu}^k, \boldsymbol{\xi}^k\}$ 的任意聚點均為 $L_A(\boldsymbol{u}, \boldsymbol{x}, \boldsymbol{y}; \boldsymbol{\mu}, \boldsymbol{\xi}; \lambda^\dagger)$ 的鞍點。將 $L_A(\boldsymbol{u}, \boldsymbol{x}, \boldsymbol{y}; \boldsymbol{\mu}, \boldsymbol{\xi}; \lambda^\dagger)$ 重寫為 $L'_A(\lambda^\dagger)=L'_A(\boldsymbol{u}, \sqrt{\beta_1}\boldsymbol{x}, \sqrt{\beta_2}\boldsymbol{y}; \boldsymbol{\mu}/\sqrt{\beta_1}, \boldsymbol{\xi}/\sqrt{\beta_2}; \lambda^\dagger)$，則 $(\boldsymbol{u}^*, \sqrt{\beta_1}\boldsymbol{x}^*, \sqrt{\beta_2}\boldsymbol{y}^*; \boldsymbol{\mu}^*/\sqrt{\beta_1}, \boldsymbol{\xi}^*/\sqrt{\beta_2})$ 或序列 $\{\boldsymbol{u}^k, \sqrt{\beta_1}\boldsymbol{x}^k, \sqrt{\beta_2}\boldsymbol{y}^k; \boldsymbol{\mu}^k/\sqrt{\beta_1}, \boldsymbol{\xi}^k/\sqrt{\beta_2}\}$ 的任意聚點均為 $L'_A(\lambda^\dagger)$ 的鞍點。根據引理 4-3 和引理 4-4，必有 $\{\boldsymbol{u}^k, \sqrt{\beta_1}\boldsymbol{x}^k, \sqrt{\beta_2}\boldsymbol{y}^k; \boldsymbol{\mu}^k/\sqrt{\beta_1}, \boldsymbol{\xi}^k/\sqrt{\beta_2}\}$ 收斂到 $L'_A(\lambda^\dagger)$ 鞍點集中的某一點［根據式(4-25) 和 $\{\sqrt{\beta_1}\boldsymbol{x}^k, \sqrt{\beta_2}\boldsymbol{y}^k; \boldsymbol{\mu}^k/\sqrt{\beta_1}, \boldsymbol{\xi}^k/\sqrt{\beta_2}\}$ 的收斂性可得 $\{\boldsymbol{u}^k\}$ 的收斂性］。故 $\{\boldsymbol{u}^k, \boldsymbol{x}^k, \boldsymbol{y}^k; \boldsymbol{\mu}^k, \boldsymbol{\xi}^k\}$ 必收斂到 $L_A(\boldsymbol{u}, \boldsymbol{x}, \boldsymbol{y}; \boldsymbol{\mu}, \boldsymbol{\xi}; \lambda^\dagger)$ 的某一鞍點。引理 4-5 得證。

引理 4-5 表明 $\{\boldsymbol{u}^k\}$ 收斂到 $\lambda=\lambda^\dagger$ 時無約束問題式(1-16) 的解，另一方面，$\lambda^\dagger$ 的獲取嚴格地遵循了偏差原理。所以，$\lambda^\dagger$ 即是所要尋找的 λ^*，它使得 $\boldsymbol{u}^*$ 為約束問題式(4-1) 解。總結以上討論，可得下述關於算

法 APE-ADMM 的收斂性定理。

定理 4-2 設序列 $\{\boldsymbol{u}^k\}$ 和$\{\lambda^k\}$由 APE-ADMM 產生，則 $\{\boldsymbol{u}^k\}$ 收斂到約束問題式(4-1) 的解，而 $\{\lambda^k\}$ 趨向於約束 $\boldsymbol{u}\in\Psi$ 所對應的最優正則化參數λ^*。

由引理 4-5 和定理 4-2 可知，由於模糊矩陣 $\boldsymbol{K}$ 的奇異性，問題式(4-1) 的解可能並不唯一，但由於問題式(4-1) 的凸性，每一個解均能使問題式(4-1) 取得相同的最小值。因此，每一個解均可看作原始圖像的一個合理估計。

4.3.4 參數設置

問題式(4-1) 中的上界 c 是噪聲相關的[15,30,172]，若 c 選擇恰當，則能在噪聲抑制和圖像復原之間取得較好的平衡。在本書中，選用基於小波變換的中值準則[30] 來估計噪聲方差 σ^2。一旦噪聲方差確定，則可用公式 $c=\tau mn\sigma^2$ 來求取 c。$\tau=1$ 是一種較為傳統的選擇，但文獻［30］的研究表明，在噪聲程度不高的情況下，該選擇會導致過平滑的解，這表明在該情形下 λ 的值過小，應當設置 $\tau<1$。

事實上，到目前為止並沒統一的選取 τ 的方法，這也是圖像反問題領域值得深入研究的一個開放問題。對於 Tikhonov 正則方法而言，一種可行的途徑是等效自由度法（equivalent degrees of freedom，EDF）。它通過求解 $\|\boldsymbol{Ku}^*(\lambda)-\boldsymbol{f}\|_2^2=\text{EDF}\cdot\sigma^2$ 來估計 τ。但是，EDF 方法很難被直接移植到 TV 正則化方法中，因為關於 $\boldsymbol{u}^*(\lambda)$ 的封閉解並不存在[15,30,172]。

另一種選擇 τ 的實用方法是根據模糊訊噪比（blurred signal-to-noise ratio，BSNR）調整 τ，其中 $\text{BSNR}=10\log_{10}(\text{var}(\boldsymbol{f})/\sigma^2)$，$\text{var}(\boldsymbol{f})$ 為 $\boldsymbol{f}$ 的方差。在本文中，通過將實驗結果進行直線擬合，建議在去模糊實驗中設置 $\tau=-0.006\text{BSNR}+1.09$，在去噪實驗中設置 $\tau=-0.03\text{BSNR}+1.09$。儘管需要針對不同類型的問題來調整擬合直線的參數，但這種策略在一定程度上對於圖像類型和大小的變化是魯棒的。類似的做法也可以在其他一些 TV 復原工作中找到[15,170,172]。

另一個需要強調的問題是懲罰參數 β_1 和 β_2 的選擇。簡單設置 $\beta_1=\beta_2>0$ 對於保證算法的收斂性是足夠的。然而，通過式(4-6) 中 L_A 的定義可知，λ 懲罰著 $\boldsymbol{x}$ 與 $\boldsymbol{f}$ 之間的距離，β_1 懲罰著 $\boldsymbol{x}$ 與 $\boldsymbol{Ku}$ 之間的距離，而 β_2 懲罰著 $\boldsymbol{y}$ 與 $\nabla\boldsymbol{u}$ 之間的距離。當觀測圖像的 BSNR 較高時，$\boldsymbol{Ku}$ 與 $\boldsymbol{f}$ 的距離會更近，在這種情況下，λ 應該更大。因而，為促使 $\boldsymbol{Ku}$ 更快地趨向

於 $\boldsymbol{f}$，應該選擇更大的 β_1。這表明，更高的 BSNR 意味著更大的 β_1。大量實驗表明，設置 $\beta_1=10^{(0.1\text{BSNR}-1)}$ 和 $\beta_2=1$ 時，APE-ADMM 能以較快的速度收斂。通過選取不同權重的 β_1 和 β_2，所提算法變得更加靈活。

4.4 快速自適應參數估計算法的推廣

4.4.1 等價的分裂 Bregman 算法

根據 ADMM 與分裂 Bregman 算法在線性約束條件下的等價性，可以方便地導出 APE-ADMM 的分裂 Bregman 形式。

由約束優化問題式(4-5)，定義 Bregman 函數為：

$$J(\boldsymbol{u},\boldsymbol{x},\boldsymbol{y}) \triangleq \|\boldsymbol{y}\|_1+\frac{\lambda}{2}\|\boldsymbol{x}-\boldsymbol{f}\|_2^2 \tag{4-61}$$

定義 Bregman 距離：

$$\begin{aligned}D_J^{(\boldsymbol{p}_u^k,\boldsymbol{p}_x^k,\boldsymbol{p}_y^k)}(\boldsymbol{u},\boldsymbol{x},\boldsymbol{y};\boldsymbol{u}^k,\boldsymbol{x}^k,\boldsymbol{y}^k) &\triangleq J(\boldsymbol{u},\boldsymbol{x},\boldsymbol{y})-J(\boldsymbol{u}^k,\boldsymbol{x}^k,\boldsymbol{y}^k)-\\ &\langle \boldsymbol{p}_u^k,\boldsymbol{u}-\boldsymbol{u}^k\rangle-\langle \boldsymbol{p}_x^k,\boldsymbol{x}-\boldsymbol{x}^k\rangle-\langle \boldsymbol{p}_y^k,\boldsymbol{y}-\boldsymbol{y}^k\rangle\end{aligned} \tag{4-62}$$

根據分裂 Bregman 算法的迭代規則式(1-39)（對兩個線性約束同時應用）可以得到：

$$\begin{aligned}(\boldsymbol{u}^{k+1},\boldsymbol{x}^{k+1},\boldsymbol{y}^{k+1})=\underset{\boldsymbol{u},\boldsymbol{x},\boldsymbol{y}}{\operatorname{argmin}}\ & D_J^{(\boldsymbol{p}_u^k,\boldsymbol{p}_x^k,\boldsymbol{p}_y^k)}(\boldsymbol{u},\boldsymbol{x},\boldsymbol{y};\boldsymbol{u}^k,\boldsymbol{x}^k,\boldsymbol{y}^k)+\\ &\frac{\beta_1}{2}\|\boldsymbol{x}-\boldsymbol{K}\boldsymbol{u}\|_2^2+\frac{\beta_2}{2}\|\boldsymbol{y}-\nabla\boldsymbol{u}\|_2^2\end{aligned} \tag{4-63}$$

$$\boldsymbol{p}_u^{k+1}=\boldsymbol{p}_u^k+\beta_1\boldsymbol{K}^{\mathrm{T}}(\boldsymbol{x}^{k+1}-\boldsymbol{K}\boldsymbol{u}^{k+1})+\beta_2\nabla^{\mathrm{T}}(\boldsymbol{y}^{k+1}-\nabla\boldsymbol{u}^{k+1}) \tag{4-64}$$

$$\boldsymbol{p}_x^{k+1}=\boldsymbol{p}_x^k+\beta_1(\boldsymbol{K}\boldsymbol{u}^{k+1}-\boldsymbol{x}^{k+1}) \tag{4-65}$$

$$\boldsymbol{p}_y^{k+1}=\boldsymbol{p}_y^k+\beta_2(\nabla\boldsymbol{u}^{k+1}-\boldsymbol{y}^{k+1}) \tag{4-66}$$

定義：

$$\begin{cases}\boldsymbol{p}_{\mathrm{u}}^0\triangleq-\beta_1\boldsymbol{K}^{\mathrm{T}}\boldsymbol{b}^0-\beta_2\nabla^{\mathrm{T}}\boldsymbol{d}^0\\ \boldsymbol{p}_x^0\triangleq\beta_1\boldsymbol{b}^0\\ \boldsymbol{p}_y^0\triangleq\beta_2\boldsymbol{d}^0\end{cases} \tag{4-67}$$

根據上述式(4-64)～式(4-66)，必然有：

$$\begin{cases}\boldsymbol{p}_u^k=-\beta_1\boldsymbol{K}^{\mathrm{T}}\boldsymbol{b}^k-\beta_2\nabla^{\mathrm{T}}\boldsymbol{d}^k\\ \boldsymbol{p}_x^k=\beta_1\boldsymbol{b}^k & k=0,1,\cdots\\ \boldsymbol{p}_y^k=\beta_2\boldsymbol{d}^k\end{cases} \tag{4-68}$$

故可得如下迭代規則：

$$\begin{cases}(\boldsymbol{u}^{k+1},\boldsymbol{x}^{k+1},\boldsymbol{y}^{k+1})=\underset{\boldsymbol{u},\boldsymbol{x},\boldsymbol{y}}{\operatorname{argmin}}\ \dfrac{\lambda}{2}\|\boldsymbol{x}-\boldsymbol{f}\|_2^2+\dfrac{\beta_1}{2}\|\boldsymbol{x}-\boldsymbol{K}\boldsymbol{u}-\boldsymbol{b}^k\|_2^2+ \\ \qquad \|\boldsymbol{y}\|_1+\dfrac{\beta_2}{2}\|\boldsymbol{y}-\nabla\boldsymbol{u}-\boldsymbol{d}^k\|_2^2 \\ \boldsymbol{b}^{k+1}=\boldsymbol{b}^k+\boldsymbol{K}\boldsymbol{u}^{k+1}-\boldsymbol{x}^{k+1} \\ \boldsymbol{d}^{k+1}=\boldsymbol{d}^k+\nabla\boldsymbol{u}^{k+1}-\boldsymbol{y}^{k+1}\end{cases} \tag{4-69}$$

採用與 ADMM 類似的交替策略，可得：

$$\boldsymbol{u}^{k+1}=\underset{\boldsymbol{u}}{\operatorname{argmin}}\ \frac{\beta_1}{2}\|\boldsymbol{x}^k-\boldsymbol{K}\boldsymbol{u}-\boldsymbol{b}^k\|_2^2+\frac{\beta_2}{2}\|\boldsymbol{y}^k-\nabla\boldsymbol{u}-\boldsymbol{d}^k\|_2^2 \tag{4-70}$$

$$\boldsymbol{y}^{k+1}=\underset{\boldsymbol{y}_i}{\operatorname{argmin}}\|\boldsymbol{y}\|_1+\frac{\beta_2}{2}\|\boldsymbol{y}-\nabla\boldsymbol{u}-\boldsymbol{d}^k\|_2^2 \tag{4-71}$$

$$\boldsymbol{x}^{k+1}=\underset{\boldsymbol{x}}{\operatorname{argmin}}\ \frac{\lambda^{k+1}}{2}\|\boldsymbol{x}-\boldsymbol{f}\|_2^2+\frac{\beta_1}{2}\|\boldsymbol{x}-\boldsymbol{K}\boldsymbol{u}^{k+1}-\boldsymbol{b}^k\|_2^2 \tag{4-72}$$

$$\boldsymbol{b}^{k+1}=\boldsymbol{b}^k+\boldsymbol{K}\boldsymbol{u}^{k+1}-\boldsymbol{x}^{k+1} \tag{4-73}$$

$$\boldsymbol{d}^{k+1}=\boldsymbol{d}^k+\nabla\boldsymbol{u}^{k+1}-\boldsymbol{y}^{k+1} \tag{4-74}$$

上述 $\boldsymbol{u}^{k+1}$、$\boldsymbol{y}^{k+1}$、$\boldsymbol{x}^{k+1}$ 以及 λ^{k+1} 的更新與 APE-ADMM 中的類似，這裡不再贅述。由上述討論可得下列參數自適應的分裂 Bregman 算法。

算法 4-2　參數自適應的分裂 Bregman 算法（APE-SBA）

步驟 1： 輸入 $\boldsymbol{f}$，$\boldsymbol{K}$，c；

步驟 2： 初始化 $\boldsymbol{u}^0$，$\boldsymbol{x}^0$，$\boldsymbol{y}^0$，$\boldsymbol{b}^0$，$\boldsymbol{d}^0=\boldsymbol{0}$，$k=0$，$\beta_1$，$\beta_2>0$；

步驟 3： 判斷是否滿足終止條件，若否，則執行以下步驟；

步驟 4： 通過式(4-70) 計算 $\boldsymbol{u}^{k+1}$；

步驟 5： 通過式(4-71) 計算 $\boldsymbol{y}^{k+1}$；

步驟 6： 通過式(4-72) 更新 λ^{k+1} 和 $\boldsymbol{x}^{k+1}$（方式同 APE-ADMM）；

步驟 7： 通過式(4-73) 和式(4-74) 更新 $\boldsymbol{b}^{k+1}$ 和 $\boldsymbol{d}^{k+1}$；

步驟 8： $k=k+1$；

步驟 9： 結束循環並輸出 $\boldsymbol{u}^{k+1}$ 和 λ^{k+1}。

由式(4-70)～式(4-74) 可知，若設置 $\boldsymbol{\mu}=\beta_1\boldsymbol{b}$ 和 $\boldsymbol{\xi}=\beta_2\boldsymbol{d}$，容易發現 APE-ADMM 與 APE-SBA 是完全等價的。

4.4.2 帶有快速自適應參數估計的區間約束 TV 圖像復原

算法 APE-ADMM 中所採用的參數自適應估計方法可以方便地推廣至帶有區間約束的圖像復原問題。像素值的區間約束是指將圖像像素值限定到給定的動態範圍內，在本文中為 [0，255]，某些文獻則僅考慮像素值的正性約束[187,188]。若圖像中有大量的像素取值位於給定動態範圍的兩端，如取 0 或 255，則區間約束可以在定量評價和視覺效果兩個方面顯著地提升復原圖像的品質[28,29]。

考慮如下區間約束的 TV 正則化圖像復原問題

$$\min_{\boldsymbol{u}} \|\nabla \boldsymbol{u}\|_1 \quad \text{s. t.} \quad \boldsymbol{u} \in \Omega \triangleq \{\boldsymbol{u} : \mathbf{0} \leqslant \boldsymbol{u} \leqslant \mathbf{255}\} \cap \Psi \triangleq \{\boldsymbol{u} : \|\boldsymbol{K}\boldsymbol{u} - \boldsymbol{f}\|_2^2 \leqslant c\} \tag{4-75}$$

引入三個輔助變量 $\boldsymbol{x}$、$\boldsymbol{y}$ 和 $\boldsymbol{z}$ 分別替代 $\boldsymbol{Ku}$、$\nabla \boldsymbol{u}$ 和 $\boldsymbol{u}$ 可得：

$$\min_{\boldsymbol{x},\boldsymbol{y},\boldsymbol{z}} \|\nabla \boldsymbol{u}\|_1 + \frac{\lambda}{2}\|\boldsymbol{x} - \boldsymbol{f}\|_2^2 + \iota_\Omega(\boldsymbol{z}) \quad \text{s. t.} \quad \boldsymbol{Ku} = \boldsymbol{x}, \nabla \boldsymbol{u} = \boldsymbol{y}, \boldsymbol{u} = \boldsymbol{z} \tag{4-76}$$

優化問題式(4-76) 的增廣 Lagrange 函數定義為：

$$\begin{aligned} L_A(\boldsymbol{u},\boldsymbol{x},\boldsymbol{y},\boldsymbol{z};\boldsymbol{\mu},\boldsymbol{\xi},\boldsymbol{\eta}) \triangleq{}& \frac{\lambda}{2}\|\boldsymbol{x} - \boldsymbol{f}\|_2^2 - \boldsymbol{\mu}^{\mathrm{T}}(\boldsymbol{x} - \boldsymbol{Ku}) + \frac{\beta_1}{2}\|\boldsymbol{x} - \boldsymbol{Ku}\|_2^2 + \\ & \|\boldsymbol{y}\|_1 - \boldsymbol{\xi}^{\mathrm{T}}(\boldsymbol{y} - \nabla \boldsymbol{u}) + \frac{\beta_2}{2}\|\boldsymbol{y} - \nabla \boldsymbol{u}\|_2^2 + \iota_\Omega(\boldsymbol{z}) - \boldsymbol{\eta}^{\mathrm{T}}(\boldsymbol{z} - \boldsymbol{u}) + \frac{\beta_3}{2}\|\boldsymbol{z} - \boldsymbol{u}\|_2^2 \end{aligned} \tag{4-77}$$

類似於算法 APE-ADMM 的推導過程，可得：

$$\begin{aligned} \boldsymbol{u} ={}& (\beta_1 \boldsymbol{K}^{\mathrm{T}}\boldsymbol{K} + \beta_2 \nabla^{\mathrm{T}}\nabla + \beta_3 \boldsymbol{I})^{-1}[\boldsymbol{K}^{\mathrm{T}}(\beta_1 \boldsymbol{x}^k - \boldsymbol{\mu}^k) \\ & + \nabla^{\mathrm{T}}(\beta_2 \boldsymbol{y}^k - \boldsymbol{\xi}^k) + (\beta_3 \boldsymbol{z}^k - \boldsymbol{\eta}^k)] \end{aligned} \tag{4-78}$$

變量 $\boldsymbol{y}^{k+1}$、λ^{k+1}、$\boldsymbol{x}^{k+1}$、$\boldsymbol{\mu}^{k+1}$ 和 $\boldsymbol{\xi}^{k+1}$ 的求解與算法 APE-ADMM 中的完全一致，此外有：

$$\boldsymbol{z}^{k+1} = \arg\min_{\boldsymbol{z}} \left\{ \iota_\Omega(\boldsymbol{z}) - (\boldsymbol{\eta}^k)^{\mathrm{T}}\boldsymbol{z} + \frac{\beta_3}{2}\|\boldsymbol{z} - \boldsymbol{u}^{k+1}\|_2^2 \right\} = P_\Omega\left(\boldsymbol{u}^{k+1} + \frac{\boldsymbol{\eta}^k}{\beta_3}\right) \tag{4-79}$$

以及

$$\boldsymbol{\eta}^{k+1} = \boldsymbol{\eta}^k - \beta_3(\boldsymbol{z}^{k+1} - \boldsymbol{u}^{k+1}) \tag{4-80}$$

公式(4-79) 中，P_Ω 為投影到凸集 Ω 上的投影算子，在本文的區間約束中，其實現過程為將小於 0 的像素值置 0，將大於 255 的像素值置為 255，而其他像素值不變。

總結上述討論，可得如下區間約束的 APE-ADMM 算法。

算法 4-3　參數自適應的區間約束交替方向乘子法（APE-BCADMM）

步驟 1：輸入 $\boldsymbol{f}$，$\boldsymbol{K}$，c；

步驟 2：初始化 $\boldsymbol{u}^0$，$\boldsymbol{x}^0$，$\boldsymbol{y}^0$，$\boldsymbol{\mu}^0$，$\boldsymbol{\xi}^0$，$\boldsymbol{\eta}^0 = \mathbf{0}$，$k=0$，$\beta_1$，$\beta_2$，$\beta_3 > 0$；

步驟 3：判斷是否滿足終止條件，若否，則執行以下步驟；

步驟 4：通過式(4-25) 計算 $\boldsymbol{u}^{k+1}$；

步驟 5：通過式(4-27) 計算 $\boldsymbol{y}^{k+1}$；

步驟 6：通過式(4-79) 計算 $\boldsymbol{z}^{k+1}$；

步驟 7：若式(4-30) 成立，則 $\lambda^{k+1}=0$，$\boldsymbol{x}^{k+1}=\boldsymbol{a}^{k+1}=\boldsymbol{K}\boldsymbol{u}^{k+1}+\boldsymbol{\mu}^{k}/\beta_1$，否則通過式(4-32) 和式(4-29) 分別更新 λ^{k+1} 和 $\boldsymbol{x}^{k+1}$；

步驟 8：通過式(4-22)、式(4-23) 和式(4-80) 更新 $\boldsymbol{\mu}^{k+1}$、$\boldsymbol{\xi}^{k+1}$ 和 $\boldsymbol{\eta}^{k+1}$；

步驟 9：$k=k+1$；

步驟 10：結束循環並輸出 $\boldsymbol{u}^{k+1}$ 和 λ^{k+1}。

在接下來的實驗分析中並沒有涉及算法 APE-BCADMM，其實驗結果在第 6 章的像素區間約束有效性實驗中有所體現。

4.5 實驗結果

本節設置了三個實驗來驗證所提 APE-ADMM 算法的有效性，每個實驗均針對一特定目的：①第一個目的是通過與兩種著名的 TV 算法做比較，揭示自適應正則化參數選擇的重要性。這兩種算法分別是快速全變差反卷積算法（fast total variation deconvolution algorithm，FTVD-v4❶）[126] 和快速迭代收縮/閾值算法（fast iterative shrinkage/thresholding algorithm，FISTA❷）[40]。FTVD-v4 結合了變量分裂和 ADM 方法來進行圖像復原，而 FISTA 則是一種前向-後向分裂方法，它們的共同優勢是快速性。在這兩種方法中，正則化參數是通過試錯的方式手動選取的，因此，在算法執行過程中 λ 是固定的。比較實驗表明，通常情況下，APE-ADMM 可以自動找到最優的 λ，並且其收斂速率快於 FTVD-v4 和 FISTA，而 FTVD-v4 和 FISTA 的結果對於 λ 的變化非常敏感。②第二個目的是將 APE-ADMM 與另外三個著名的自適應 TV 正則化算法進行比較，這三個算法分別是 Wen-Chan[30]、C-SALSA❸[15] 和 Ng-Weiss-Yuan[172]。實驗結果表明，所提算法在速度和 PSNR 兩個方面均優於其他兩種算法。因為實驗選取了不同大小的圖像，算法速度相對於圖像大小的變化也被很好地展現出來。③第三個目的是通過與著名的 Chambolle 算法[116,189] 和基於 TV 的自適應分裂 Bregman 方法[125,190] 做比較，展現 APE-ADMM 在去噪方面的競爭力。

接下來的四個小節詳述了以上四個實驗。MATLAB 實驗平台為

❶ http：//www. caam. rice. edu/～optimization/L1/ftvd/v5-1/.

❷ http：//iew4-technion. ac. il/～becka/papers/tv _ fista.

❸ http：//cascais. lx. it. pt/～mafonso/salsa. html.

Windows 7 桌上型電腦，配置為 Intel Core（TM）i5 CPU（3.20GHz）和 8GB RAM。觀測圖像和復原圖像的品質通過 PSNR 進行評價。圖 4-1 給出了四幅測試圖像，其尺寸分別為 256×256（Lena）、512×512（boat 和 Barbara）和 1024×1024（man）。

圖 4-1 測試圖像：Lena、boat、Barbara和 man

4.5.1 實驗 1——自適應正則化參數估計的意義

實驗 1 首先解釋了為什麼自適應選取 λ 在圖像復原中更具吸引力，並展示了所提算法能夠快速有效地完成最優參數的自適應估計。這裡「最優」的意思是使得 PSNR 為最高。比較實驗涉及了 FTVD-v4 和 FISTA 兩種方法，以及 boat 和 man 兩幅圖像。在 FISTA 中，正則化參數是作為正則項乘子出現的，而在 FTVD-v4 和 APE-ADMM 中，則是作為保真項乘子出現的，為方便比較，這裡使用的 FISTA 的正則化參數實際上是方法中參數的倒數。在對 boat 施加平均模糊 A（9）和對 man 施加運動模糊 M(30，30）後，分別在模糊圖像上添加方差為 4 和 20 的 Gauss 噪聲以獲得最終的兩幅退化圖像。退化圖像 boat 和 man 的 PSNR

分別為 23.30dB 和 21.64dB。算法的終止準則統一設定為：

$$\frac{\|\boldsymbol{u}^{k+1}-\boldsymbol{u}^{k}\|_2}{\|\boldsymbol{u}^{k}\|_2}\leqslant 10^{-6} \tag{4-81}$$

或迭代步數達到 1000，其中 $\boldsymbol{u}^k$ 表示第 k 步的復原結果。

表 4-1 給出了各自最優 λ 下 APE-ADMM、FTVD-v4 和 FISTA 的實驗結果，包括 PSNR、迭代步數和 CPU 時間。由表 4-1 可知，APE-ADMM 的最終參數值均接近於另外兩個算法的最優參數值；APE-ADMM、FTVD-v4 和 FISTA 的 PSNR 基本處於同一個水準上；當比較 CPU 時間時，APE-ADMM 顯著優於另外兩種算法。圖 4-2 給出了三種算法的 PSNR 相對於 CPU 時間的變化曲線。不難發現，對於 boat 和 man 圖像復原實驗，APE-ADMM 的 PSNR 上升和收斂的速度要快於另外兩算法。圖 4-3 顯示，儘管 λ 在迭代初始階段會有波動，但隨著迭代步數的增加，APE-ADMM 可以迅速找到最優的 λ。注意 λ 可能會在中間取得零值，這在所提算法中是允許的。不同於固定 λ 的算法，所提算法的目標函數值［關於最小化函數式(1-16)］並不會單調下降，它會隨著 λ 的變化而變化。

表 4-1　最優 λ 下 APE-ADMM、FTVD-v4 和 FISTA 的結果比較

圖像	算法	最優 λ	PSNR/dB	迭代數	CPU/s
boat	APE-ADMM	10.19	28.62	134	7.91
	FTVD-v4	11.00	28.60	1000	49.26
	FISTA	10.50	28.47	1000	572.40
man	APE-ADMM	3.18	26.83	166	44.89
	FTVD-v4	3.30	26.82	1000	221.43
	FISTA	3.20	26.80	1000	3272.02

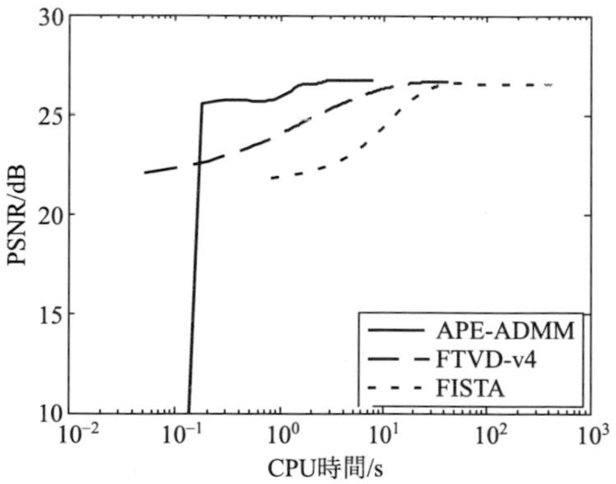

(a) boat

圖 4-2

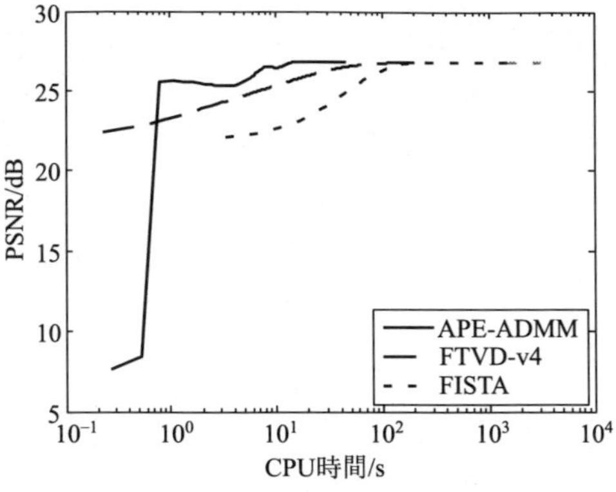

(b) man

圖 4-2　APE-ADMM、 FTVD-v4 和 FISTA 算法 PSNR 曲線

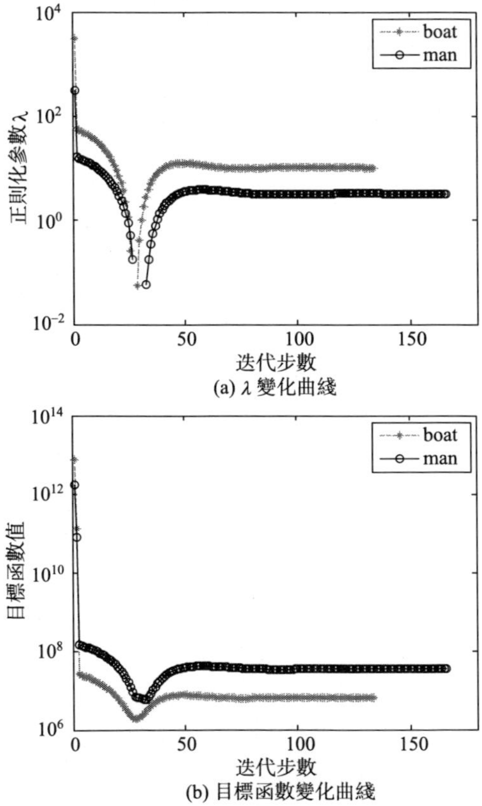

(a) λ 變化曲綫

(b) 目標函數變化曲綫

圖 4-3　APE-ADMM λ 和目標函數值相對於迭代步數的變化曲線

值得一提的是，APE-ADMM 可以通過上述自適應方式找到最優的 λ，而 FTVD-v4 和 FISTA 則需通過試湊的方式獲取最優的參數。事實上，在該實驗中，FTVD-v4 和 FISTA 最優參數的獲取藉助了 APE-ADMM 算法的幫助。因為這三種算法均是 TV 正則化的，它們的目標函數具有相同的形式，因而有理由相信其最優的 λ 是相近的。以 APE-ADMM 最優參數值 λ^* 的最近鄰整數為參考點［記該整數為 round(λ^*)］，在區間［0.5round(λ^*)，2round(λ^*)］等間距選擇 11 個點（包含端點）作為 FTVD-v4 和 FISTA 可能的最優 λ。然後計算其 PSNR 相對於 λ 的變化曲線。圖 4-4(a) 和（b）分別給出了 boat 和 man 圖像所對應的曲線。經過更加精細的調整，得到了表 4-1 所示的 FTVD-v4 和 FISTA 的最優 λ 值。從圖 4-4 可以發現，FTVD-v4 和 FISTA 的 PSNR 均敏感於 λ 的變化，並且僅在最優 λ 的附近取得合理的復原結果，一旦 λ 過多地偏離最優值，其 PSNR 會迅速地下降。圖 4-5 給出了不同 λ 下三種算法的 man 復原圖像。當採用最優的 λ 時，無論從 PSNR 還是從視覺效果上看，FTVD-v4 和 FISTA 均能得到與 APE-ADMM 相類似的結果。然而，當設置 λ=0.5round(λ^*) 時，FTVD-v4 和 FISTA 均得到過平滑的結果，其 man 圖像復原結果中的頭髮等紋理結構仍然是模糊的。相反，當設置 λ=2round(λ^*) 時，FTVD-v4 和 FISTA 均得到含噪點的結果。事實上，隨著圖像尺寸的增大，非自適應方法獲取最優 λ 的過程會變得更為複雜。此外，最優 λ 還敏感於圖像尺寸、圖像種類和模糊類型的變化。

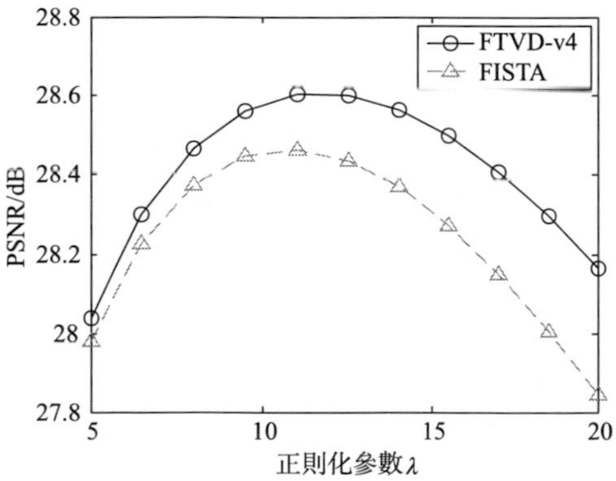

(a) boat

圖 4-4

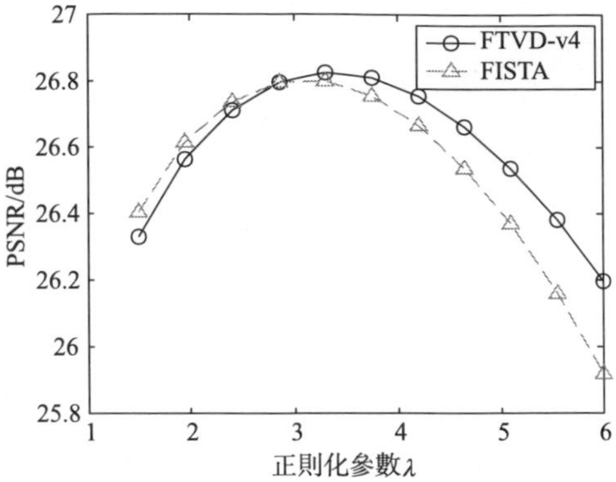

(b) man

圖 4-4　FTVD-v4 和 FISTA 的 PSNR 相對於 λ 的變化曲線

圖 4-5　APE-ADMM、 FTVD-v4 和 FISTA 在不同 λ 下的 man 復原圖像

4.5.2 實驗 2——與其他自適應算法的比較

在該小節的實驗中，將所提算法與其他三種著名自適應 TV 圖像復原方法進行了比較。比較涉及速度、精度和參數選擇三個方面。參與比較的三種方法是：基於原始-對偶模型的 Wen-Chan[30]、基於 ADMM 的 C-SALSA[15] 和基於 ADMM 的 Ng-Weiss-Yuan[172]。本章的引言部分（4.1 節）已經詳細地描述了這幾種方法，此處不再贅述。

表 4-2 給出了該實驗中所選用的 5 個背景問題。在問題 3A 和 3B 中，i，j＝－7、…、7。實驗中採用了不同尺寸的三幅圖像 Lena（256×256）、boat（512×512）和 man（1024×1024）。算法的停止準則與前一小節相同。三種比較算法的其他參數設置則遵循原始參考文獻。

表 4-2　自適應圖像去模糊實驗設置表

問題	模糊核	噪聲方差 σ^2
1	A(9)	0.56^2
2A	G(9,3)	2
2B	G(9,3)	8
3A	$h_{ij}=1/(1+i^2+j^2)$	2
3B	$h_{ij}=1/(1+i^2+j^2)$	8

表 4-3 給出了 PSNR、迭代步數、CPU 時間以及最終正則化參數 λ 四個方面的比較結果。每一個比較項的最優結果均用黑體標出。「—」表示算法未給出該項結果。因為算法 Ng-Weiss-Yuan 的結果均是在圖像像素值範圍設定為［0，1］時取得的，因而，在採用該算法時圖像像素值均除以 255。此外，為保證 PSNR 相對於其他算法不變，在採用 Ng-Weiss-Yuan 時，表 4-2 中的噪聲方差也作了轉換。Ng-Weiss-Yuan 的最優 λ 是在像素值限定於［0，1］而非［0，255］的前提下得到的，而這兩種情況下所取得的 λ 並不具有明確的對應關係，因此，僅選用 APE-ADMM 和 Wen-Chan 的參數值做對比。

表 4-3　不同算法在 λ、PSNR（dB）、迭代步數以及 CPU 耗時（s）的比較

問題	方法	Lena 256×256				boat 512×512				man 1024×1024			
		λ	PSNR	步數	時間	λ	PSNR	步數	時間	λ	PSNR	步數	時間
1	APE-ADMM	46.29	**30.37**	**126**	**1.07**	51.88	**31.22**	**111**	**5.39**	52.92	**31.48**	**119**	**26.05**
	Wen-Chan	44.63	30.31	442	6.50	53.04	31.10	321	31.15	46.82	31.29	399	163.39
	C-SALSA	—	30.17	191	4.95	—	30.78	814	210.62	—	31.01	811	895.88
	Ng-Weiss-Yuan	6150.2	29.77	856	20.06	7301.47	30.64	561	109.08	6252.58	30.81	776	634.08
2A	APE-ADMM	23.48	**28.08**	**165**	**1.40**	23.68	**28.41**	**149**	**7.26**	27.28	**29.39**	**159**	**34.91**
	Wen-Chan	13.89	27.91	1000	14.53	16.62	28.08	593	57.30	11.87	29.13	877	357.90
	C-SALSA	—	27.64	402	10.38	—	27.69	675	174.85	—	28.99	439	485.80
	Ng-Weiss-Yuan	1317.98	27.36	1000	23.80	2076.94	27.51	944	174.58	1383.43	28.72	1000	882.00
2B	APE-ADMM	4.27	**27.15**	**190**	**1.58**	6.82	**27.21**	**165**	**8.04**	7.55	**28.55**	**177**	**39.20**
	Wen-Chan	2.66	26.82	1000	14.22	4.77	26.89	853	82.03	3.10	28.22	1000	405.97
	C-SALSA	—	26.77	372	9.58	—	26.63	729	188.83	—	28.18	601	663.14
	Ng-Weiss-Yuan	400.69	26.56	1000	24.38	563.48	26.32	1000	187.79	448.73	27.95	1000	1018.88
3A	APE-ADMM	6.53	**31.18**	**134**	**1.12**	7.86	**31.06**	**113**	**5.49**	7.70	**32.28**	**121**	**26.88**
	Wen-Chan	6.49	30.98	367	5.31	8.15	30.87	311	30.03	7.19	32.02	396	161.91
	C-SALSA	—	30.54	490	13.19	—	30.46	532	137.73	—	31.69	595	660.39
	Ng-Weiss-Yuan	1215.7	30.64	700	16.25	1368.36	30.44	526	100.95	1212.92	31.66	710	626.37
3B	APE-ADMM	2.41	**29.44**	**149**	**1.24**	2.83	**29.35**	**126**	**6.13**	2.85	**30.66**	**136**	**30.12**
	Wen-Chan	2.31	29.28	515	7.41	2.78	29.16	451	43.58	2.45	30.39	520	211.74
	C-SALSA	—	29.02	187	4.80	—	28.86	293	75.73	—	30.20	233	257.13
	Ng-Weiss-Yuan	433.62	28.91	956	22.75	520.75	28.84	678	129.06	459.29	30.11	920	933.26

圖 4-6 給出了問題 2B 背景下，對應於 boat 圖像的，不同算法 PSNR 和 λ 相對於 CPU 時間的變化曲線。圖 4-7 則給出了相應的退化圖像和復原圖像。

(a) 退化的boat圖像

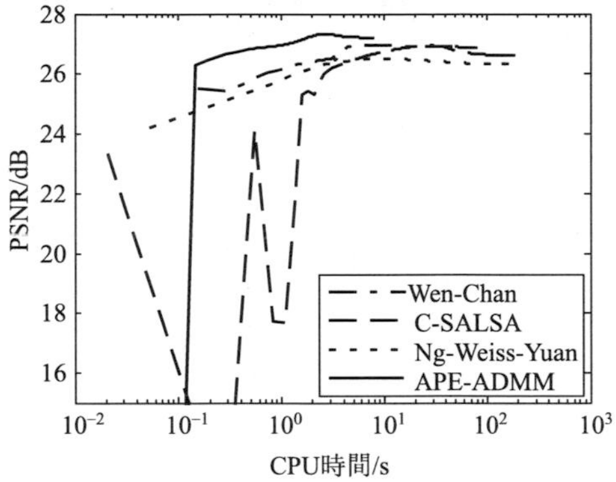

(b) PSNR相對于時間的變化曲綫

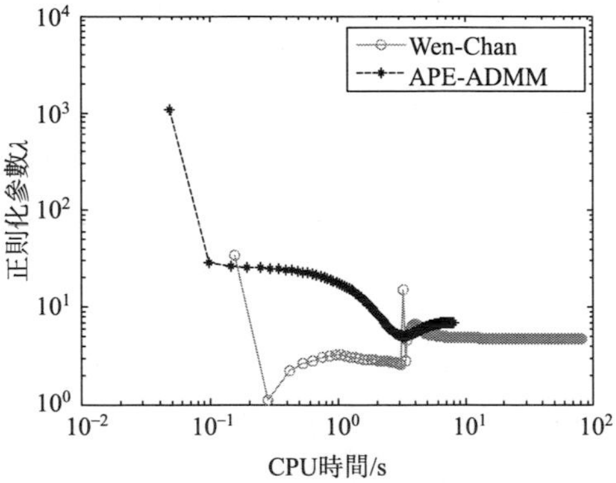

(c) APE-ADMM和Wen-Chan λ
相對于時間的變化曲綫

圖 4-6 問題 2B 下 boat 圖像實驗結果

圖 4-7 問題 2B 背景下， APE-ADMM、 Wen-Chan、
C-SALSA 和 Ng-Weiss-Yuan 的 boat 復原圖像

從表 4-3、圖 4-6 和圖 4-7 可以看到：第一，相比於其他算法，APE-ADMM 能夠在最短的時間內以最少的迭代步數獲得最高的 PSNR，如果將 CPU 時間除以迭代步數，還可以發現所提算法有著最高的單步執行效率。這一結果符合設想：通過以閉合形式自適應更新正則化參數 λ，APE-ADMM 在排除內迭代的基礎上獲得了更高的執行效率。此外，其他三種方法的單步執行效率和精度都會受到內迭代參數設置的影響。得益於 β_1 和 β_2 的選擇策略，所提算法能以最少的迭代步數完成圖像復原任務。第二，從表 4-3 可以看到，當背景問題和圖像變化時，APE-ADMM 仍能夠很好地保持相比於其他算法的優勢，且圖像尺寸越大，速度方面的優勢越大。更高的 PSNR 也表明，APE-ADMM 可以得到更為合理的 λ。圖 4-7 展示了問題 2B 下，APE-ADMM 的 boat 圖像復原結果在細節方面比 Wen-Chan 的結果更好，其原因是算法 Wen-Chan 所獲取的 λ 過小，這意味著復原圖像是過平滑的。

4.5.3 實驗 3——去噪實驗比較

以上實驗表明，APE-ADMM 在去模糊問題上是快速有效的。本小節則通過與另外兩種著名的自適應 TV 去噪算法進行比較，展示了 APE-ADMM 在圖像去噪方面的潛力。這兩種算法分別是 Chambolle 投影算法[116,189] 和自適應分裂 Bregman 去噪算法[125,190]，它們均採用了文獻［116］所描述的正則化參數選擇策略。本文所採用的這兩種算法均為在線版本❶。相比於所提算法，這兩種算法所採取的參數選擇策略是為圖像去噪專門設計的，尚不能確定其能否用於圖像去模糊。

本實驗所採用的圖像是 Barbara 和 boat。首先分別將方差為 100、400 和 900 的 Gauss 白噪聲添加到上述兩幅圖像中，然後，採用三種方法實現噪聲消除。表 4-4 比較了三種算法的 PSNR。因為 Chambolle 算法和分裂 Bregman 算法均是在線算法，該實驗並未將 CPU 時間作為一項比較內容。從表 4-4 可以看到，APE-ADMM 可以獲得比另兩種算法更高的 PSNR。圖 4-8 和圖 4-9 分別給出了噪聲方差為 400 時，不同算法的 Barbara 圖像的復原結果和誤差圖像（復原圖像與原始圖像的差，為增強視覺效果，將原始誤差圖像仿射投影到［0，255］區間上），誤差圖像所代表的相對誤差分別是 9.58％、10.04％和 10.29％。除在 PSNR 方面的優勢外，圖 4-9 表明，得益於更少的紋理丟失，APE-ADMM 在細節保存方面優於另兩種算法。更好的復原品質表明：在正則化子均為 TV 模型的情況下，所提算法能求得更優的 λ。

表 4-4　圖像去噪實驗的 PSNR（dB）值

Barbara 512×512				
σ^2	噪聲圖像	APE-ADMM	Chambolle	Split Bregman
100	28.14	30.88	30.12	29.91
400	22.14	26.78	26.38	26.16
900	18.73	24.89	24.82	24.40
boat 512×512				
σ^2	噪聲圖像	APE-ADMM	Chambolle	Split Bregman
100	28.15	32.42	31.77	31.25
400	22.17	29.03	28.51	28.11
900	18.75	26.92	26.72	26.19

❶ http：//www.ipol.im/.

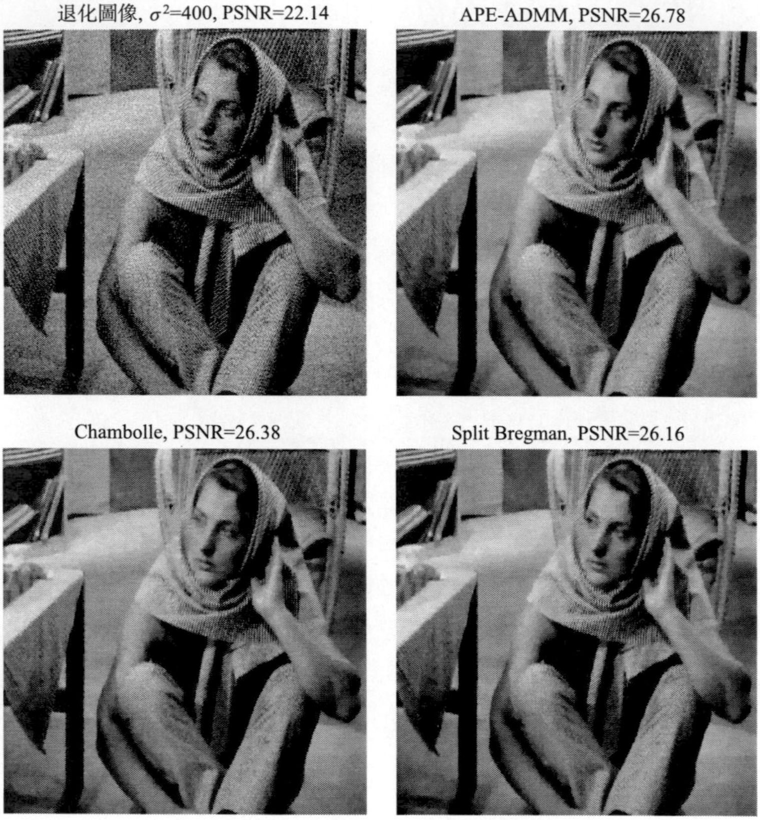

圖 4-8　σ^2= 400 時， APE-ADMM、 Chambolle 和分裂 Bregman 算法的 Barbara 圖像復原結果

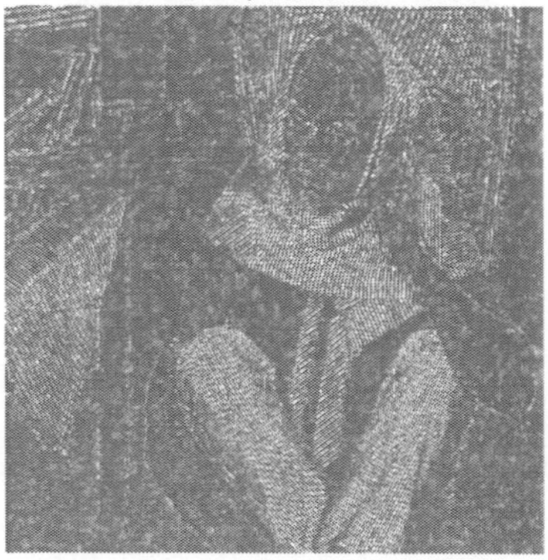

Chambolle, 相對誤差=10.04%

split Bregman, 相對誤差=10.29%

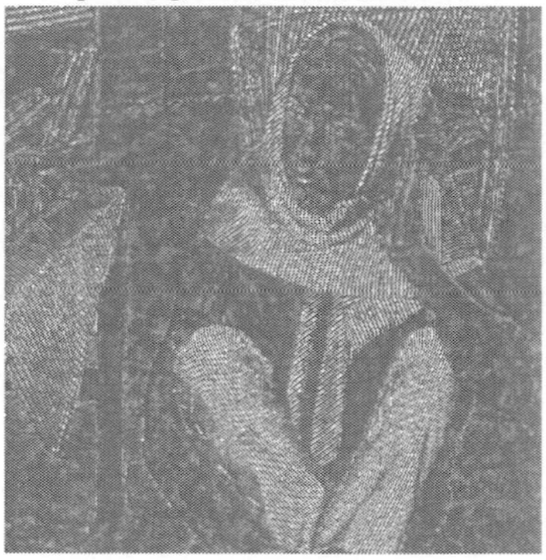

圖 4-9 $\sigma^2 = 400$ 時， APE-ADMM、 Chambolle 和分裂 Bregman 對應的誤差圖像

第5章

并行交替方向乘子法及其在復合正則化圖像復原中的應用

5.1 概述

圖像復原問題中正則化策略的選擇直接影響到最終估計結果的正確性和求解過程的複雜性，多數情況下，這兩者很難兼顧。沒有正則化的逆濾波無法求解病態的圖像反問題；早期的二階 Tikhonov 正則化可以通過 Wiener 濾波方便地在頻域進行解析求解，但過強的正則性使其邊緣保持能力有限；當前最為常用的基於 l_1 範數的 TV 正則化或小波正則化能夠更好地保持圖像邊緣，但它們並不存在封閉解。此外，現已證明，TV 正則化僅在分片常值圖像的處理中是最優的[37]；小波變換可以稀疏表徵點奇異或是圖像中的各向同性特徵，但卻無法非常稀疏地表徵圖像邊緣或曲線等各向異性特徵[191]。因此，這兩種常用方法的結果在視覺上均存在缺陷。複合正則化方法可以融合多種正則化手段的優勢，從而得到更為優異的結果，但這往往會導致更為複雜的優化問題。

第 3 章的研究僅考慮了約束 TV 正則化圖像復原問題的求解，而單一的 TV 正則化在應用於自然圖像時會不可避免地產生階梯效應。充分挖掘圖像本身的光滑性[41-51,192,193] 和稀疏性[85-98,194,195]，構建更好的圖像正則化策略，是進一步提升復原圖像品質的根本途徑。

更精細的正則化策略必然意味著更複雜的最優化函數，發掘不同正則化策略之間的共性特點，構建具有一般性的圖像反問題優化模型，是導出更加通用、更加強大的圖像反問題求解算法的基礎。第 4 章所採用的 ADMM 方法是一種通用的優化算法，在諸多領域均有應用，其更進一步的並行推廣越來越受到重視[196,197]。

本章研究了複合正則化圖像復原的求解問題，建立了一般性的圖像反問題優化模型，提出了求解一般化目標函數模型的並行交替方向乘子法（parallel ADMM，PADMM），通過採用變量分裂策略，目標函數可以被分解為數項可單獨求解的子問題；通過 Moreau 分解給出了算法的原始-對偶形式，在 ADMM 的基礎上消除了輔助變量，得到了更為簡潔的算法結構；證明了 PADMM 的收斂性並分析了其收斂速率；將所提 PADMM 算法應用到了廣義全變差（TGV）和剪切波複合正則化的圖像復原問題的求解中，提出了用於 TGV/剪切波圖像復原的 PADMM 算法（parallel ADMM for TGV/shearlet image restoration，PADMM-TGVS），並通過圖像單/多通道去模糊實驗和圖像壓縮感知實驗驗證了所提算法的有效性。在應用於圖像復原時，PADMM 算法包含了第 4 章所提出的正則化參數自適應估計策略。事實上，因為無法很好地處理棘手的通道間模糊，自適應的圖像復原算法大都難以推廣應用到多通道圖像處理中。通過一些合理的改進，PADMM 可以方便地推廣到其他一些圖像反問題中，如圖像修補和圖像解壓縮。

本章結構安排如下：5.2 節建立了一般性的圖像反問題優化函數模型，並給出了求解該模型的並行交替方向乘子法的鞍點條件、導出過程及原始-對偶形式。5.3 節給出了所提算法的收斂性證明和 $O(1/k)$ 收斂速率分析。5.4 節則詳述了 PADMM 算法在廣義全變差/剪切波複合正則化圖像復原中的應用策略。5.5 節給出了相關對比實驗結果。

5.2 並行交替方向乘子法

為能在求解圖像復原問題時獲得更好的結果，本章重點研究了複合正則化反問題的求解方法。下面，首先給出描述正則化圖像復原的一般目標函數模型，而後，在此基礎上提出求解一般模型的並行交替乘子法（PADMM）。

5.2.1 正則化圖像復原目標函數的一般性描述

本章所考慮的複合正則化子為多個正則化子的線性組合。記由 Hilbert 空間 X 映射到 $(-\infty, +\infty]$ 的所有正常凸下半連續函數的集合為 $\Gamma_0\{X\}$，所建立的一般性凸目標函數可描述為：

$$\min_{x \in X} e(\boldsymbol{x}) + \sum_{h=1}^{H} f_h(\boldsymbol{L}_h \boldsymbol{x}) \tag{5-1}$$

其中 $e \in \Gamma_0\{X\}$，$f_h \in \Gamma_0\{V_h\}$，且在臨近算子存在閉合形式或是可以方便求解的意義下，f_h 是足夠「簡單」的。$\boldsymbol{L}_h(X \to V_h)$ 為線性有界算子，其 Hilbert 伴隨算子記為 $\boldsymbol{L}_h^*$，其內積誘導的範數記為 $\|\boldsymbol{L}_h\| = \sup\{\|\boldsymbol{L}_h \boldsymbol{x}\|_2 : \|\boldsymbol{x}\|_2 = 1\} < +\infty$。此外，假設問題式(5-1) 的最優解是存在的。需要指出的是，給定 X 中的非空集合 Ω，可以通過定義其示性函數 ι_Ω（定義見第 1 章緒論）來使得約束優化問題 $\min\limits_{\boldsymbol{x}} g(\boldsymbol{x})$ s.t. $\boldsymbol{x} \in \Omega$ 轉化為無約束優化問題 $\min\limits_{\boldsymbol{x}} g(\boldsymbol{x}) + \iota_\Omega$，因此，問題式(5-1) 對於可建模為式(1-6) 或式(1-7) 類型的反問題，如圖像去模糊、修補、壓縮感知和分割等，是足夠一般的。

實際應用中，求解問題式(5-1)的困難源於多個方面。首先，圖像數據空間 X 和 V_h 通常是高維的；第二，$\boldsymbol{L}_h$ 通常是大規模的且是非稀疏的；此外，函數 e 和線性算子耦合的 f_h 可能是不可微的。因此，許多傳統算法，如梯度法，通常無法用來求解問題式(5-1)。

算子分裂方法為問題式(5-1)的求解提供了可行途徑，該類方法通常通過挖掘目標函數的一階資訊來實現問題的求解，它們可以將一個複雜問題分解為多個較容易求解的子問題，從而導出一些可行的算法。

5.2.2 增廣 Lagrange 函數與鞍點條件

根據 Fermat 法則，可以得到如下關於問題式(5-1)解的引理。

引理 5-1 問題式(5-1)的解 $\boldsymbol{x}^*$ 滿足：

$$\boldsymbol{0} \in \partial e(\boldsymbol{x}^*) + \sum_{h=1}^{H} \boldsymbol{L}_h^* \partial f_h(\boldsymbol{L}_h \boldsymbol{x}^*) \tag{5-2}$$

其中 $\partial f_h(\boldsymbol{L}_h \boldsymbol{x}^*)$ 表示 f_h 在 $\boldsymbol{L}_h \boldsymbol{x}^*$ 處的次微分。

根據變量分裂，可以引入一組輔助變量 $\boldsymbol{a}_1 \in V_1$，…，$\boldsymbol{a}_H \in V_H$ 來替代 $\boldsymbol{L}_1 \boldsymbol{x}$，…，$\boldsymbol{L}_H \boldsymbol{x}$ 作為 f_1，…f_H 的變量，從而將問題式(5-1)轉變為如下帶線性約束的優化問題：

$$\min_{\boldsymbol{x} \in X} e(\boldsymbol{x}) + \sum_{h=1}^{H} f_h(\boldsymbol{a}_h) \quad \text{s. t.} \quad \boldsymbol{a}_1 = \boldsymbol{L}_1 \boldsymbol{x}, \cdots, \boldsymbol{a}_H = \boldsymbol{L}_H \boldsymbol{x} \tag{5-3}$$

問題式(5-3)的增廣 Lagrange 函數定義為：

$$\begin{aligned} & L_A(\boldsymbol{x}, \boldsymbol{a}_1, \cdots, \boldsymbol{a}_H; \boldsymbol{v}_1, \cdots, \boldsymbol{v}_H) = e(\boldsymbol{x}) + \\ & \sum_{h=1}^{H} \left(f_h(\boldsymbol{a}_h) + \langle \boldsymbol{v}_h, \boldsymbol{L}_h \boldsymbol{x} - \boldsymbol{a}_h \rangle + \frac{\beta_h}{2} \| \boldsymbol{L}_h \boldsymbol{x} - \boldsymbol{a}_h \|_2^2 \right) \end{aligned} \tag{5-4}$$

其中 $\boldsymbol{v}_1 \in V_1$，…，$\boldsymbol{v}_H \in V_H$ 為對偶變量（或稱為 Lagrange 乘子），β_1，…，β_H 為正的懲罰參數。在式(5-4)中，採用了一種加權思想，即每一個線性約束均對應一個特定的 β_h，儘管這一做法會使得算法的推導過程複雜化，但在實際應用中，它卻可能明顯提升算法的實際收斂速率，第 4 章已經詳細論述了這一做法的緣由。

稱（$\boldsymbol{x}^*$，$\boldsymbol{a}_1^*$，…，$\boldsymbol{a}_H^*$；$\boldsymbol{v}_1^*$，…，$\boldsymbol{v}_H^*$）為問題式(5-4)的鞍點，則：

$$\begin{aligned} & L_A(\boldsymbol{x}^*, \boldsymbol{a}_1^*, \cdots, \boldsymbol{a}_H^*; \boldsymbol{v}_1, \cdots, \boldsymbol{v}_H) \leqslant L_A(\boldsymbol{x}^*, \boldsymbol{a}_1^*, \cdots, \boldsymbol{a}_H^*; \boldsymbol{v}_1^*, \cdots, \boldsymbol{v}_H^*) \leqslant \\ & L_A(\boldsymbol{x}, \boldsymbol{a}_1, \cdots, \boldsymbol{a}_H; \boldsymbol{v}_1^*, \cdots, \boldsymbol{v}_H^*) \\ & \forall (\boldsymbol{x}, \boldsymbol{a}_1, \cdots, \boldsymbol{a}_H; \boldsymbol{v}_1, \cdots, \boldsymbol{v}_H) \in X \times V_1 \times \cdots \times V_H \times V_1 \times \cdots \times V_H \end{aligned} \tag{5-5}$$

問題式(5-1)的解和鞍點條件式(5-5)的關係可通過下列定理給出，本章給出了該定理的詳細證明。

定理 5-1 $\boldsymbol{x}^* \in X$ 為問題式(5-1)的解，當且僅當存在 $\boldsymbol{a}_h^*$，$\boldsymbol{v}_h^* \in V_h$，$h=1$，…，$H$ 使得（$\boldsymbol{x}^*$，$\boldsymbol{a}_1^*$，…，$\boldsymbol{a}_H^*$；$\boldsymbol{v}_1^*$，…，$\boldsymbol{v}_H^*$）為增廣 Lagrange 問題式(5-4)的鞍點。

證明 設（$\boldsymbol{x}^*$，$\boldsymbol{a}_1^*$，…，$\boldsymbol{a}_H^*$；$\boldsymbol{v}_1^*$，…，$\boldsymbol{v}_H^*$）滿足式(5-5)中的鞍點條件，則：

$$\sum_{h=1}^{H}\langle \boldsymbol{v}_h, \boldsymbol{L}_h\boldsymbol{x}^* - \boldsymbol{a}_h^*\rangle \leqslant \sum_{h=1}^{H}\langle \boldsymbol{v}_h^*, \boldsymbol{L}_h\boldsymbol{x}^* - \boldsymbol{a}_h^*\rangle \quad \forall \boldsymbol{v}_h \in V_h, h=1,\cdots,H \tag{5-6}$$

將 $\boldsymbol{v}_h=\boldsymbol{v}_h^*$，$h=2$，…，$H$ 代入上式可得：

$$\langle \boldsymbol{v}_1, \boldsymbol{L}_1\boldsymbol{x}^* - \boldsymbol{a}_1^*\rangle \leqslant \langle \boldsymbol{v}_1^*, \boldsymbol{L}_1\boldsymbol{x}^* - \boldsymbol{a}_1^*\rangle \quad \forall \boldsymbol{v}_1 \in V_1 \tag{5-7}$$

不等式(5-7)表明 $\boldsymbol{L}_1\boldsymbol{x}^* - \boldsymbol{a}_1^* = \boldsymbol{0}$ 成立，同理可得：

$$\boldsymbol{L}_h\boldsymbol{x}^* - \boldsymbol{a}_h^* = \boldsymbol{0}, h=2,\cdots,H \tag{5-8}$$

該結論和式(5-5)中的第二個不等式表明：

$$\begin{gathered} e(\boldsymbol{x}^*) + \sum_{h=1}^{H} f_h(\boldsymbol{L}_h\boldsymbol{x}^*) \leqslant e(\boldsymbol{x}) + \\ \sum_{h=1}^{H}\left(f_h(\boldsymbol{a}_h) + \langle \boldsymbol{v}_h^*, \boldsymbol{L}_h\boldsymbol{x} - \boldsymbol{a}_h\rangle + \frac{\beta_h}{2}\|\boldsymbol{L}_h\boldsymbol{x} - \boldsymbol{a}_h\|_2^2\right) \\ \forall \boldsymbol{x} \in X, \boldsymbol{a}_h \in V_h, h=1,\cdots,H \end{gathered} \tag{5-9}$$

將 $\boldsymbol{L}_h\boldsymbol{x} - \boldsymbol{a}_h = \boldsymbol{0}$，$h=1$，…，$H$ 代入上式可得：

$$e(\boldsymbol{x}^*) + \sum_{h=1}^{H} f_h(\boldsymbol{L}_h\boldsymbol{x}^*) \leqslant e(\boldsymbol{x}) + \sum_{h=1}^{H} f_h(\boldsymbol{L}_h\boldsymbol{x}) \tag{5-10}$$

不等式(5-10)表明 $\boldsymbol{x}^*$ 為問題式(5-1)的解。

反之，假設 $\boldsymbol{x}^* \in X$ 為問題式(5-1)的解，令 $\boldsymbol{a}_h^* = \boldsymbol{L}_h\boldsymbol{x}_h^*$，$h=1$，…，$H$，由引理 5-1 可知，存在 $\boldsymbol{v}_h^*$ 使得 $\boldsymbol{v}_h^* = \partial f_h(\boldsymbol{L}_h\boldsymbol{x}^*)$，$h=1$，…，$H$。接下來證明（$\boldsymbol{x}^*$，$\boldsymbol{a}_1^*$，…，$\boldsymbol{a}_H^*$；$\boldsymbol{v}_1^*$，…，$\boldsymbol{v}_H^*$）為式(5-4)的鞍點。因為 $\boldsymbol{a}_h^* = \boldsymbol{L}_h\boldsymbol{x}_h^*$ 成立，故式(5-5)中的第一個不等式成立。由增廣 Lagrange 函數式(5-4)的定義可知，L_A（$\boldsymbol{x}$，$\boldsymbol{a}_1$，…，$\boldsymbol{a}_H$；$\boldsymbol{v}_1^*$，…，$\boldsymbol{v}_H^*$）分別關於變量 $\boldsymbol{x}$，$\boldsymbol{a}_1$，…，$\boldsymbol{a}_H$ 為正常的、強制的和連續的凸函數，根據引理 4-2，其在 $X \times V_1 \times \cdots \times V_H$ 中存在極小點（$\tilde{\boldsymbol{x}}$，$\tilde{\boldsymbol{a}}_1$，…，$\tilde{\boldsymbol{a}}_H$）的充要條件是：

$$e(\boldsymbol{x}) - e(\tilde{\boldsymbol{x}}) + \left\langle \sum_{h=1}^{H}(\boldsymbol{L}_h^*\boldsymbol{v}_h^* + \beta_h\boldsymbol{L}_h^*(\boldsymbol{L}_h\tilde{\boldsymbol{x}} - \tilde{\boldsymbol{a}}_h)), \boldsymbol{x} - \tilde{\boldsymbol{x}}\right\rangle \geqslant 0 \quad \forall \boldsymbol{x} \in X \tag{5-11}$$

$$f_h(\boldsymbol{a}_h)-f_h(\widetilde{\boldsymbol{a}}_h)+\langle -\boldsymbol{v}_h^*+\beta_h(\widetilde{\boldsymbol{a}}_h-\boldsymbol{L}_h\widetilde{\boldsymbol{x}}),$$
$$\boldsymbol{a}_h-\widetilde{\boldsymbol{a}}_h\rangle\geqslant 0 \quad \forall \boldsymbol{a}_h\in V_h, h=1,\cdots,H \tag{5-12}$$

一方面，將 $\widetilde{\boldsymbol{x}}=\boldsymbol{x}^*$ 和 $\widetilde{\boldsymbol{a}}_h=\boldsymbol{a}_h^*$ 代入式(5-11) 中，根據上述關於 $\boldsymbol{v}_h^*$ 的假設，必有（$\boldsymbol{x}^*$，$\boldsymbol{a}_1^*$，…，$\boldsymbol{a}_H^*$）滿足式(5-11)；另一方面，根據引理 5-1 和 $\boldsymbol{a}_h^*=\boldsymbol{L}_h\boldsymbol{x}_h^*$ 可得 $\boldsymbol{0}\in\partial e(\boldsymbol{x}^*)+\sum_{h=1}^{H}\boldsymbol{L}_h^*\partial f_h(\boldsymbol{a}_h^*)$。將 $\widetilde{\boldsymbol{x}}=\boldsymbol{x}^*$ 和 $\widetilde{\boldsymbol{a}}_h=\boldsymbol{a}_h^*$ 代入式(5-12)，可得式(5-12) 等價於

$$f_h(\boldsymbol{a}_h)-f_h(\boldsymbol{a}_h^*)-\langle \boldsymbol{v}_h^*,\boldsymbol{a}_h-\boldsymbol{a}_h^*\rangle\geqslant 0 \quad \forall \boldsymbol{a}_h\in V_h, h=1,\cdots,H \tag{5-13}$$

即：

$$f_h(\boldsymbol{a}_h)-f_h(\boldsymbol{a}_h^*)-\langle \partial f_h(\boldsymbol{L}_h\boldsymbol{x}^*),\boldsymbol{a}_h-\boldsymbol{a}_h^*\rangle\geqslant 0 \quad \forall \boldsymbol{a}_h\in V_h, h=1,\cdots,H \tag{5-14}$$

不等式(5-14) 的左側即為 Bregman 距離，根據其定義，它是非負的。故（$\boldsymbol{x}^*$，$\boldsymbol{a}_1^*$，…，$\boldsymbol{a}_H^*$）同樣滿足式(5-12)。因此，式(5-14) 中的第二個不等式成立。定理 5-1 得證。

5.2.3 算法導出

為簡化所提算法的收斂性分析，將式(5-4) 重寫為：

$$L'_A\left(\boldsymbol{x},\sqrt{\beta_1}\boldsymbol{a}_1,\cdots,\sqrt{\beta_H}\boldsymbol{a}_H;\frac{\boldsymbol{v}_1}{\sqrt{\beta_1}},\cdots,\frac{\boldsymbol{v}_H}{\sqrt{\beta_H}}\right)=\mathrm{e}(\boldsymbol{x})+$$
$$\sum_{h=1}^{H}\left(\overline{f}_h(\sqrt{\beta_h}\boldsymbol{a}_h)+\left\langle\frac{\boldsymbol{v}_h}{\sqrt{\beta_h}},\sqrt{\beta_h}\boldsymbol{L}_h\boldsymbol{x}-\sqrt{\beta_h}\boldsymbol{a}_h\right\rangle+\right. \tag{5-15}$$
$$\left.\frac{1}{2}\|\sqrt{\beta_h}\boldsymbol{L}_h\boldsymbol{x}-\sqrt{\beta_h}\boldsymbol{a}_h\|_2^2\right)$$

記：

$$\boldsymbol{a}=(\sqrt{\beta_1}\boldsymbol{a}_1,\cdots,\sqrt{\beta_H}\boldsymbol{a}_H)\in V\triangleq V_1\times\cdots\times V_H \tag{5-16}$$

$$\boldsymbol{v}-\left(\frac{\boldsymbol{v}_1}{\sqrt{\beta_1}},\cdots,\frac{\boldsymbol{v}_H}{\sqrt{\beta_H}}\right)\in V \tag{5-17}$$

$$\boldsymbol{Lx}=(\sqrt{\beta_1}\boldsymbol{L}_1\boldsymbol{x},\cdots,\sqrt{\beta_H}\boldsymbol{L}_H\boldsymbol{x})\in V \tag{5-18}$$

$$f(\boldsymbol{a})=\sum_{h=1}^{H}f_h(\boldsymbol{a}_h)=\sum_{h=1}^{H}\overline{f}_h(\sqrt{\beta_h}\boldsymbol{a}_h) \tag{5-19}$$

對於 $\boldsymbol{L}$ 的伴隨算子 $\boldsymbol{L}^*$，必有：

$$\boldsymbol{L}^*\boldsymbol{v}=\boldsymbol{L}_1^*\boldsymbol{v}_1+\cdots+\boldsymbol{L}_H^*\boldsymbol{v}_H=\sum_{h=1}^{H}\boldsymbol{L}_h^*\boldsymbol{v}_h \tag{5-20}$$

結合上述標記，可以將增廣 Lagrange 函數式(5-4) 重建為：

$$L_A(\boldsymbol{x},\boldsymbol{a};\boldsymbol{v})=e(\boldsymbol{x})+f(\boldsymbol{a})+\langle\boldsymbol{v},\boldsymbol{Lx}-\boldsymbol{a}\rangle+\frac{1}{2}\|\boldsymbol{Lx}-\boldsymbol{a}\|_2^2 \tag{5-21}$$

增廣 Lagrange 函數式(5-21) 的鞍點條件可以描述為：

$$L_A(\boldsymbol{x}^*,\boldsymbol{a}^*;\boldsymbol{v})\leqslant L_A(\boldsymbol{x}^*,\boldsymbol{a}^*;\boldsymbol{v}^*)\leqslant L_A(\boldsymbol{x},\boldsymbol{a};\boldsymbol{v}^*)\quad \forall(\boldsymbol{x},\boldsymbol{a};\boldsymbol{v})\in X\times V\times V \tag{5-22}$$

顯然，該鞍點條件等價於增廣 Lagrange 函數式(5-4) 的鞍點條件式(5-5)。

將 ADMM 迭代框架應用於式(5-21)，可得：

$$\begin{cases}\boldsymbol{x}^{k+1}=\underset{\boldsymbol{x}}{\operatorname{argmin}}\, e(\boldsymbol{x})+\dfrac{1}{2}\|\boldsymbol{Lx}-\boldsymbol{a}^k+\boldsymbol{v}^k\|_2^2\\ \boldsymbol{a}^{k+1}=\underset{\boldsymbol{a}}{\operatorname{argmin}}\ f(\boldsymbol{a})+\dfrac{1}{2}\|\boldsymbol{Lx}^{k+1}-\boldsymbol{a}+\boldsymbol{v}^k\|_2^2=\operatorname{prox}_f(\boldsymbol{Lx}^{k+1}+\boldsymbol{v}^k)\\ \boldsymbol{v}^{k+1}=\boldsymbol{v}^k+\boldsymbol{Lx}^{k+1}-\boldsymbol{a}^{k+1}\end{cases} \tag{5-23}$$

將迭代框架式(5-22) 展開，可得如下迭代規則：

$$\begin{cases}\boldsymbol{x}^{k+1}=\underset{\boldsymbol{x}}{\operatorname{argmin}}\, e(\boldsymbol{x})+\displaystyle\sum_{h=1}^{H}\frac{\beta_h}{2}\left\|\boldsymbol{L}_h\boldsymbol{x}-\boldsymbol{a}_h^k+\frac{\boldsymbol{v}_h^k}{\beta_h}\right\|_2^2\\ \boldsymbol{a}_h^{k+1}=\operatorname{prox}_{f_h/\beta_h}\left(\boldsymbol{L}_h\boldsymbol{x}^{k+1}+\dfrac{\boldsymbol{v}_h^k}{\beta_h}\right)h=1,\cdots,H\\ \boldsymbol{v}_h^{k+1}=\boldsymbol{v}_h^k+\beta_h(\boldsymbol{L}_h\boldsymbol{x}^{k+1}-\boldsymbol{a}_h^{k+1})h=1,\cdots,H\end{cases} \tag{5-24}$$

算法 5-1 根據式(5-24) 總結出了第一個並行 ADMM 算法。

算法 5-1　並行交替方向乘子法 (PADMM1)

步驟 1：初始化 $\boldsymbol{x}^0$、$\boldsymbol{a}_h^0$、$\boldsymbol{v}_h^0$ 為 $\boldsymbol{0}$，設置 $k=0$ 和 $\beta_h>0$，$h=1$，…，H；

步驟 2：判斷是否滿足終止條件，若否，則執行以下步驟；

步驟 3：執行迭代規則式(5-24)；

步驟 4：$k=k+1$；

步驟 5：結束循環並輸出 $\boldsymbol{x}^{k+1}$。

算法 5-1 中輔助變量 $\boldsymbol{a}_1$、…、$\boldsymbol{a}_H$ 的更新是相互獨立的，類似地，對偶變量 $\boldsymbol{v}_1$、…、$\boldsymbol{v}_H$ 也有著同樣的關係，因此它被稱為「並行的」。儘盡管算法 5-1 是高度並行的，但透過消除輔助變量，仍可進一步優化其結構。根據 Moreau 分解，正常凸函數 f 與其 Fenchel 共軛 f^* 具有如下關係：

$$\boldsymbol{v}=\operatorname{prox}_{\beta f^*}\boldsymbol{v}+\beta\operatorname{prox}_{f/\beta}\left(\frac{\boldsymbol{v}}{\beta}\right) \tag{5-25}$$

在迭代規則式(5-24) 中，若將 $\boldsymbol{v}_h^k+\beta_h\boldsymbol{L}_h\boldsymbol{x}^{k+1}$ 視為一個整體，則可發現關於 $\boldsymbol{v}_h^{k+1}$ 和 $\boldsymbol{a}_h^{k+1}$ 的子步驟構成了一對 Moreau 分解。將 $\boldsymbol{x}$ 的更新置於 $\boldsymbol{v}_H$ 的更新之後（若連續地考察兩步迭代，則可發現該操作並不會破壞

已有的變量更新次序），則可通過消除輔助變量將式(5-24) 轉化為如下迭代規則：

$$\begin{cases} v_h^{k+1} = \mathrm{prox}_{\beta_h f_h^*}(\beta_h L_h x^k + v_h^k), h=1,\cdots,H \\ \underset{x}{\mathrm{argmin}}\, e(x) + \dfrac{1}{2}\sum_{h=1}^{H} \| L_h x - L_h x^k + 2v_h^{k+1} - v_h^k \|_2^2 \end{cases} \tag{5-26}$$

根據迭代規則式(5-26)，可以得到如下僅包含原始變量和對偶變量的 PADMM 算法。

算法 5-2　等價的並行交替方向乘子法 (PADMM2)

步驟 1：初始化 x^0、v_h^0 為 **0**，設置 $k=0$ 和 $\beta_h>0$，$h=1$，…，H；

步驟 2：判斷是否滿足終止條件，若否，則執行以下步驟；

步驟 3：執行迭代規則式(5-26)；

步驟 4：$k=k+1$；

步驟 5：結束循環並輸出 x^{k+1}。

注解 5-1　與算法 5-1 相比，算法 5-2 因消除了輔助變量 a_1、…、a_H 而更加緊湊。盡管算法 5-1 和算法 5-2 是等價的，但更低的單步計算複雜度和更平衡的變量載入使得算法 5-2 更適合於並行計算。從理論上講，算法 5-2 可以看作是直接求解問題式(5-1) Lagrange 函數鞍點的算法。問題式(5-1) 的 Lagrange 函數為：

$$L_A(x; v_1, \cdots, v_H) = \mathrm{e}(x) + \sum_{h=1}^{H} (\langle L_h x, v_h \rangle - f_h^*(v_h)) \tag{5-27}$$

注解 5-2　算法 5-1 和算法 5-2 中原始變量 x 的更新看上去並不容易。但幾種可導出封閉解的特殊情況值得關注，事實上，這幾種情況對於當前的圖像反問題是足夠一般化的。第一，若 $e(x)=0$，則算法 5-1 和算法 5-2 中 x 的更新分別具有最小二乘形式：

$$x^{k+1} = \left(\sum_{h=1}^{H} \beta_h L_h^* L_h\right)^{-1} \sum_{h=1}^{H} L_h^* (\beta_h a_h^k - v_h^k) \tag{5-28}$$

和

$$x^{k+1} = \left(\sum_{h=1}^{H} \beta_h L_h^* L_h\right)^{-1} \sum_{h=1}^{H} L_h^* (\beta_h L_h x^k + v_h^k - 2v_h^{k+1}) \tag{5-29}$$

第二，若 $e(x)$ 具有二次形式，則算法 5-1 和算法 5-2 中 x 的更新依然具有最小二乘形式；第三，若 $e(x)$ 僅是可臨近的，即其臨近算子存在閉合形式或可以方便求解，則可將算法 5-1 和算法 5-2 中關於 x 的子步驟進行線性化，這樣可藉助 $e(x)$ 的臨近算子實現 x 的更新。第三種情況涉及附加的收斂性條件，已超出了本章的討論範圍，其求解方式在下一章會有詳細的論述。

5.3 收斂性分析

本節證明了由所提算法所產生的始於任意初始值的迭代序列收斂到增廣 Lagrange 函數式(5-4) 的鞍點，且所提算法具有至差 $O(1/k)$ 的收斂速率。本節的收斂性分析是基於算法 5-1 的，但根據算法 5-1 與算法 5-2 的等價性，該分析同樣適用於算法 5-2。此外，算法的收斂性分析受文獻 [128] 的啓發，其基本工具為變分不等式。

5.3.1 收斂性證明

根據引理 4-2，問題式(5-3) 和增廣 Lagrange 函數式(5-21) 可由下述變分不等式問題刻畫：尋找 $(\boldsymbol{x}^*, \boldsymbol{a}^*, \boldsymbol{v}^*)\in X\times V\times V$，使得：

$$\begin{cases} \mathrm{e}(\boldsymbol{x})-\mathrm{e}(\boldsymbol{x}^*)+\langle \boldsymbol{x}-\boldsymbol{x}^*, \boldsymbol{L}^*\boldsymbol{v}^*\rangle\geqslant 0 \\ f(\boldsymbol{a})-f(\boldsymbol{a}^*)+\langle \boldsymbol{a}-\boldsymbol{a}^*, -\boldsymbol{v}^*\rangle\geqslant 0 \\ \langle \boldsymbol{v}-\boldsymbol{v}^*, -\boldsymbol{L}\boldsymbol{x}^*+\boldsymbol{a}^*\rangle\geqslant 0 \end{cases} \tag{5-30}$$

記 $\boldsymbol{y}=(\boldsymbol{x}, \boldsymbol{a}, \boldsymbol{v})\in Y\triangleq X\times V\times V$ 和 $F(\boldsymbol{y})=(\boldsymbol{L}^*\boldsymbol{v}, -\boldsymbol{v}, -\boldsymbol{L}\boldsymbol{x}+\boldsymbol{a})\in Y$，則式(5-30) 可轉化為：

$$\mathrm{VI}(Y,F,f):\mathrm{e}(\boldsymbol{x})+f(\boldsymbol{a})-\mathrm{e}(\boldsymbol{x}^*)-f(\boldsymbol{a}^*)+\langle \boldsymbol{y}-\boldsymbol{y}^*, F(\boldsymbol{y}^*)\rangle\geqslant 0 \quad \forall \boldsymbol{y}\in Y \tag{5-31}$$

記問題 VI(Y, F, f) 的解集為 Y^*，即所有 $(\boldsymbol{x}^*, \boldsymbol{a}^*, \boldsymbol{v}^*)$ 的集合。此外，定義 $\boldsymbol{z}=(\boldsymbol{a}, \boldsymbol{v})\in Z\triangleq V\times V$ 並記 Z^* 為所有 $\boldsymbol{z}^*=(\boldsymbol{a}^*, \boldsymbol{v}^*)$ 的集合。容易驗證，線性映射 $F(\boldsymbol{y})$ 為單調的，即 $\langle \boldsymbol{y}-\boldsymbol{y}', F(\boldsymbol{y})-F(\boldsymbol{y}')\rangle\geqslant 0 \quad \forall \boldsymbol{y}, \boldsymbol{y}'\in Y$。

引理 5-2 給出了算法 5-1 所產生序列的收縮性。

引理 5-2 令 $\{\boldsymbol{x}^k, \boldsymbol{a}_1^k, \cdots, \boldsymbol{a}_H^k; \boldsymbol{v}_1^k, \cdots, \boldsymbol{v}_H^k\}$ 為算法 5-1 所產生的序列，則 $\{\boldsymbol{z}^k\}=\{\boldsymbol{a}^k, \boldsymbol{v}^k\}=\{\sqrt{\beta_1}\boldsymbol{a}_1^k, \cdots, \sqrt{\beta_H}\boldsymbol{a}_H^k, \boldsymbol{v}_1^k/\sqrt{\beta_1}, \cdots, \boldsymbol{v}_H^k/\sqrt{\beta_H}\}$ 滿足：

$$\|\boldsymbol{z}^{k+1}-\boldsymbol{z}^*\|_2^2\leqslant\|\boldsymbol{z}^k-\boldsymbol{z}^*\|_2^2-\|\boldsymbol{z}^{k+1}-\boldsymbol{z}^k\|_2^2 \quad \forall \boldsymbol{z}^*\in Z^* \tag{5-32}$$

證明 因為 $\boldsymbol{a}^{k+1}$ 為式(5-23) 中關於 $\boldsymbol{a}$ 的最小化問題的解，根據引理 4-2，有：

$$f(\boldsymbol{a})-f(\boldsymbol{a}^{k+1})+\langle \boldsymbol{a}-\boldsymbol{a}^{k+1}, \boldsymbol{a}^{k+1}-\boldsymbol{L}\boldsymbol{x}^{k+1}-\boldsymbol{v}^k\rangle\geqslant 0 \quad \forall \boldsymbol{a}\in V \tag{5-33}$$

將式(5-23) 中第三個等式代入式(5-33) 可得：

$$f(\boldsymbol{a})-f(\boldsymbol{a}^{k+1})+\langle \boldsymbol{a}-\boldsymbol{a}^{k+1}, -\boldsymbol{v}^{k+1}\rangle\geqslant 0 \quad \forall \boldsymbol{a}\in V \tag{5-34}$$

同理可得：

$$f(\boldsymbol{a})-f(\boldsymbol{a}^k)+\langle \boldsymbol{a}-\boldsymbol{a}^k,-\boldsymbol{v}^k\rangle \geqslant 0 \quad \forall \boldsymbol{a}\in V \tag{5-35}$$

將 $\boldsymbol{a}=\boldsymbol{a}^k$ 和 $\boldsymbol{a}=\boldsymbol{a}^{k+1}$ 分別代入式(5-34) 和式(5-35) 並相加，可得：

$$\langle \boldsymbol{a}^k-\boldsymbol{a}^{k+1},\boldsymbol{v}^k-\boldsymbol{v}^{k+1}\rangle \geqslant 0 \tag{5-36}$$

由式(5-23) 中關於 $\boldsymbol{x}$ 的子問題的最優性條件可知：

$$\mathrm{e}(\boldsymbol{x})-\mathrm{e}(\boldsymbol{x}^{k+1})+\langle \boldsymbol{x}-\boldsymbol{x}^{k+1},\boldsymbol{L}^*(\boldsymbol{L}\boldsymbol{x}^{k+1}-\boldsymbol{a}^k+\boldsymbol{v}^k)\rangle \geqslant 0 \quad \forall \boldsymbol{x}\in X \tag{5-37}$$

將式(5-23) 中第三個等式代入式(5-37)，可得：

$$\mathrm{e}(\boldsymbol{x})-\mathrm{e}(\boldsymbol{x}^{k+1})+\langle \boldsymbol{x}-\boldsymbol{x}^{k+1},\boldsymbol{L}^*(\boldsymbol{v}^{k+1}+\boldsymbol{a}^{k+1}-\boldsymbol{a}^k)\rangle \geqslant 0 \quad \forall \boldsymbol{x}\in X \tag{5-38}$$

迭代規則式(5-23) 中第三個等式表明：

$$\langle \boldsymbol{v}-\boldsymbol{v}^{k+1},-\boldsymbol{L}\boldsymbol{x}^{k+1}+\boldsymbol{a}^{k+1}+\boldsymbol{v}^{k+1}-\boldsymbol{v}^k\rangle = 0 \quad \forall \boldsymbol{v}\in V \tag{5-39}$$

將式(5-34)、式(5-38) 和式(5-39) 相加，可得：

$$\begin{aligned}&\mathrm{e}(\boldsymbol{x})+f(\boldsymbol{a})-\mathrm{e}(\boldsymbol{x}^{k+1})-f(\boldsymbol{a}^{k+1})+\langle \boldsymbol{y}-\boldsymbol{y}^{k+1},F(\boldsymbol{y}^{k+1})\rangle+\\&\langle \boldsymbol{x}-\boldsymbol{x}^{k+1},\boldsymbol{L}^*(\boldsymbol{a}^{k+1}-\boldsymbol{a}^k)\rangle+\langle \boldsymbol{v}-\boldsymbol{v}^{k+1},\boldsymbol{v}^{k+1}-\boldsymbol{v}^k\rangle \geqslant 0 \quad \forall \boldsymbol{y}\in Y\end{aligned} \tag{5-40}$$

不等式(5-40) 表明，若：

$$\|\boldsymbol{z}^{k+1}-\boldsymbol{z}^k\|_2^2=\|\boldsymbol{a}^{k+1}-\boldsymbol{a}^k\|_2^2+\|\boldsymbol{v}^{k+1}-\boldsymbol{v}^k\|_2^2=0 \tag{5-41}$$

成立，則：

$$\mathrm{e}(\boldsymbol{x})+f(\boldsymbol{a})-\mathrm{e}(\boldsymbol{x}^{k+1})-f(\boldsymbol{a}^{k+1})+\langle \boldsymbol{y}-\boldsymbol{y}^{k+1},F(\boldsymbol{y}^{k+1})\rangle \geqslant 0 \quad \forall \boldsymbol{y}\in Y \tag{5-42}$$

即 $\boldsymbol{y}^{k+1}$ 為問題 VI(Y，F，f) 的解且 ($\boldsymbol{x}^{k+1}$，$\boldsymbol{a}^{k+1}$；$\boldsymbol{v}^{k+1}$) 為增廣 Lagrange 函數式(5-21) 的鞍點。將 $\boldsymbol{y}=\boldsymbol{y}^*$ 代入式(5-40) 可得：

$$\begin{aligned}&\langle \boldsymbol{a}^*-\boldsymbol{a}^{k+1},\boldsymbol{a}^{k+1}-\boldsymbol{a}^k\rangle+\langle \boldsymbol{v}^*-\boldsymbol{v}^{k+1},\boldsymbol{v}^{k+1}-\boldsymbol{v}^k\rangle \geqslant \mathrm{e}(\boldsymbol{x}^{k+1})+\\&f(\boldsymbol{a}^{k+1})-\mathrm{e}(\boldsymbol{x}^*)-f(\boldsymbol{a}^*)+\langle \boldsymbol{y}^{k+1}-\boldsymbol{y}^*,F(\boldsymbol{y}^{k+1})\rangle+\\&\langle \boldsymbol{a}^*-\boldsymbol{a}^{k+1},\boldsymbol{a}^{k+1}-\boldsymbol{a}^k\rangle-\langle \boldsymbol{L}(\boldsymbol{x}^*-\boldsymbol{x}^{k+1}),\boldsymbol{a}^{k+1}-\boldsymbol{a}^k\rangle\end{aligned} \tag{5-43}$$

因為 $\boldsymbol{y}^*$ 是問題 VI(Y，F，f) 的最優解，故：

$$\mathrm{e}(\boldsymbol{x}^{k+1})+f(\boldsymbol{a}^{k+1})-\mathrm{e}(\boldsymbol{x}^*)-f(\boldsymbol{a}^*)+\langle \boldsymbol{y}^{k+1}-\boldsymbol{y}^*,F(\boldsymbol{y}^*)\rangle \geqslant 0 \tag{5-44}$$

由 F 的單調性可知：

$$\langle \boldsymbol{y}^{k+1}-\boldsymbol{y}^*,F(\boldsymbol{y}^{k+1})\rangle \geqslant \langle \boldsymbol{y}^{k+1}-\boldsymbol{y}^*,F(\boldsymbol{y}^*)\rangle \tag{5-45}$$

由式(5-36) 可知：

$$\begin{aligned}&\langle \boldsymbol{a}^*-\boldsymbol{a}^{k+1},\boldsymbol{a}^{k+1}-\boldsymbol{a}^k\rangle-\langle \boldsymbol{L}(\boldsymbol{x}^*-\boldsymbol{x}^{k+1}),\boldsymbol{a}^{k+1}-\boldsymbol{a}^k\rangle\\&=\langle \boldsymbol{L}\boldsymbol{x}^{k+1}-\boldsymbol{a}^{k+1},\boldsymbol{a}^{k+1}-\boldsymbol{a}^k\rangle=\langle \boldsymbol{v}^{k+1}-\boldsymbol{v}^k,\boldsymbol{a}^{k+1}-\boldsymbol{a}^k\rangle \geqslant 0\end{aligned} \tag{5-46}$$

聯立式(5-43)～式(5-46) 可得：

$$\begin{aligned}&\langle \boldsymbol{a}^{*}-\boldsymbol{a}^{k+1},\boldsymbol{a}^{k+1}-\boldsymbol{a}^{k}\rangle+\langle \boldsymbol{v}^{*}-\boldsymbol{v}^{k+1},\boldsymbol{v}^{k+1}-\boldsymbol{v}^{k}\rangle\\&=\langle \boldsymbol{z}^{*}-\boldsymbol{z}^{k+1},\boldsymbol{z}^{k+1}-\boldsymbol{z}^{k}\rangle\geqslant 0\end{aligned} \tag{5-47}$$

因此有

$$\begin{aligned}&\|\boldsymbol{z}^{k}-\boldsymbol{z}^{*}\|_2^2=\|\boldsymbol{z}^{*}-\boldsymbol{z}^{k+1}+\boldsymbol{z}^{k+1}-\boldsymbol{z}^{k}\|_2^2\\&=\|\boldsymbol{z}^{*}-\boldsymbol{z}^{k+1}\|_2^2+\|\boldsymbol{z}^{k+1}-\boldsymbol{z}^{k}\|_2^2+2\langle \boldsymbol{z}^{*}-\boldsymbol{z}^{k+1},\boldsymbol{z}^{k+1}-\boldsymbol{z}^{k}\rangle\\&\geqslant\|\boldsymbol{z}^{*}-\boldsymbol{z}^{k+1}\|_2^2+\|\boldsymbol{z}^{k+1}-\boldsymbol{z}^{k}\|_2^2\end{aligned} \tag{5-48}$$

引理 5-2 得證。

引理 5-2 表明，有界非負序列 $\{\|\boldsymbol{z}^{k}-\boldsymbol{z}^{*}\|_2^2\}$ 是非增的，故它必有極限，因此，當 $k\to+\infty$時，必有$\|\boldsymbol{z}^{k+1}-\boldsymbol{z}^{k}\|_2^2\to 0$。由式(5-42) 知，若 $k\to+\infty$，$\{\boldsymbol{y}^{k+1}\}$ 收斂到 VI(Y, F, f) 的解，且有序列 $\{\boldsymbol{x}^{k+1}, \boldsymbol{a}^{k+1}; \boldsymbol{v}^{k+1}\}$ 收斂到式(5-21) 的鞍點。因此，根據式(5-4) 和式(5-21) 的等價性，可以得到如下定理。

定理 5-2 由算法 5-1 所產生的序列 $\{\boldsymbol{x}^{k}, \boldsymbol{a}_1^{k}, \cdots, \boldsymbol{a}_H^{k}; \boldsymbol{v}_1^{k}, \cdots, \boldsymbol{v}_H^{k}\}$ 收斂到增廣 Lagrange 函數式(5-4) 的鞍點，特別地，$\{\boldsymbol{x}^{k}\}$ 收斂到問題式(5-1) 的解。

5.3.2 收斂速率分析

本小節分析了算法 5-1 的收斂速率。首先給出反映序列 $\{\|\boldsymbol{z}^{k+1}-\boldsymbol{z}^{k}\|_2^2\}$ 單調性的引理 5-3。

引理 5-3 令 $\{\boldsymbol{x}^{k}, \boldsymbol{a}_1^{k}, \cdots, \boldsymbol{a}_H^{k}; \boldsymbol{v}_1^{k}, \cdots, \boldsymbol{v}_H^{k}\}$ 為算法 5-1 所產生的序列，則 $\{\boldsymbol{z}^{k}\}=\{\boldsymbol{a}^{k}, \boldsymbol{v}^{k}\}=\{\sqrt{\beta_1}\boldsymbol{a}_1^{k}, \cdots, \sqrt{\beta_H}\boldsymbol{a}_H^{k}, \boldsymbol{v}_1^{k}/\sqrt{\beta_1}, \cdots, \boldsymbol{v}_H^{k}/\sqrt{\beta_H}\}$ 滿足：

$$\|\boldsymbol{z}^{k+1}-\boldsymbol{z}^{k}\|_2^2\leqslant\|\boldsymbol{z}^{k}-\boldsymbol{z}^{k-1}\|_2^2 \quad \forall k\geqslant 1 \tag{5-49}$$

證明 記 $\overline{\boldsymbol{x}}^{k}=\boldsymbol{x}^{k+1}$、$\overline{\boldsymbol{a}}^{k}=\boldsymbol{a}^{k+1}$、$\overline{\boldsymbol{v}}^{k}=\boldsymbol{L}\boldsymbol{x}^{k+1}-\boldsymbol{a}^{k}+\boldsymbol{v}^{k}=\boldsymbol{v}^{k+1}+\boldsymbol{a}^{k+1}-\boldsymbol{a}^{k}$、$\overline{\boldsymbol{z}}^{k}=(\overline{\boldsymbol{a}}^{k}, \overline{\boldsymbol{v}}^{k})$ 和 $\overline{\boldsymbol{y}}^{k}=(\overline{\boldsymbol{x}}^{k}, \overline{\boldsymbol{a}}^{k}, \overline{\boldsymbol{v}}^{k})$，定義線性算子 $\boldsymbol{M}$：$(\boldsymbol{a}, \boldsymbol{v})\to(\boldsymbol{a}, -\boldsymbol{a}+\boldsymbol{v})$，由以上標記可知：

$$\boldsymbol{z}^{k+1}=\boldsymbol{z}^{k}-\boldsymbol{M}(\boldsymbol{z}^{k}-\overline{\boldsymbol{z}}^{k}) \tag{5-50}$$

根據以上標記，不等式(5-40) 可以轉化為：

$$\begin{aligned}&\mathrm{e}(\boldsymbol{x})+f(\boldsymbol{a})-\mathrm{e}(\overline{\boldsymbol{x}}^{k})-f(\overline{\boldsymbol{a}}^{k})+\langle \boldsymbol{y}-\overline{\boldsymbol{y}}^{k},F(\overline{\boldsymbol{y}}^{k})\rangle+\\&\langle \boldsymbol{z}-\overline{\boldsymbol{z}}^{k},\boldsymbol{M}(\overline{\boldsymbol{z}}^{k}-\boldsymbol{z}^{k})\rangle\geqslant 0 \quad \forall \boldsymbol{y}\in Y\end{aligned} \tag{5-51}$$

同理可得：

$$\begin{aligned}&\mathrm{e}(\boldsymbol{x})+f(\boldsymbol{a})-\mathrm{e}(\overline{\boldsymbol{x}}^{k+1})-f(\overline{\boldsymbol{a}}^{k+1})+\langle \boldsymbol{y}-\overline{\boldsymbol{y}}^{k+1},F(\overline{\boldsymbol{y}}^{k+1})\rangle+\\&\langle \boldsymbol{z}-\overline{\boldsymbol{z}}^{k+1},\boldsymbol{M}(\overline{\boldsymbol{z}}^{k+1}-\boldsymbol{z}^{k+1})\rangle\geqslant 0 \quad \forall \boldsymbol{y}\in Y\end{aligned} \tag{5-52}$$

將 $\boldsymbol{y}=\overline{\boldsymbol{y}}^{k+1}$ 和 $\boldsymbol{y}=\overline{\boldsymbol{y}}^{k}$ 分别代入式(5-51) 和式(5-52)，並相加可得：

$$-\langle\overline{\boldsymbol{y}}^{k+1}-\overline{\boldsymbol{y}}^{k},F(\overline{\boldsymbol{y}}^{k+1})-F(\overline{\boldsymbol{y}}^{k})\rangle+\langle\overline{\boldsymbol{z}}^{k+1}-\overline{\boldsymbol{z}}^{k},\ \boldsymbol{M}((\boldsymbol{z}^{k+1}-\boldsymbol{z}^{k})-(\overline{\boldsymbol{z}}^{k+1}-\overline{\boldsymbol{z}}^{k}))\rangle\geqslant 0 \tag{5-53}$$

由 F 的單調性可知：

$$\langle\overline{\boldsymbol{z}}^{k+1}-\overline{\boldsymbol{z}}^{k},\boldsymbol{M}((\boldsymbol{z}^{k+1}-\boldsymbol{z}^{k})-(\overline{\boldsymbol{z}}^{k+1}-\overline{\boldsymbol{z}}^{k}))\rangle\geqslant 0 \tag{5-54}$$

將 $\langle(\boldsymbol{z}^{k+1}-\boldsymbol{z}^{k})-(\overline{\boldsymbol{z}}^{k+1}-\overline{\boldsymbol{z}}^{k}),\ \boldsymbol{M}\ ((\boldsymbol{z}^{k+1}-\boldsymbol{z}^{k})-(\overline{\boldsymbol{z}}^{k+1}-\overline{\boldsymbol{z}}^{k}))\rangle$ 同時加到式(5-54) 的兩側，並應用等式 $\langle\boldsymbol{z},\ \boldsymbol{M}\boldsymbol{z}\rangle=\frac{1}{2}\langle\boldsymbol{z},\ (\boldsymbol{M}+\boldsymbol{M}^{*})\boldsymbol{z}\rangle$（記 $\langle\boldsymbol{z},\ \boldsymbol{Q}\boldsymbol{z}\rangle=\|\boldsymbol{z}\|_{\boldsymbol{Q}}^{2}$，若 $\boldsymbol{Q}$ 為半正定)，可得：

$$\langle\boldsymbol{z}^{k+1}-\boldsymbol{z}^{k},\boldsymbol{M}((\boldsymbol{z}^{k+1}-\boldsymbol{z}^{k})-(\overline{\boldsymbol{z}}^{k+1}-\overline{\boldsymbol{z}}^{k}))\rangle\geqslant \frac{1}{2}\|(\boldsymbol{z}^{k+1}-\boldsymbol{z}^{k})-(\overline{\boldsymbol{z}}^{k+1}-\overline{\boldsymbol{z}}^{k})\|_{\boldsymbol{M}+\boldsymbol{M}^{*}}^{2} \tag{5-55}$$

由式(5-50) 可知：

$$\langle\boldsymbol{M}(\boldsymbol{z}^{k}-\overline{\boldsymbol{z}}^{k}),\boldsymbol{M}((\boldsymbol{z}^{k}-\overline{\boldsymbol{z}}^{k})-(\boldsymbol{z}^{k+1}-\overline{\boldsymbol{z}}^{k+1}))\rangle\geqslant \frac{1}{2}\|(\boldsymbol{z}^{k}-\overline{\boldsymbol{z}}^{k})-(\boldsymbol{z}^{k+1}-\overline{\boldsymbol{z}}^{k+1})\|_{\boldsymbol{M}+\boldsymbol{M}^{*}}^{2} \tag{5-56}$$

故有：

$$\begin{aligned}&\|\boldsymbol{M}(\boldsymbol{z}^{k}-\overline{\boldsymbol{z}}^{k})\|_2^2-\|\boldsymbol{M}(\boldsymbol{z}^{k+1}-\overline{\boldsymbol{z}}^{k+1})\|_2^2=2\langle\boldsymbol{M}(\boldsymbol{z}^{k}-\overline{\boldsymbol{z}}^{k}),\boldsymbol{M}((\boldsymbol{z}^{k}-\overline{\boldsymbol{z}}^{k})-\\&\quad(\boldsymbol{z}^{k+1}-\overline{\boldsymbol{z}}^{k+1}))\rangle-\|\boldsymbol{M}((\boldsymbol{z}^{k}-\overline{\boldsymbol{z}}^{k})-(\boldsymbol{z}^{k+1}-\overline{\boldsymbol{z}}^{k+1}))\|_2^2\geqslant\\&\quad\|(\boldsymbol{z}^{k}-\overline{\boldsymbol{z}}^{k})-(\boldsymbol{z}^{k+1}-\overline{\boldsymbol{z}}^{k+1})\|_{\boldsymbol{M}+\boldsymbol{M}^{*}}^{2}-\|\boldsymbol{M}((\boldsymbol{z}^{k}-\overline{\boldsymbol{z}}^{k})-(\boldsymbol{z}^{k+1}-\overline{\boldsymbol{z}}^{k+1}))\|_2^2\\&=\|(\boldsymbol{z}^{k}-\overline{\boldsymbol{z}}^{k})-(\boldsymbol{z}^{k+1}-\overline{\boldsymbol{z}}^{k+1})\|_{(\boldsymbol{M}+\boldsymbol{M}^{*}-\boldsymbol{M}^{*}\boldsymbol{M})}^{2}\geqslant 0\end{aligned} \tag{5-57}$$

再次利用式(5-50) 可得 $\|\boldsymbol{z}^{k+1}-\boldsymbol{z}^{k}\|_2^2\leqslant\|\boldsymbol{z}^{k}-\boldsymbol{z}^{k-1}\|_2^2$。引理 5-3 得證。

定理 5-3 令 $\{\boldsymbol{x}^{k},\ \boldsymbol{a}_1^{k},\ \cdots,\ \boldsymbol{a}_H^{k};\ \boldsymbol{v}_1^{k},\ \cdots,\ \boldsymbol{v}_H^{k}\}$ 為算法 5-1 所產生的序列，則 $\{\boldsymbol{z}^{k}\}=\{\boldsymbol{a}^{k},\ \boldsymbol{v}^{k}\}=\{\sqrt{\beta_1}\boldsymbol{a}_1^{k},\ \cdots,\ \sqrt{\beta_H}\boldsymbol{a}_H^{k},\ \boldsymbol{v}_1^{k}/\sqrt{\beta_1},\ \cdots,\ \boldsymbol{v}_H^{k}/\sqrt{\beta_H}\}$ 滿足：

$$\|\boldsymbol{z}^{k+1}-\boldsymbol{z}^{k}\|_2^2\leqslant\frac{\|\boldsymbol{z}^{0}-\boldsymbol{z}^{*}\|_2^2}{k+1}\quad\forall\boldsymbol{z}^{*}\in Z^{*} \tag{5-58}$$

即算法 5-1 具有至差 $O(1/k)$ 的收斂速率。

證明 由式(5-32) 可知：

$$\sum_{i=0}^{\infty}\|\boldsymbol{z}^{i+1}-\boldsymbol{z}^{i}\|_2^2\leqslant\|\boldsymbol{z}^{0}-\boldsymbol{z}^{*}\|_2^2\quad\forall\boldsymbol{z}^{*}\in Z^{*} \tag{5-59}$$

由引理 5-3 可知：

$$(k+1)\|\boldsymbol{z}^{k+1}-\boldsymbol{z}^{k}\|_2^2 \leqslant \sum_{i=0}^{k}\|\boldsymbol{z}^{i+1}-\boldsymbol{z}^{i}\|_2^2 \leqslant \|\boldsymbol{z}^{0}-\boldsymbol{z}^{*}\|_2^2 \quad \forall \boldsymbol{z}^{*} \in Z^{*} \tag{5-60}$$

定理 5-3 得證。

5.4 PADMM 在廣義全變差/剪切波複合正則化圖像復原中的應用

本節詳細地論述了 PADMM 應用於複合 l_1 正則化反問題求解的實現途徑。所選用的複合正則化子融合了兩種最新的正則化手段：廣義全變差[46]（TGV）和剪切波變換[82]。如同 TV 模型，TGV 模型對圖像空域中的平滑性進行了約束，而剪切波變換則對圖像在剪切波變換域的稀疏性進行了約束。值得一提的是，PADMM 並不僅僅適用於基於變分法或框架理論的正則化方法。作為 TV 模型的推廣，TGV 模型引入了對圖像函數高階導數的約束，因此，它能夠更好地在圖像邊緣保存和階梯效應抑制之間取得平衡。這一策略也被其他一些基於變分偏微分的正則化工具所採用[41-51]。同傳統的小波變換相比較，剪切波變換能夠更好地表徵圖像中的各向異性資訊，如圖像邊緣和曲線等。可以預見，TGV 和剪切波變換的有機結合能夠為圖像細節的保存提供更有力的保證。

儘管 PADMM 可以應用於更高階的 TGV 模型，簡單起見，本章僅考慮二階的 TGV 模型，這在大多數實際應用中是足夠的。這裡所採用的剪切波變換是 FFST[82] 的最新版本，其剪切波在頻域是有限支撐的，即是有限帶寬的。本章所建立的用於圖像復原的一般化模型為：

$$(\boldsymbol{u}^{*},\boldsymbol{p}^{*})=\underset{\boldsymbol{u},\boldsymbol{p}}{\operatorname{argmin}}\,\alpha_1\|\nabla\boldsymbol{u}-\boldsymbol{p}\|_1+\alpha_2\|\boldsymbol{\varepsilon p}\|_1+\alpha_3\sum_{r=1}^{N}\|\mathrm{SH}_r(\boldsymbol{u})\|_1$$

$$\text{s. t.}\quad \boldsymbol{u}\in\Psi\triangleq\{\boldsymbol{u}:\|\boldsymbol{Ku}-\boldsymbol{f}\|_2^2\leqslant c\}\text{或}\{\boldsymbol{u}:\|\boldsymbol{Ku}-\boldsymbol{f}\|_1\leqslant c\} \tag{5-61}$$

在最小化模型式(5-61) 中，$\boldsymbol{u}$，$\boldsymbol{f}\in\mathbb{R}^{mno}$ 分別表示原始圖像和觀測圖像的向量表示，它們均具有 $m\times n\times o$ 大小的支撐域；前兩個 l_1 項構成了二階 TGV 模型$\mathrm{TGV}_{\boldsymbol{\alpha}}^2$，當 $\alpha_2=0$ 且 $\boldsymbol{p}=\boldsymbol{0}$ 時，該模型退化為 TV 模型（$\boldsymbol{p}$ 為二階 TGV 模型引入的變量）；∇為一階差分算子，而 ε 為對稱差分算子；第三個 l_1 項中的SH_r（$\boldsymbol{u}$）$\in\mathbb{R}^{mno}$為 $\boldsymbol{u}$ 的第 r 個非下採樣的剪切波變換子帶，總的變換子帶數 N 由變換層數決定；α_1、α_2 和 α_3 為預先確定的權值，它們起到平衡三個 l_1 正則項的作用；Ψ 為數據保真約

束。在本章中，Ψ 具有兩種形式，其中，l_2 形式對應於 Gauss 噪聲，而 l_1 形式對應於脈衝噪聲。根據圖像退化機制的不同，退化矩陣 $\boldsymbol{K}$ 具有不同的形式：若退化為圖像模糊，則 $\boldsymbol{K}$ 為卷積矩陣；若退化為像素丟失，則 $\boldsymbol{K}$ 為對角選擇矩陣（其元素為 1 或 0）；若問題為 MRI 重建，則 $\boldsymbol{K}$ 為對角選擇矩陣與二維 Fourier 變換矩陣的乘積。

在$\mathrm{TGV}_{\boldsymbol{\alpha}}^2$ 中，$\alpha_1\|\nabla\boldsymbol{u}-\boldsymbol{p}\|_1$ 代表了對不連續元素的限制，而 $\alpha_2\|\varepsilon\boldsymbol{p}\|_1$ 則代表了對於光滑斜坡區域的限制。記 $\boldsymbol{p}\in\mathbb{R}^{mno}\times\mathbb{R}^{mno}(\boldsymbol{p}_{i,j,l}=(p_{i,j,l,1},p_{i,j,l,2}))$，則 $(\varepsilon\boldsymbol{p})_{i,j,l}$，$1\leqslant i\leqslant m$，$1\leqslant j\leqslant n$，$1\leqslant l\leqslant o$ 由下式給出：

$$
\begin{aligned}
(\varepsilon\boldsymbol{p})_{i,j,l}&=\begin{bmatrix}(\varepsilon\boldsymbol{p})_{i,j,l,1} & (\varepsilon\boldsymbol{p})_{i,j,l,3}\\ (\varepsilon\boldsymbol{p})_{i,j,l,3} & (\varepsilon\boldsymbol{p})_{i,j,l,2}\end{bmatrix}\\
&=\begin{bmatrix}\nabla_1 p_{i,j,l,1} & \dfrac{\nabla_2 p_{i,j,l,1}+\nabla_1 p_{i,j,l,2}}{2}\\ \dfrac{\nabla_2 p_{i,j,l,1}+\nabla_1 p_{i,j,l,2}}{2} & \nabla_2 p_{i,j,l,2}\end{bmatrix}
\end{aligned}\tag{5-62}
$$

$\boldsymbol{p}$ 和 $\varepsilon\boldsymbol{p}$ 的 1 範數分別定義為：

$$
\|\boldsymbol{p}\|_1=\sum_{i,j=1}^{m,n}\|\boldsymbol{p}_{i,j}\|_2=\sum_{i,j=1}^{m,n}\sqrt{\sum\nolimits_{l=1}^{o}(p_{i,j,l,1}^2+p_{i,j,l,2}^2)}\tag{5-63}
$$

$$
\begin{aligned}
\|\varepsilon\boldsymbol{p}\|_1&=\sum_{i,j=1}^{m,n}\|(\varepsilon\boldsymbol{p})_{i,j}\|_2\\
&=\sum_{i,j=1}^{m,n}\sqrt{\sum\nolimits_{l=1}^{o}((\varepsilon\boldsymbol{p})_{i,j,l,1}^2+(\varepsilon\boldsymbol{p})_{i,j,l,2}^2+2(\varepsilon\boldsymbol{p})_{i,j,l,3}^2)}
\end{aligned}\tag{5-64}
$$

根據第 3 章的相關內容，$\boldsymbol{u}$ 的第 r 個剪切波變換子帶可以通過頻域的逐點乘積來實現。在本文中，多通道剪切波變換是分通道進行的，相當於各通道分別進行二維剪切波變換。

為將 PADMM（算法 5-2）運用到式(5-61）的求解中，對變量和算子做如下分配：$\boldsymbol{x}=(\boldsymbol{u},\ \boldsymbol{p})$、$\mathrm{e}(\boldsymbol{x})=0$、$f_1(\boldsymbol{L}_1\boldsymbol{x})=\alpha_1\|\nabla\boldsymbol{u}-\boldsymbol{p}\|_1$、$f_2(\boldsymbol{L}_2\boldsymbol{x})=\alpha_2\|\varepsilon\boldsymbol{p}\|_1$、$f_3(\boldsymbol{L}_{3,r}\boldsymbol{x})=\alpha_3\|\boldsymbol{S}_r\boldsymbol{u}\|_1$ 和 $f_4(\boldsymbol{L}_4\boldsymbol{x})=\iota_\Psi(\boldsymbol{u})$。此外，記 $\hat{\boldsymbol{v}}_h^{k+1}=2\boldsymbol{v}_h^{k+1}-\boldsymbol{v}_h^k$。

根據算法 5-2（PADMM2），可以得到如下用於全變差/剪切波正則化圖像復原的 PADMM 算法。

算法 5-3　全變差/剪切波正則化的並行交替方向乘子法 (PADMM-TGVS)

步驟 1：設置 $k=0$，$\boldsymbol{x}^0=\boldsymbol{0}$，$\boldsymbol{v}_h^0=\boldsymbol{0}$，和 $\beta_h>0$，$h=1$，…，H；

步驟 2：判斷是否滿足終止條件，若否，則執行以下步驟：

步驟 3：**for** $i=1$，…，m；$j=1$，…，n；$l=1$，…，o；

步驟 4：$\boldsymbol{v}_{1,i,j,l}^{k+1}=P_{B_{\alpha_1}}(\beta_1((\nabla \boldsymbol{u}^k)_{i,j,l}-\boldsymbol{p}_{i,j,l}^k)+\boldsymbol{v}_{1,i,j,l}^k)$；

步驟 5：$\boldsymbol{v}_{2,i,j,l}^{k+1}=P_{B_{\alpha_2}}(\beta_2(\varepsilon \boldsymbol{p}^k)_{i,j,l}+\boldsymbol{v}_{2,i,j,l}^k)$；

步驟 6：$v_{3,r,i,j,l}^{k+1}=P_{B_{\alpha_3}}(\beta_3(\boldsymbol{S}_r \boldsymbol{u}^k)_{i,j,l}+v_{3,r,i,j,l}^k)\ r=1,\cdots,N$；

步驟 7：結束 **for** 循環；

步驟 8：若噪聲為 Gauss 噪聲，則執行下一步；

步驟 9：$\boldsymbol{v}_4^{k+1}=\beta_4 S_{\sqrt{c}}\left(\frac{\boldsymbol{v}_4^k}{\beta_4}+\boldsymbol{K}\boldsymbol{u}^k-\boldsymbol{f}\right)$；

步驟 10：若噪聲為脈衝噪聲，則執行以下步驟；

步驟 11：$\boldsymbol{v}_4^{k+1}=\beta_4\left(\left(\frac{\boldsymbol{v}_4^k}{\beta_4}+\boldsymbol{K}\boldsymbol{u}^k-\boldsymbol{f}\right)-P_c\left(\frac{\boldsymbol{v}_4^k}{\beta_4}+\boldsymbol{K}\boldsymbol{u}^k-\boldsymbol{f}\right)\right)$；

步驟 12：$\boldsymbol{u}^{k+1}=\boldsymbol{u}^k-\left(\beta_1\nabla^*\nabla+\beta_3\sum_{r=1}^{N}\boldsymbol{S}_r^*\boldsymbol{S}_r+\beta_4\boldsymbol{K}^*\boldsymbol{K}\right)^{-1}\left(\nabla^*\hat{\boldsymbol{v}}_1^{k+1}+\sum_{r=1}^{N}\boldsymbol{S}_r^*\hat{\boldsymbol{v}}_{3,r}^{k+1}+\mathrm{K}^*\hat{\boldsymbol{v}}_4^{k+1}\right)$；

步驟 13：$\boldsymbol{p}_1^{k+1}=\boldsymbol{p}_1^k-\left[\beta_1\boldsymbol{I}+\beta_2\left(\nabla_1^*\nabla_1+\frac{\nabla_2^*\nabla_2}{2}\right)\right]^{-1}(-\hat{\boldsymbol{v}}_{1,1}^{k+1}+\nabla_1^*\hat{\boldsymbol{v}}_{2,1}^{k+1}+\nabla_2^*\hat{\boldsymbol{v}}_{2,3}^{k+1})$；

步驟 14：$\boldsymbol{p}_2^{k+1}=\boldsymbol{p}_2^k-\left[\beta_1\boldsymbol{I}+\beta_2\left(\frac{\nabla_1^*\nabla_1}{2}+\nabla_2^*\nabla_2\right)\right]^{-1}(-\hat{\boldsymbol{v}}_{1,2}^{k+1}+\nabla_1^*\hat{\boldsymbol{v}}_{2,3}^{k+1}+\nabla_2^*\hat{\boldsymbol{v}}_{2,2}^{k+1})$；

步驟 15：$k=k+1$；

步驟 16：結束循環並輸出 $\boldsymbol{u}^{k+1}$。

在算法 5-3 中，記 $\boldsymbol{p}_1$ 和 $\boldsymbol{p}_2$ 分別為所有 $p_{i,j,l,1}$ 和 $p_{i,j,l,2}(1\leqslant i\leqslant m,1\leqslant j\leqslant n,1\leqslant l\leqslant o)$ 的集合，依照同樣方式，定義 $\boldsymbol{v}_{1,1}$ 和 $\boldsymbol{v}_{1,2}$；$\boldsymbol{v}_2$ 有著與 $\varepsilon\boldsymbol{p}$ 相同的結構，記 $\boldsymbol{v}_{2,1}$、$\boldsymbol{v}_{2,2}$ 和 $\boldsymbol{v}_{2,3}$ 分別為所有 $v_{2,i,j,l,1}$、$v_{2,i,j,l,2}$ 和 $v_{2,i,j,l,3}$ 的組合；$P_{B_{\alpha_1}}$、$P_{B_{\alpha_2}}$ 和 $P_{B_{\alpha_3}}$ 分別表示二維、四維和一維的投影算子，而 $S_{\sqrt{c}}$ 則為 mno 維的收縮算子。逐點運算的 P_{B_α} 和 $S_{\sqrt{c}}$ 被分別定義為：

$$P_{B_\alpha}=(\boldsymbol{q}_{i,j,l})=\min(\|\boldsymbol{q}_{i,j}\|_2,\alpha)\frac{\boldsymbol{q}_{i,j,l}}{\|\boldsymbol{q}_{i,j}\|_2} \tag{5-65}$$

和

$$S_{\sqrt{c}}(\boldsymbol{z})=\max(\|\boldsymbol{z}\|_2-\sqrt{c},0)\frac{\boldsymbol{z}}{\|\boldsymbol{z}\|_2} \tag{5-66}$$

P_c 為投影到 l_1 球上的算子，相比於投影到 l_2 球上的算子要更難實現，本文採用文獻［198］中的方法解決這一問題，其基本實現途徑見 2.4.4 節。

算法 5-3 的結構是高度並行的，且其每一個子步驟均有封閉解。關於 $\boldsymbol{v}_1$、$\boldsymbol{v}_2$、$\boldsymbol{v}_3$ 和 $\boldsymbol{v}_4$ 的子問題是相互獨立的，可並行實現，關於 $\boldsymbol{u}$、$\boldsymbol{p}_1$ 和 $\boldsymbol{p}_2$ 的子問題具有類似的性質。此外，關於 $\boldsymbol{v}_1$、$\boldsymbol{v}_2$ 和 $\boldsymbol{v}_3$ 的子問題又可逐像素進行（像素間獨立）。因此，算法 5-3 可以通過 GPU 等並行運算設備實現加速。算法 5-3 中，非下採樣的剪切波變換耗時最重，因此對於一幅 $m\times n$ 的圖像，算法整體計算複雜度為 $mn\lg mn$。

注解 5-3 在算法 5-3 中，基於兩方面的原因，應用了算法 5-2 而非等價的算法 5-1 對式(5-61) 進行求解。一方面，如同上文提及的，算法 5-2 有著更為緊湊的形式；另一方面，若將算法 5-1 應用於式(5-61) 的求解，由於 TGV 的特殊形式，$\boldsymbol{u}$、$\boldsymbol{p}_1$ 和 $\boldsymbol{p}_2$ 的更新將會耦合在一起，這時，需採用 Cramer 法則來實現三個變量的去耦更新，這一策略會明顯增大算法的單步計算複雜度，且會在一定程度上破壞 $\boldsymbol{u}$、$\boldsymbol{p}_1$ 和 $\boldsymbol{p}_2$ 更新的並行性。

注解 5-4 在算法 5-3 中，並未顯式地給出正則化參數 λ 的更新方法。但基於約束模型式(5-61)，如同第 4 章所述，λ 可以實現閉合形式的更新，這正是 Morozov 偏差原理參數估計的思想。一方面，若式(1-6) 中有 $D(\boldsymbol{Ku},\ \boldsymbol{f})=\|\boldsymbol{Ku}-\boldsymbol{f}\|_2^2\leqslant c$ [依慣例，此時式(1-7) 中應有 $D(\boldsymbol{Ku},\ \boldsymbol{f})=\frac{1}{2}\|\boldsymbol{Ku}-\boldsymbol{f}\|_2^2$]，即觀測數據中含有 Gauss 噪聲，則 λ 可通過閉合形式

$$\lambda^{k+1}=\frac{\beta_4\left\|\boldsymbol{f}-\boldsymbol{Ku}^k-\dfrac{\boldsymbol{v}_4^k}{\beta_4}\right\|_2}{\sqrt{c}}-\beta_4 \tag{5-67}$$

進行更新（同第 4 章）；另一方面，若 $D(\boldsymbol{Ku},\ \boldsymbol{f})=\|\boldsymbol{Ku}-\boldsymbol{f}\|_1\leqslant c$，即觀測數據中含有脈衝噪聲，則 λ 可通過文獻 [198] 中的方法方便地求解。值得一提的是，上述方法均不需要引入 Newton 法等內迭代算法。從這一點看，算法 PADMM-TGVS 可以包含第 4 章的算法 APE-ADMM（與 PADMM-TV 完全等同）。

5.5 實驗結果

本節設置了多個實驗來驗證所提 PADMM 算法的有效性：Gauss/脈衝噪聲下的灰度/彩色圖像去模糊，以及由部分 Fourier 觀測數據重建 MR 圖像。圖 5-1 給出了參與實驗的 6 幅圖像。Kodim14 圖像來自於 Kodak 的在線圖像數據庫[1]而 foot 圖像為徑向 T1-加權的腳部 MR 圖像數據[2]。退化圖像和復原圖像的品質通過峰值訊噪比（PSNR）和結構相似度指數（SSIM）兩項指標進行定量評價。

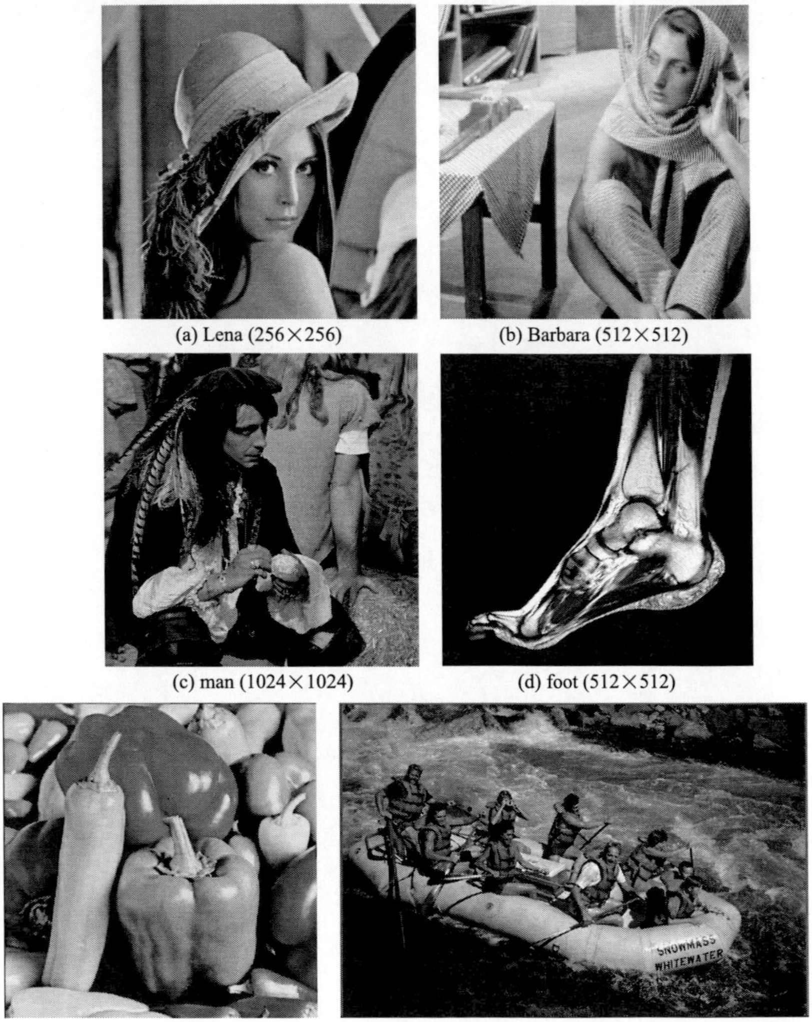

(a) Lena (256×256)　(b) Barbara (512×512)

(c) man (1024×1024)　(d) foot (512×512)

(e) peppers (512×512)　(f) Kodim14 (768×512)

圖 5-1　測試圖像

[1] http：//r0k. us/graphics/kodak/.

[2] http：//www. mr-tip. com.

在本章的圖像去模糊實驗中，若圖像為灰度圖像，則設置（α_1，α_2，α_3）=（1，3，0.1），若圖像為 RGB 圖像，則設置（α_1，α_2，α_3）=（2，9，0）；對於 MRI 重建問題，設置（α_1，α_2，α_3）=（1，3，10）。對於 Gauss 噪聲下的圖像復原，設置 $\beta_1=\beta_2=\beta_3=1$ 和 $\beta_4=10^{(0.1\mathrm{BSNR}-1)}\ \beta_1$；對於脈衝噪聲下的圖像復原，設置 $\beta_1=\beta_2=\beta_3=0.1$ 和 $\beta_4=10(1-\mathrm{LEVER})\beta_1$，其中 LEVER 為脈衝噪聲的比例。此外，在灰度圖像和彩色圖像復原中，分別設置 $c=(1.09-0.006\mathrm{BSNR})mn\sigma^2$ 和 $c=(0.99-0.0009\mathrm{BSNR})mno\sigma^2$，其中 σ 可通過基於小波變換的中值準則進行估計[30]。在脈衝噪聲條件下，c 被設置為含噪觀測數據和不含噪觀測數據差的 l_1 範數，實際應用中，該值需要預先估計（在無法進行噪聲程度估計的場合，則需通過試湊方式選擇 c）。實驗中剪切波進行 2 層變換，故式(5-61) 中 $N=13$[82]。算法的終止準則統一設定為 $\|\boldsymbol{u}^{k+1}-\boldsymbol{u}^k\|_2/\|\boldsymbol{u}^k\|_2\leqslant 10^{-4}$。

通過設置 $\alpha_3=0$，模型式(5-61) 的正則化子僅包含$\mathrm{TGV}_{\boldsymbol{\alpha}}^2$，此時，記算法 5-3 為 PADMM-TGV；更進一步地，若 $\alpha_2=0$ 和 $\boldsymbol{p}=0$ 同時成立，則算法 5-3 退化為僅包含 TV 正則項的 PADMM-TV。在實驗表格 5-2 中，粗體顯式了各個比較指標的最好結果。

5.5.1 灰度圖像去模糊實驗

在該實驗中，參與比較的圖像有 Lena、Barbara 和 man，以下幾種著名算法參與了比較：自適應的 TV 算法 Wen-Chan[30]，基於小波變換的圖像復原算法 Cai-Osher-Shen[199]，以及帶有區間約束的 TV 算法 Chan-Tao-Yuan[29]。前兩種算法參與了 Gauss 噪聲下的比較實驗，而後一種算法則參與了脈衝噪聲下的比較實驗。上述後兩種算法均為 ADMM 算法的應用實例，關於算法 Wen-Chan，已在上一章做了詳細介紹。不同於算法 PADMM 和 Wen-Chan，算法 Cai-Osher-Shen 和 Chan-Tao-Yuan 均需要經過多次求解來手動選擇正則化參數，這使得這兩種算法在實際應用中更加耗時。此外，算法 Chan-Tao-Yuan 採用了像素的區間約束，關於區間約束的作用，第 4 章已有論述。為更好地比對復原圖像間的差異，復原結果大多採用局部放大部分。

表 5-1 在 Gauss 噪聲和脈衝噪聲背景下，分別設置了三個灰度圖像去模糊問題。表 5-2 給出了幾種算法的比較結果，包括 PSNR、SSIM、CPU 時間以及總迭代步數。

表 5-1　灰度圖像去模糊實驗設置細節

模糊核	圖像	Gauss 噪聲	脈衝噪聲
G(9,3)	Lena	$\sigma=2$	50%
A(9)	Barbara	$\sigma=3$	60%
M(30,30)	man	$\sigma=4$	70%

表 5-2　灰度圖像去模糊實驗中不同算法在 PSNR（dB）、SSIM、CPU 耗時（s）和迭代步數方面的比較

Gauss 噪聲

算法	Lena(23.88dB,0.6841)				Barbara(22.39dB,0.5474)				Man(21.68dB,0.4681)			
	PSNR	SSIM	時間	步數	PSNR	SSIM	時間	步數	PSNR	SSIM	時間	步數
PADMM-TGVS	**27.89**	**0.8196**	9.34	120	**24.13**	**0.6817**	40.91	97	**27.02**	**0.6877**	217.13	120
PADMM-TGV	27.70	0.8147	2.30	136	24.02	0.6751	10.57	105	26.95	0.6859	59.91	127
PADMM-TV	27.63	0.8094	**1.30**	138	23.97	0.6684	**5.64**	104	26.88	0.6850	**30.66**	121
Wen-Chan	27.46	0.8049	1.59	149	23.87	0.6639	7.63	119	26.65	0.6765	42.20	150
Cai-Osher-Shen	27.38	0.8120	6.60	**64**	23.95	0.6708	26.88	**50**	26.76	0.6851	154.15	**70**

脈衝噪聲

算法	Lena(9.87dB,0.0288)				Barbara(8.22dB,0.0122)				Man(7.63dB,0.0070)			
	PSNR	SSIM	時間	步數	PSNR	SSIM	時間	步數	PSNR	SSIM	時間	步數
PADMM-TGVS	**28.97**	**0.8600**	20.41	237	**24.00**	**0.6817**	102.75	220	**25.41**	**0.6558**	441.38	219
PADMM-TGV	28.81	0.8565	5.16	228	23.84	0.6751	28.83	216	25.32	0.6544	146.41	236
PADMM-TV	28.75	0.8538	3.24	**215**	23.81	0.6684	17.26	202	25.20	0.6532	80.86	**203**
Chan-Tao-Yuan	28.71	0.8526	**2.04**	236	23.80	0.6708	**7.98**	**191**	25.22	0.6541	**46.55**	212

由表 5-2 中 Gauss 噪聲條件下的復原結果可得到如下結論。第一，相比於其他算法，PADMM-TGVS 可以獲得更高的 PSNR 和 SSIM，這主要得益於更為複雜的 TGV/剪切波複合正則化模型；第二，幾種算法比較，PADMM-TV 所耗費的 CPU 時間最低；第三，基於小波變換的非自適應的 Cai-Osher-Shen 通常可以獲得比 TV 算法 PADMM-TV 和 Wen-Chan 更高的 SSIM，但其耗時更長；第四，相比於 Wen-Chan，PADMM-TV 有著更高的單步執行效率。需要強調的是，由於 PADMM 算法高度的並行性，如果藉助 GPU 等並行運算設備進行分布式計算，PADMM-TGVS 和 PADMM-TGV 的執行時間可以被大幅壓縮。

圖 5-2 和圖 5-3 分別給出了 Gauss 噪聲下，不同算法得出的 Lena 和 Barbara 復原圖像。由圖 5-2 和圖 5-3 可觀測到，PPDS-TGV 可以有效地抑制 PADMM-TV 和 Wen-Chan 復原結果中普遍存在的階梯效應；PADMM-TGVS 復原結果中的邊緣要比 PADMM-TGV 復原結果中的更清晰整潔；Cai-Osher-Shen 不會引入階梯效應，但其結果中的邊緣不及其他幾種算法結果中的邊緣清晰。

圖 5-2　G (9, 3) 模糊和 $\sigma = 2$ 的 Gauss 噪聲條件下，不同算法的 Lena 復原圖像

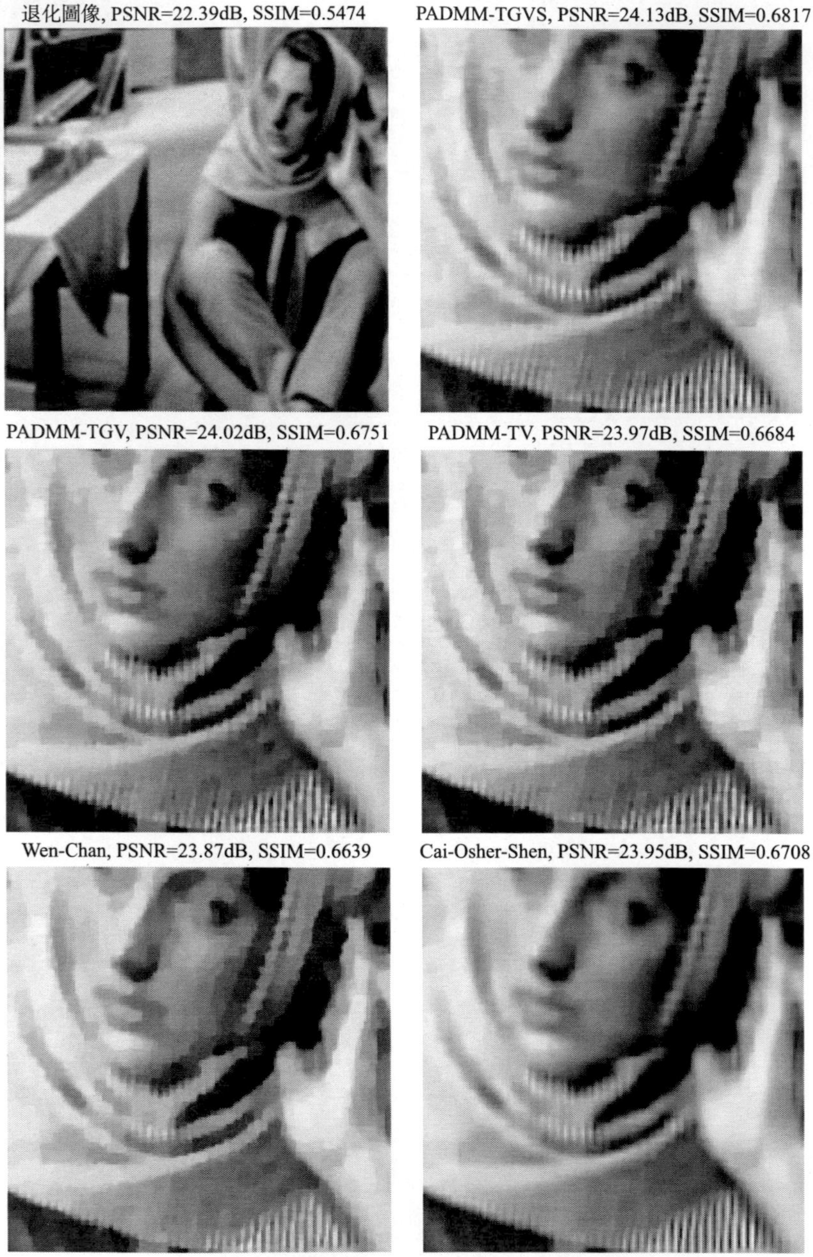

圖 5-3 A (9) 模糊和 $\sigma = 3$ 的 Gauss 噪聲
條件下，不同算法的 Barbara 復原圖像

圖 5-4(a) 和 (b) 分別給出了 Gauss 噪聲下，針對 Lena 圖像和 Barbara 圖像復原，不同算法 PSNR 相對於 CPU 時間的變化曲線。可以發現，第一，PADMM-TV 算法的 PSNR 上升和收斂得最快，這得益於其簡單的正則化模型和不含內迭代的緊湊結構。第二，因為正則化模型更為複雜，PADMM-TGVS 所需時間要長於其他算法。因 PADMM-TV 和 Wen-Chan 均為 TV 算法，且均可實現正則化參數的自適應估計，圖 5-4 (c) 和 (d) 比較了其正則化參數相對於 CPU 時間的變化曲線。儘管 PADMM-TV 和 Wen-Chan 最終的正則化參數相近，但更高的 PSNR 和 SSIM 表明，PADMM-TV 能夠在更短的時間內找到更為準確的正則化參數。

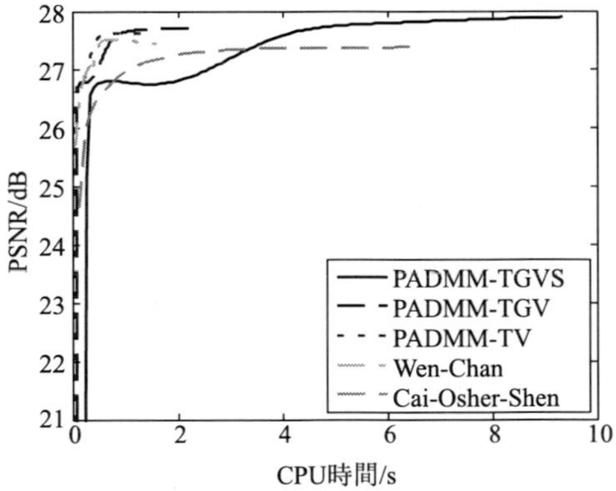

(a) Lena圖像PSNR相對于時間的變化曲綫

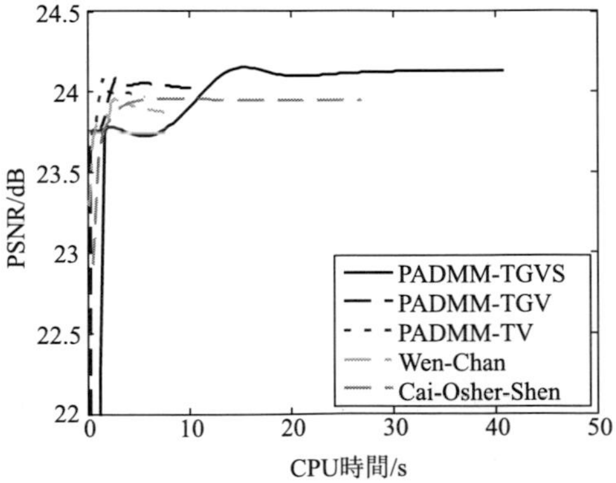

(b) Barbara圖像PSNR相對于時間的變化曲綫

圖 5-4

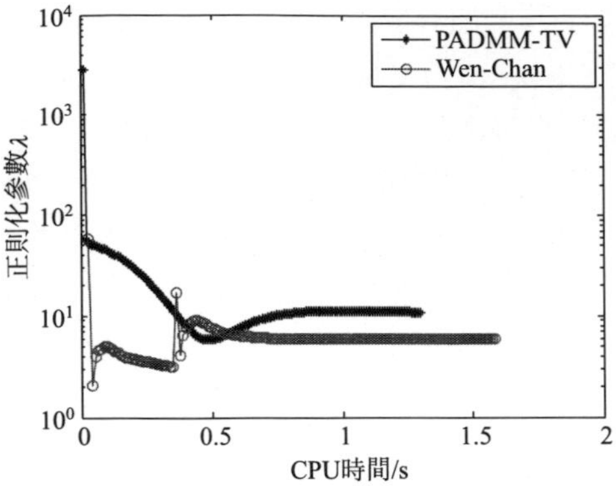

(c) Lena圖像λ相對于時間的變化曲綫

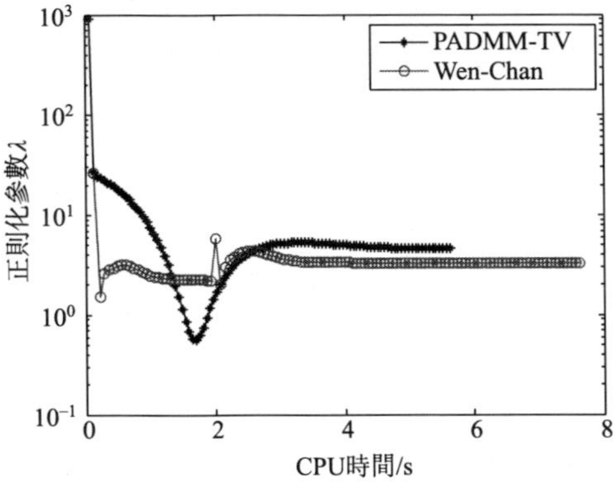

(d) Barbara圖像λ相對于時間的變化曲綫

圖 5-4　Gauss 噪聲條件下， Lena 和 Barbara 復原實驗中不同算法 PSNR 和 λ 相對於時間的變化曲線

由表 5-2 中脈衝噪聲條件下的比較結果可以得到如下結論。第一，PADMM-TGVS 的 PSNR 和 SSIM 均高於其他算法，這再次驗證了 TGV 和剪切波複合正則化的優勢。第二，儘管同是基於 TV 模型的算法，同 Chan-Tao-Yuan 相比，在算法僅執行一次的情況下，PADMM-TV 可獲得相近的 PSNR 和 SSIM，但卻要消耗更多的時間。其原因是，在處理脈衝噪聲時，PADMM-TV 包含了更為複雜的 l_1 投影問題，這在 Chan-Tao-Yuan 中並不存在。儘管如此，需要強調的是，在噪聲程度可以合理估計的前提下，PADMM 可以實現自動化的圖像復原，相反，Chan-Tao-Yuan 算法需多次執行才能選擇出較好的正則化參數，而這一人工參數選擇過程往往比 PADMM 更為耗時。圖 5-5 給出了脈衝噪聲下，不同算法

的 man 圖像復原結果，PADMM-TV 和 Chan-Tao-Yuan 的結果相近，PADMM-TGV 可以較好地抑制階梯效應，而 PADMM-TGVS 則可以獲得比 PADMM-TGV 更好的結果。

圖 5-5　M (30, 30) 模糊和 70%的脈衝噪聲條件下，不同算法的 Man 復原圖像

5.5.2 RGB 圖像去模糊實驗

本小節在 Gauss 噪聲和脈衝噪聲背景下，分別設計了兩個 RGB 圖像去模糊問題，表 5-3 給出了背景問題的設計情況。其中兩組模糊由以下方式產生：

① 生成 9 個模糊核：{A(13)，A(15)，A(17)，G(11，9)，G(21，11)，G(31，13)，M(21，45)，M(41，90)，M(61，135)}；

② 將上述 9 個模糊核分配到 {K_{11}，K_{12}，K_{13}；K_{21}，K_{22}，K_{23}；K_{31}，K_{32}，K_{33}}，其中 K_{ii} 為通道內模糊而其餘為通道間模糊；

③ 將上述模糊核乘以權重 {1，0，0；0，1，0；0，0，1}（模糊 1）和 {0.8，0.1，0.1；0.2，0.6，0.2；0.15，0.15，0.7}（模糊 2）得到最終的模糊核。

利用上述模糊核將 peppers 圖像和 Kodim14 圖像模糊化之後，又為其施加了表 5-3 所示的 Gauss 噪聲或脈衝噪聲以得到最終的觀測圖像。

表 5-3 RGB 圖像去模糊實驗設置細節

模糊類型	圖像	Gauss 噪聲	脈衝噪聲
1	peppers，Kodim14	$\sigma=2$	50%
2	peppers，Kodim14	$\sigma=6$	80%

值得一提的是，直到目前，很少有基於 Morozov 偏差原理的自適應圖像反卷積算法被擴展到多通道的圖像處理中。這是因為，在多通道圖像去模糊中，通道間模糊的存在意味著僅能通過 FFT 對模糊矩陣進行非完全對角化，隨後還需要 Gauss 消去法來完成後續的線性方程求解工作[166]，這會大大限制牛頓法等很多常用內迭代算法的執行效率。相比之下，得益於每個子問題均可以解析求解，所提算法（PADMM-TGVS）可以通過借鑒 FTVD-v4 所採用的策略，順暢地推廣至多通道的圖像反卷積。

該實驗中，與 PADMM 做比較的是經典的 FTVD-v4。與 PADMM 算法相比，FTVD-v4 需要手動選擇正則化參數。得益於多通道提供的更多資訊，在彩色圖像的復原中，PADMM-TGV 能夠得到與 PADMM-TGVS 相近的結果，故在該實驗中與 FTVD-v4 做比較的算法僅包括 PADMM-TGV 和 PADMM-TV。

表 5-4 給出了幾種算法在 PSNR、SSIM、CPU 時間和總迭代步數四個方面的比較結果。從表 5-4 可以看到，第一，相比之下，PADMM-TGV 可以得到最高的 PSNR 和 SSIM；第二，由於涉及 l_2（Gauss 噪聲）和 l_1（脈衝噪聲）投影問題，PADMM-TGV 和 PADMM-TV 在單次執

行時比 FTVD-v4 要更耗時。但是，如同灰度圖像去模糊，實際應用中，FTVD-v4 可能因為冗長的參數選擇過程而比 PADMM 更加耗時。圖 5-6 和圖 5-7 通過兩個例子進一步展示了在 Gauss 噪聲和脈衝噪聲條件下，TGV 算法結果相比於 TV 算法結果的優勢。由圖 5-6 和圖 5-7 可以發現，在 PADMM-TV 和 FTVD-v4 的復原結果中，有明顯的階梯效應出現在了皮筏和辣椒的表面上，相比之下，在 PADMM-TGV 的復原圖像中基本上觀測不到階梯現象的存在。

表 5-4　RGB 圖像去模糊實驗中不同算法在 PSNR（dB）、SSIM、CPU 耗時（s）和迭代步數方面的比較

Gauss 噪聲															
模糊	圖像	退化圖像		PADMM-TGV				PADMM-TV				FTVD-v4			
		PSNR	SSIM	PSNR	SSIM	時間	步數	PSNR	SSIM	時間	步數	PSNR	SSIM	時間	步數
1	Peppers	20.51	0.6351	**28.00**	**0.8125**	38.40	86	27.82	0.8082	22.79	**77**	27.73	0.8076	**15.38**	95
	Kodim14	20.69	0.4246	**25.12**	**0.6410**	53.94	**79**	25.08	0.6391	35.65	**79**	25.04	0.6377	**24.37**	98
2	Peppers	18.17	0.5610	**25.83**	**0.7691**	61.53	138	25.82	0.7657	28.34	**96**	25.79	0.7653	**16.77**	103
	Kodim14	19.75	0.3882	**23.50**	**0.5512**	135.07	197	23.45	0.5506	66.51	146	23.43	0.5493	**24.20**	**97**
脈衝噪聲															
模糊	圖像	退化圖像		PADMM-TGV				PADMM-TV				FTVD-v4			
		PSNR	SSIM	PSNR	SSIM	時間	步數	PSNR	SSIM	時間	步數	PSNR	SSIM	時間	步數
1	Peppers	8.36	0.0231	**30.36**	**0.8652**	87.56	154	29.96	0.8582	58.03	140	29.93	0.8550	**37.89**	**138**
	Kodim14	7.94	0.0161	**27.15**	**0.7717**	174.29	198	26.94	0.7588	124.76	**194**	26.77	0.7462	**86.39**	200
2	Peppers	6.38	0.0127	**25.65**	**0.7747**	107.12	185	25.51	0.7679	75.89	177	25.49	0.7652	**41.28**	**150**
	Kodim14	5.97	0.0096	**22.83**	**0.5279**	186.76	209	22.80	0.5262	130.46	197	22.81	0.5263	**82.74**	**193**

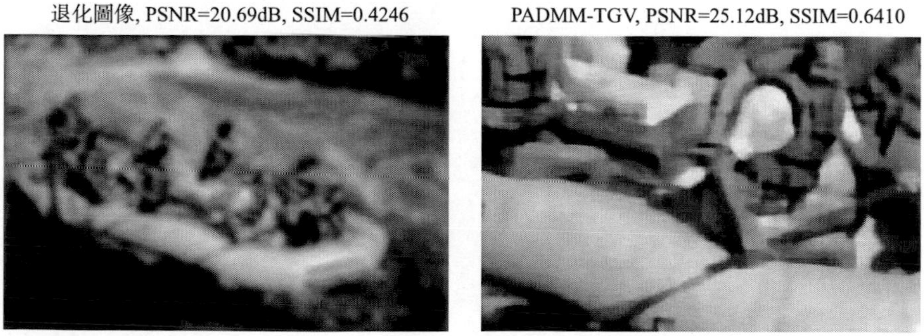

圖 5-6

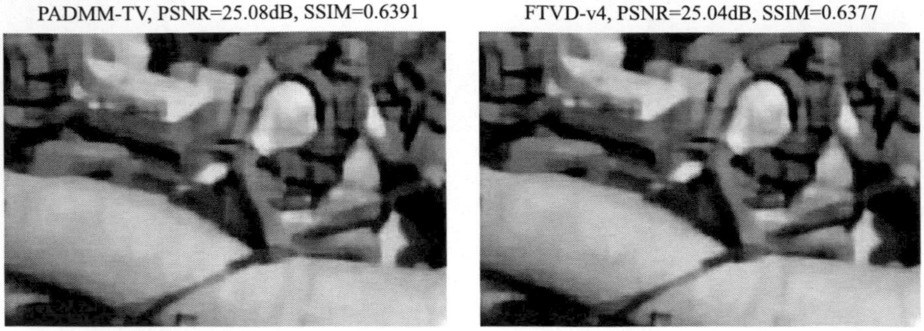

圖 5-6　模糊 1 和 $\sigma = 2$ 的 Gauss 噪聲條件下，不同算法的 Kodim14 復原圖像

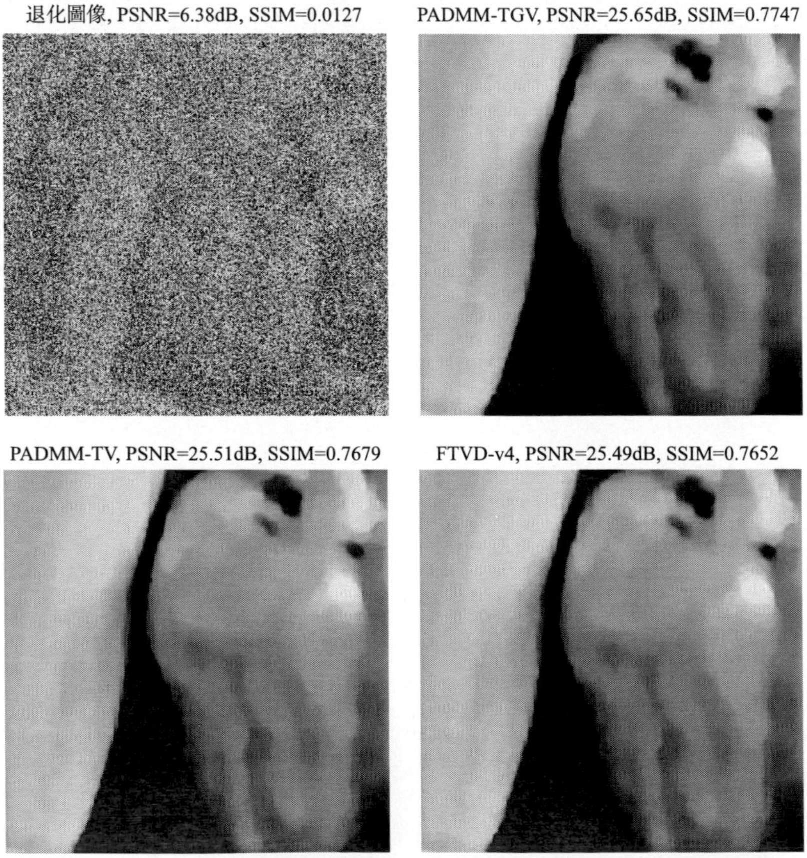

圖 5-7　模糊 2 和 80%的脈衝噪聲條件下，不同算法的 peppers 復原圖像

5.5.3 MRI 重建實驗

本小節展示了 PADMM 算法在磁共振圖像（MRI）重建中的應用潛力，MRI 重建是壓縮感知技術的一個非常著名的應用實例。MRI 是一種緩慢的醫學圖像獲取過程，將壓縮採樣（compressive sampling）技術應用於 MRI 可顯著降低成像掃描時間，進而大幅削減醫療開支。壓縮採樣技術能夠成功應用於 MRI 得益於兩點[200]：①醫學圖像通常在某個變換域是可以進行稀疏編碼的；②MRI 掃描系統通常獲取的是編碼採樣訊號，而非直接的點像素。與圖像反卷積類似，MRI 重建更多地採用非線性方法，這是因為線性方法的重建結果中通常帶有大量僞跡，會嚴重干擾後續的臨床病竈診斷[200]。

在該實驗中，PADMM 與邊緣引導壓縮感知重建方法[201]（edge guided compressed sensing reconstruction method，edge-CS）以及基於 TV 的分裂增廣 Lagrange 收縮算法 C-SALSA[15] 進行了比較。作為原始圖像的 foot 圖有著清晰的邊緣特徵和豐富的軟組織結構。這裡的背景問題是從 50 條二維 Fourier 輻射觀測線（採樣比為 10.64%）中復原出 foot 圖像，觀測數據的訊噪比 SNR 為 40dB。

圖 5-8 給出了不同算法所重建的 foot 圖像的局部放大部分。可以看到，第一，PADMM-TV 能夠取得比 edge-CS 和 C-SALSA 更高的 PSNR 和 SSIM，當然，這三者的重建結果是相近的，且均含有明顯的階梯效應。第二，PADMM-TGV 可以有效抑制存在於 TV 算法中的階梯效應，但是，它同樣無法重建出原始圖像中大量存在的紋理細節。第三，相比於其他算法，PADMM-TGVS 可以獲得最高 PSNR 和 SSIM，更可貴的是，它能夠重建出骨骼上的傾斜紋理以及骨骼與軟組織之間的細微變化部分。

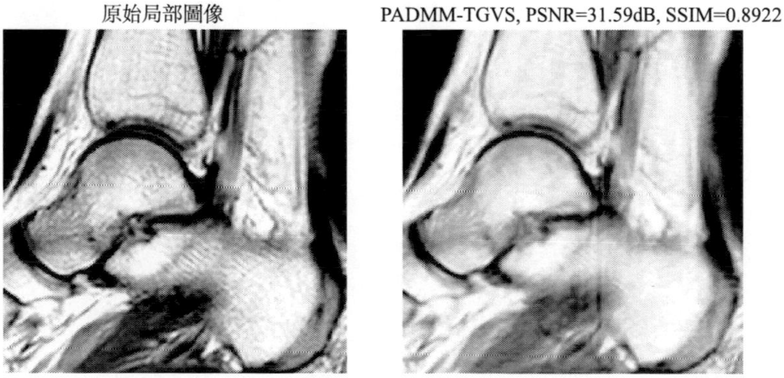

圖 5-8

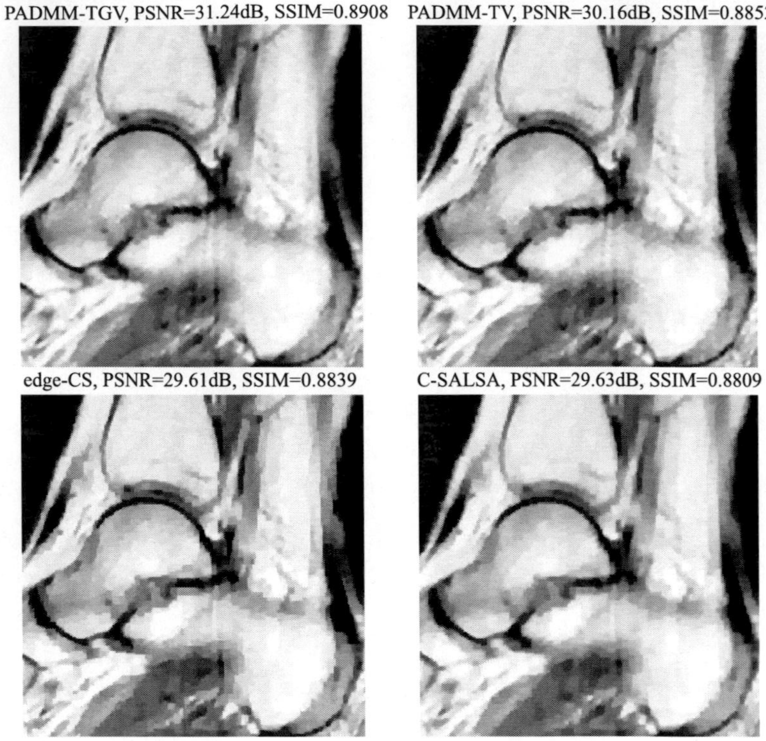

圖 5-8　頻域採樣輻射線數目為 50 時不同算法的 foot 圖像重建結果

第6章

并行原始–對偶分裂方法及其在復合正則化圖像復原中的應用

6.1 概述

由第 3 章的分析可知，圖像復原等反問題的求解通常是嚴重病態的線性逆問題，且其求解往往會涉及線性算子（矩陣）求逆環節。第 4 章和第 5 章所採用的 ADMM 算法在圖像復原中均需進行線性算子的求逆。然而，該求逆過程可能存在以下隱患：在某些情況下，線性算子（矩陣）的求逆可能無法實現或求逆過程非常複雜。事實上，第 5 章中的多通道圖像去模糊實驗就遭遇了類似問題。在多通道圖像去模糊中，因為通道間模糊的存在，模糊矩陣 $\boldsymbol{K}$ 通常無法像灰度圖像去模糊中的那樣透過 FFT 實現完全對角化，這會顯著增加矩陣求逆的運算開支，而通道間模糊也使得大多數基於 Morozov 偏差原理的自適應圖像復原算法無法推廣至多通道的圖像處理中。消除矩陣求逆環節是進一步提升算子分裂算法執行效率的關鍵問題之一，也是提高圖像大數據並行處理效率的一種可行途徑。第 1 章所提到的線性 ADMM（LADMM）方法和線性分裂 Bregman 方法為該問題提供了較好的解決思路，通過將關於原始變量的二次項做 Taylor 級數展開，這兩種等價的方法可以消除關於原始變量的線性算子求逆運算。

第 5 章所提出的 PADMM 算法可以透過 Moreau 分解消去輔助變量，從而得到更為簡潔、更利於並行實現的原始-對偶形式，那麼，是否可以直接通過最小化函數的 Lagrange 函數導出有用的原始-對偶算法呢？2013 年，Condat 提出了一種用以求解圖像線性逆問題的原始-對偶分裂方法，該方法可以通過尋找最小化函數 Lagrange 函數的鞍點，同時求解原始問題和對偶問題，並通過「全分裂」策略消除了廣泛存在於病態線性逆問題中的線性求逆運算。然而，不足的是，在 Condat 的原始-對偶算法中，所有函數項均被等同看待，而在實際應用中，不同的函數項可能代表不同的物理意義。

採用原始-對偶分裂手段導出具有高度並行性的圖像反問題求解算法是當前學術界的一個研究焦點。此外，原始-對偶分裂方法與其他分裂方法之間的連繫，也是值得深入探討的問題。

圍繞上述問題，本章在 Condat 原始-對偶算法的基礎上提出了一種新穎的並行原始-對偶分裂（parallel primal-dual splitting，PPDS）方法。與 Condat 算法不同的是，為增強算法的靈活性和加快算法的實際收斂速率，在所提算法中，所有的線性算子均被施加了一個正的權重。PP-

DS方法通過「全分裂」對目標函數進行了細化分解，使得在每一步迭代中，僅涉及臨近算子和前向的線性算子，且其結構是高度並行的。所提算法消除了線性逆運算，因此，它可以自然地適用於不同的圖像邊界條件，如循環邊界條件或是對稱邊界條件。本章利用極大單調算子和非擴張算子理論而非更常使用的變分不等式，證明了所提算法的收斂性，並分析了其 $o(1/k)$ 收斂速率，這也使得收斂性分析的過程更加簡潔明瞭。證明瞭 PPDS 算法是並行線性交替方向乘子法（PLADMM）的鬆弛推廣形式，並將其推廣到了帶有 Lipschitz 連續梯度項的優化問題中。進一步，本章將 PPDS 算法應用到了 TGV/剪切波複合正則化的圖像復原問題的求解中。最後，透過多個建立在不同數據庫上的圖像復原實驗對本章的理論和方法進行了驗證。

本章結構安排如下：6.2 節建立了具有特定性質的一般性圖像反問題優化函數模型，並給出了求解該模型的並行原始-對偶分裂方法的鞍點條件、導出過程及兩種等價形式。6.3 節給出了所提算法的收斂性證明和收斂速率分析。6.4 節闡述了 PPDS 與 PLADMM 的關係，並進一步推廣了 PPDS 算法。6.5 節則詳述了 PPDS 算法在廣義全變差/剪切波複合正則化圖像復原中的應用策略。6.6 節給出了相關的對比實驗結果。

6.2 並行原始-對偶分裂方法

6.2.1 可臨近分裂的圖像復原目標函數的一般性描述

如同第 5 章，本章所考慮的複合正則化子仍為多個正則化子的線性組合。記由 Hilbert 空間 X 映射到$\mathbb{R}\cup\{+\infty\}$ 的所有正常的凸下半連續函數為 $\Gamma_0\{X\}$，本章所建立的圖像反問題最小化目標函數模型為：

$$\min_{\boldsymbol{x}\in X}\ g(\boldsymbol{x})+\sum_{h=1}^{H} f_h(\boldsymbol{L}_h\boldsymbol{x}) \tag{6-1}$$

其中 $g\in\Gamma_0\{X\}$，$f_h\in\Gamma_0\{V_h\}$。在其臨近算子存在閉合形式或是可以方便求解的意義下，g 和 f_h 是足夠「簡單」的。與第 5 章不同，這裡要求了 g 的「可臨近性」。$\boldsymbol{L}_h\,(X\to V_h)$ 為線性有界算子，其 Hilbert 伴隨算子記為 $\boldsymbol{L}_h^*$，其內積誘導的範數記為 $\|\boldsymbol{L}_h\|=\sup\{\|\boldsymbol{L}_h\boldsymbol{x}\|_2:\|\boldsymbol{x}\|_2=1\}<+\infty$。此外，假設問題式(6-1) 的最優解是存在的。如同式(5-1)，通

過定義集合的示性函數，模型式(6-1) 可以統一描述約束或無約束的圖像反問題，如圖像去模糊、修補、壓縮感知和分割等。關於實際圖像反問題應用中所存在的困難，在第 5 章已有論述，這裡不再贅述。在此後的論述中，若不加特殊說明，假定所討論的 Hilbert 空間均是有限維的，該條件對於實際應用和計算是足夠寬鬆的。

6.2.2 目標函數最優化的變分條件

藉助最小化函數式(6-1) 中求和項的 Fenchel 共軛可以得到其 Lagrange 問題：

$$\min_{\boldsymbol{x}\in X}\max_{\boldsymbol{v}_1\in V_1,\cdots,\boldsymbol{v}_H\in V_H} g(\boldsymbol{x})-\sum_{h=1}^{H}(f_h^*(\boldsymbol{v}_h)-\langle \boldsymbol{L}_h\boldsymbol{x},\boldsymbol{v}_h\rangle) \tag{6-2}$$

其中，f_h^* 為 f_h 的 Fenchel 共軛函數。所提算法被稱之為「原始-對偶」，是因為它可通過尋找 Lagrange 函數式(6-2) 的鞍點同時求解原始問題式(6-1) 及其對偶問題：

$$\max_{\boldsymbol{v}_1\in V_1,\cdots,\boldsymbol{v}_H\in V_H} -\left(g^*\left(-\sum_{h=1}^{H}\boldsymbol{L}_h^*\boldsymbol{v}_h\right)+\sum_{h=1}^{H}f_h^*(\boldsymbol{v}_h)\right) \tag{6-3}$$

即，若 $(\boldsymbol{x}^*, \boldsymbol{v}_1^*, \cdots, \boldsymbol{v}_H^*)$ 為 Lagrange 函數式(6-2) 的鞍點，則 $\boldsymbol{x}^*$ 為原始問題式(6-1) 的解且 $(\boldsymbol{v}_1^*, \cdots, \boldsymbol{v}_H^*)$ 為對偶問題式(6-3) 的解。

根據經典的 Karush-Kuhn-Tucker（KKT）定理，Lagrange 函數式(6-2) 的鞍點滿足如下變分條件：

$$\begin{pmatrix}\mathbf{0}\\ \mathbf{0}\\ \vdots\\ \mathbf{0}\end{pmatrix}\in\begin{pmatrix}\partial g(\boldsymbol{x}^*)+\sum_{h=1}^{H}\boldsymbol{L}_h^*\boldsymbol{v}_h^*\\ -\boldsymbol{L}_1\boldsymbol{x}^*+\partial f_1^*(\boldsymbol{v}_1^*)\\ \vdots\\ -\boldsymbol{L}_H\boldsymbol{x}^*+\partial f_H^*(\boldsymbol{v}_H^*)\end{pmatrix} \tag{6-4}$$

Condat 利用 Lagrange 函數式(6-2) 和變分條件式(6-4) 構造了其原始-對偶算法。在本章中，為區別對待每一項 f_h^*，考慮如下等價的加權 Lagrange 函數：

$$\min_{\boldsymbol{x}\in X}\max_{\frac{\boldsymbol{v}_1}{\sqrt{\beta_1}}\in V_1,\cdots,\frac{\boldsymbol{v}_H}{\sqrt{\beta_H}}\in V_H} g(\boldsymbol{x})-\sum_{h=1}^{H}\left(\overline{f}_h^*\left(\frac{\boldsymbol{v}_h}{\sqrt{\beta_h}}\right)-\langle\sqrt{\beta_h}\boldsymbol{L}_h\boldsymbol{x},\frac{\boldsymbol{v}_h}{\sqrt{\beta_h}}\rangle\right) \tag{6-5}$$

其中$\overline{f}_h^*(\boldsymbol{v}_h/\sqrt{\beta_h})=f_h^*(\boldsymbol{v}_h)$，$h=1$，…，$H$，根據KKT定理，其對應的變分條件應為：

$$\begin{pmatrix}\mathbf{0}\\\mathbf{0}\\\vdots\\\mathbf{0}\end{pmatrix}\in\begin{pmatrix}\partial g(\boldsymbol{x}^*)+\sum_{h=1}^{H}\sqrt{\beta_h}\boldsymbol{L}_h^*\dfrac{\boldsymbol{v}_h^*}{\sqrt{\beta_h}}\\-\sqrt{\beta_1}\boldsymbol{L}_1\boldsymbol{x}^*+\partial\overline{f}_1^*\left(\dfrac{\boldsymbol{v}_1^*}{\sqrt{\beta_1}}\right)\\\vdots\\-\sqrt{\beta_H}\boldsymbol{L}_H\boldsymbol{x}^*+\partial\overline{f}_H^*\left(\dfrac{\boldsymbol{v}_H^*}{\sqrt{\beta_H}}\right)\end{pmatrix}\tag{6-6}$$

6.2.3 算法導出

為簡化後續的推導過程，記：

$$\boldsymbol{v}=\left(\frac{\boldsymbol{v}_1}{\sqrt{\beta_1}},\cdots,\frac{\boldsymbol{v}_H}{\sqrt{\beta_H}}\right)\in V\triangleq V_1\times\cdots\times V_H\tag{6-7}$$

定義

$$f^*(\boldsymbol{v})\triangleq\sum_{h=1}^{H}f_h^*(\boldsymbol{v}_h)=\sum_{h=1}^{H}\overline{f}_h^*\left(\frac{\boldsymbol{v}_h}{\sqrt{\beta_h}}\right)\left(\overline{f}_h^*\left(\frac{\boldsymbol{v}_h}{\sqrt{\beta_h}}\right)=f_h^*(\boldsymbol{v}_h)\right)\tag{6-8}$$

定義線性算子$\boldsymbol{L}$：$X\to V$為

$$\boldsymbol{L}\boldsymbol{x}\triangleq(\sqrt{\beta_1}\boldsymbol{L}_1\boldsymbol{x},\cdots,\sqrt{\beta_H}\boldsymbol{L}_H\boldsymbol{x})\in V\tag{6-9}$$

記$\boldsymbol{L}$的伴隨算子為$\boldsymbol{L}^*$。根據以上標記和定義，容易驗證下述性質成立：

$$\boldsymbol{L}^*\boldsymbol{v}=\sum_{h=1}^{H}\sqrt{\beta_h}\boldsymbol{L}_h^*\frac{\boldsymbol{v}_h}{\sqrt{\beta_h}}=\sum_{h=1}^{H}\boldsymbol{L}_h^*\boldsymbol{v}_h\in X\tag{6-10}$$

$$\|\boldsymbol{L}^*\boldsymbol{L}\|=\beta_h\left\|\sum_{h=1}^{H}\boldsymbol{L}_h^*\boldsymbol{L}_h\right\|\leqslant\beta_h\sum_{h=1}^{II}\|\boldsymbol{L}_h^*\boldsymbol{L}_h\|\tag{6-11}$$

藉助以上標記和性質可以將最優化條件式(6-6)轉化為：

$$\begin{pmatrix}\mathbf{0}\\\mathbf{0}\end{pmatrix}\in\begin{pmatrix}\partial g(\boldsymbol{x}^*)+\boldsymbol{L}^*\boldsymbol{v}^*\\-\boldsymbol{L}\boldsymbol{x}^*+\partial f^*(\boldsymbol{v}^*)\end{pmatrix}\tag{6-12}$$

定義算子：

$$\boldsymbol{M}:(\boldsymbol{x},\boldsymbol{v})\to(\partial g(\boldsymbol{x})+\boldsymbol{L}^*\boldsymbol{v},-\boldsymbol{L}\boldsymbol{x}+\partial f^*(\boldsymbol{v}))\tag{6-13}$$

並記$\boldsymbol{y}=(\boldsymbol{x},\boldsymbol{v})\in Y\triangleq X\times V$。根據文獻［5］的定理20.40、引理16.24、命題20.22和命題20.23，算子$(\boldsymbol{x},\boldsymbol{v})\to(\partial g(\boldsymbol{x}),\partial f^{\times}(\boldsymbol{v}))$是

極大單調的。同理，根據文獻［5］的例子 20.30，算子 $(\boldsymbol{x},\boldsymbol{v})\rightarrow(\boldsymbol{L}^*\boldsymbol{v},-\boldsymbol{L}\boldsymbol{x})$ 也是極大單調的。因此，由文獻［5］的引理 25.4 可知，算子 $\boldsymbol{M}$ 是極大單調的，即 $\langle\boldsymbol{M}\boldsymbol{y}-\boldsymbol{M}\boldsymbol{y}',\boldsymbol{y}-\boldsymbol{y}'\rangle\geqslant 0$，$\forall\,\boldsymbol{y},\boldsymbol{y}'\in Y$ 始終成立。

變分條件式(6-12) 表明，Lagrange 函數式(6-2) 的鞍點同時是極大單調算子 $\boldsymbol{M}$ 的零點，反之亦然。另一方面，$\boldsymbol{M}$ 的零點則等同於其非擴張的單值預解算子 $(\boldsymbol{I}+\boldsymbol{M})^{-1}$ 的不動點。因此，$\boldsymbol{M}$ 的零點可通過鬆弛不動點迭代。

$$\begin{cases}\tilde{\boldsymbol{y}}^{k+1}=(\boldsymbol{I}+\boldsymbol{M})^{-1}\boldsymbol{y}^k\\ \boldsymbol{y}^{k+1}=\rho^k\tilde{\boldsymbol{y}}^{k+1}+(1-\rho^k)\boldsymbol{y}^k\end{cases}\tag{6-14}$$

求得[5]。將上述迭代規則的第一個等式展開可得：

$$\begin{pmatrix}\boldsymbol{0}\\ \boldsymbol{0}\end{pmatrix}\in\begin{pmatrix}\partial g(\tilde{\boldsymbol{x}}^{k+1})+\boldsymbol{L}^*\tilde{\boldsymbol{v}}^{k+1}\\ -\boldsymbol{L}\tilde{\boldsymbol{x}}^{k+1}+\partial f^*(\tilde{\boldsymbol{v}}^{k+1})\end{pmatrix}+\begin{pmatrix}\tilde{\boldsymbol{x}}^{k+1}-\boldsymbol{x}^k\\ \tilde{\boldsymbol{v}}^{k+1}-\boldsymbol{v}^k\end{pmatrix}\tag{6-15}$$

容易發現，式(6-15) 的求解是十分困難的，因為 $\tilde{\boldsymbol{x}}^{k+1}$ 的更新和 $\tilde{\boldsymbol{v}}^{k+1}$ 更新是耦合在一起的。為解耦這兩個變量的更新，引入有界的非負定自共軛算子 $\boldsymbol{R}$，將 (6-15) 重塑為：

$$\begin{pmatrix}\boldsymbol{0}\\ \boldsymbol{0}\end{pmatrix}\in\underbrace{\begin{pmatrix}\partial g(\tilde{\boldsymbol{x}}^{k+1})+\boldsymbol{L}^*\tilde{\boldsymbol{v}}^{k+1}\\ -\boldsymbol{L}\tilde{\boldsymbol{x}}^{k+1}+\partial f^*(\tilde{\boldsymbol{v}}^{k+1})\end{pmatrix}}_{\boldsymbol{M}\tilde{\boldsymbol{y}}^{k+1}}+\underbrace{\begin{pmatrix}\frac{1}{t}\boldsymbol{I} & \boldsymbol{L}^*\\ \boldsymbol{L} & \boldsymbol{I}\end{pmatrix}}_{\boldsymbol{R}}\underbrace{\begin{pmatrix}\tilde{\boldsymbol{x}}^{k+1}-\boldsymbol{x}^k\\ \tilde{\boldsymbol{v}}^{k+1}-\boldsymbol{v}^k\end{pmatrix}}_{\tilde{\boldsymbol{y}}^{k+1}-\boldsymbol{y}^k}\tag{6-16}$$

式(6-16) 中的 $\boldsymbol{R}$ 可以通過待定係數法求得。將式(6-16) 展開，並加一鬆弛步驟可以得到如下求解式(6-12) 的迭代規則：

$$\begin{cases}\tilde{\boldsymbol{v}}^{k+1}=\mathrm{prox}_{f^*}(\boldsymbol{L}\boldsymbol{x}^k+\boldsymbol{v}^k)\\ \tilde{\boldsymbol{x}}^{k+1}=\mathrm{prox}_{tg}(\boldsymbol{x}^k-t\boldsymbol{L}^*(2\tilde{\boldsymbol{v}}^{k+1}-\boldsymbol{v}^k))\\ (\boldsymbol{x}^{k+1},\boldsymbol{v}^{k+1})=\rho^k(\tilde{\boldsymbol{x}}^{k+1},\tilde{\boldsymbol{v}}^{k+1})+(1-\rho^k)(\boldsymbol{x}^k,\boldsymbol{v}^k)\end{cases}\tag{6-17}$$

由

$$\begin{aligned}\frac{\tilde{\boldsymbol{v}}_h^{k+1}}{\sqrt{\beta_h}}&=\mathrm{prox}_{\bar{f}_h^*}\left(\sqrt{\beta_h}\boldsymbol{L}_h\boldsymbol{x}^k+\frac{\boldsymbol{v}_h^k}{\sqrt{\beta_h}}\right)=\underset{\frac{\boldsymbol{v}_h}{\sqrt{\beta_h}}}{\mathrm{argmin}}\bar{f}_h^*\left(\frac{\boldsymbol{v}_h}{\sqrt{\beta_h}}\right)+\\ &\qquad\frac{1}{2}\left\|\frac{\boldsymbol{v}_h}{\sqrt{\beta_h}}-\left(\sqrt{\beta_h}\boldsymbol{L}_h\boldsymbol{x}^k+\frac{\boldsymbol{v}_h^k}{\sqrt{\beta_h}}\right)\right\|_2^2\\ &=\frac{1}{\sqrt{\beta_h}}\underset{\boldsymbol{v}_h}{\mathrm{argmin}}f_h^*(\boldsymbol{v}_h)+\frac{1}{2\beta_h}\|\boldsymbol{v}_h-(\beta_h\boldsymbol{L}_h\boldsymbol{x}^k+\boldsymbol{v}_h^k)\|_2^2\end{aligned}\tag{6-18}$$

可知

$$\tilde{\boldsymbol{v}}_h^{k+1}=\mathrm{prox}_{\beta_h f_h^*}(\beta_h\boldsymbol{L}_h\boldsymbol{x}^k+\boldsymbol{v}_h^k)\tag{6-19}$$

故式(6-17) 等價於：

$$\begin{cases}\tilde{\boldsymbol{v}}_h^{k+1}=\operatorname{prox}_{\beta_h f_h^*}(\beta_h \boldsymbol{L}_h \boldsymbol{x}^k+\boldsymbol{v}_h^k), h=1,\cdots,H \\ \tilde{\boldsymbol{x}}^{k+1}=\operatorname{prox}_{tg}\left(\boldsymbol{x}^k-t\sum_{h=1}^{H}\boldsymbol{L}_h^*(2\tilde{\boldsymbol{v}}_h^{k+1}-\boldsymbol{v}_h^k)\right) \\ \boldsymbol{v}_h^{k+1}=\rho^k\tilde{\boldsymbol{v}}_h^{k+1}+(1-\rho^k)\boldsymbol{v}_h^k, h=1,\cdots,H \\ \boldsymbol{x}^{k+1}=\rho^k\tilde{\boldsymbol{x}}^{k+1}+(1-\rho^k)\boldsymbol{x}^k\end{cases} \tag{6-20}$$

算法 6-1 給出了總結上述討論的並行原始-對偶分裂（PPDS）算法。

算法 6-1　並行原始-對偶分裂算法（PPDS1）

步驟 1： 初始化 $\boldsymbol{x}^0=\boldsymbol{0}$，$\boldsymbol{v}_h^0=\boldsymbol{0}$，$\beta_h>0$，$h=1$，$\cdots$，$H$，$k=0$，$0<t\leqslant\left(1/\sum_{h=1}^{H}\beta_h\|\boldsymbol{L}_h^*\boldsymbol{L}_h\|\right)$；

步驟 2： 判斷是否滿足終止條件，若否，則執行以下步驟；

步驟 3： $\tilde{\boldsymbol{v}}_h^{k+1}=\operatorname{prox}_{\beta_h f_h^*}(\beta_h\boldsymbol{L}_h\boldsymbol{x}^k+\boldsymbol{v}_h^k)$，$h=1$，$\cdots$，$H$；

步驟 4： $\tilde{\boldsymbol{x}}^{k+1}=\operatorname{prox}_{tg}\left(\boldsymbol{x}^k-t\sum_{h=1}^{H}\boldsymbol{L}_h^*(2\tilde{\boldsymbol{v}}_h^{k+1}-\boldsymbol{v}_h^k)\right)$；

步驟 5： $\boldsymbol{v}_h^{k+1}=\rho^k\tilde{\boldsymbol{v}}_h^{k+1}+(1-\rho^k)\boldsymbol{v}_h^k$，$h=1$，$\cdots$，$H$；

步驟 6： $\boldsymbol{x}^{k+1}=\rho^k\tilde{\boldsymbol{x}}^{k+1}+(1-\rho^k)\boldsymbol{x}^k$；

步驟 7： $k=k+1$；

步驟 8： 結束循環並輸出 $\boldsymbol{x}^{k+1}$。

若式(6-16) 中引入的不是 $\boldsymbol{R}$，而是如下線性算子

$$\boldsymbol{R}'=\begin{pmatrix}\frac{1}{t}\boldsymbol{I} & -\boldsymbol{L}^* \\ -\boldsymbol{L} & \boldsymbol{I}\end{pmatrix} \tag{6-21}$$

則 $\tilde{\boldsymbol{x}}^{k+1}$ 將在 $\tilde{\boldsymbol{v}}^{k+1}$ 之前得到更新，由此可以得到如下等價的 PPDS 算法。

算法 6-2　等價的並行原始-對偶分裂算法（PPDS2）

步驟 1： 初始化 $\boldsymbol{x}^0=\boldsymbol{0}$，$\boldsymbol{v}_h^0=\boldsymbol{0}$，$\beta_h>0$，$h=1$，$\cdots$，$H$，$k=0$，$0<t\leqslant(1/\sum_{h=1}^{H}\beta_h\|\boldsymbol{L}_h^*\boldsymbol{L}_h\|)$；

步驟 2： 判斷是否滿足終止條件，若否，則執行以下步驟；

步驟 3： $\tilde{\boldsymbol{x}}^{k+1}=\operatorname{prox}_{tg}(\boldsymbol{x}^k-t\sum_{h=1}^{H}\boldsymbol{L}_h^*\boldsymbol{v}_h^k)$；

步驟 4： $\tilde{\boldsymbol{v}}_h^{k+1}=\operatorname{prox}_{\beta_h f_h^*}(\beta_h\boldsymbol{L}_h(2\tilde{\boldsymbol{x}}^{k+1}-\boldsymbol{x}^k)+\boldsymbol{v}_h^k)$，$h=1$，$\cdots$，$H$；

步驟 5： $\boldsymbol{x}^{k+1}=\rho^k\tilde{\boldsymbol{x}}^{k+1}+(1-\rho^k)\boldsymbol{x}^k$；

步驟 6： $\boldsymbol{v}_h^{k+1}=\rho^k\tilde{\boldsymbol{v}}_h^{k+1}+(1-\rho^k)\boldsymbol{v}_h^k$，$h=1$，$\cdots$，$H$；

步驟 7： $k=k+1$；

步驟 8： 結束循環並輸出 $\boldsymbol{x}^{k+1}$。

兩算法中關於 t 的條件源自於線性算子 $\boldsymbol{R}$ 和 $\boldsymbol{R}'$ 的非負定性，關於該條件的導出，在下一小節的收斂性討論中有著詳細的闡述。從算法 6-1 和算法 6-2 可以看到，所提 PPDS 方法有著高度並行的結構，其對偶變量的更新是獨立並行的，因此，該算法適用於分布式計算。

6.3 收斂性分析

本節將證明由 PPDS 算法所產生的始於任意點的序列收斂到 Lagrange 函數式(6-2) 的鞍點，且算法具有 $o(1/k)$ 的收斂速率。

6.3.1 收斂性證明

下述引理 6-1 源自於文獻［5］中的定理 6-14 及其證明。定理 6-1 的證明則受到文獻［149］中收斂性分析的啓發。

引理 6-1[5]　設 W 為有限維 Hilbert 空間 H 中的非空閉凸集；令 $\boldsymbol{T}: W \to W$ 為非擴張算子，即 $\|\boldsymbol{T}\boldsymbol{w}-\boldsymbol{T}\boldsymbol{w}'\| \leqslant \|\boldsymbol{w}-\boldsymbol{w}'\|$，$\forall\, \boldsymbol{w}$，$\boldsymbol{w}' \in W$，且有 $\mathrm{Fix}\boldsymbol{T} \neq \varnothing$（即 $\boldsymbol{T}$ 存在不動點）；令 $\{\mu^k\}_{k\in\mathbb{N}}$ 為 $(0, 1]$ 中的有界序列，令 $\tau^k=\mu^k(1-\mu^k)$，且有 $\sum_{k\in\mathbb{N}}\tau^k=+\infty$；令 $\boldsymbol{w}^0 \in W$，且有：

$$\boldsymbol{w}^{k+1}=(1-\mu^k)\boldsymbol{w}^k+\mu^k\boldsymbol{T}\boldsymbol{w}^k \tag{6-22}$$

則 $\forall\, \boldsymbol{w}^* \in \mathrm{Fix}\boldsymbol{T}$，下述幾點成立：

① $\{\|\boldsymbol{w}^k-\boldsymbol{w}^*\|^2\}$ 是單調非增的；

② $\{\|\boldsymbol{T}\boldsymbol{w}^k-\boldsymbol{w}^k\|^2\}$ 是單調非增的且收斂到 0；

③ $\{\tau^k\|\boldsymbol{T}\boldsymbol{w}^k-\boldsymbol{w}^k\|^2\}$ 是可加的且有 $\sum_{i=0}^{\infty}\tau^i\|\boldsymbol{T}\boldsymbol{w}^i-\boldsymbol{w}^i\|^2 \leqslant \|\boldsymbol{w}^0-\boldsymbol{w}^*\|^2$；

④ $\{\boldsymbol{w}^k\}$ 收斂到 $\mathrm{Fix}\boldsymbol{T}$ 中的一點。

引理 6-2[203]　令 $\{a^k\}$、$\{b^k\}$ 和 $\{c^k\}$ 為非負數列，若有 $c^k<1$、$a^{k+1}\leqslant c^k a^k+b^k$、$\sum_{k\in\mathbb{N}}(1-c^k)=+\infty$ 和 $b^k/(1-c^k)\to 0$ 成立，則必有 $a^k\to 0$。

定理 6-1　令 $\{\boldsymbol{x}^k; \boldsymbol{v}_1^k, \cdots, \boldsymbol{v}_H^k\}$ 為 PPDS 算法所產生的序列，且滿足以下兩條件：① $t>0$、$\beta_h>0$，$h=1, \cdots, H$ 和 $t\sum_{h=1}^{H}\beta_h\|\boldsymbol{L}_h^*\boldsymbol{L}_h\| \leqslant 1$ 成立；② 對於某一 $\varepsilon>0$，$\rho^k \in [\varepsilon, 2-\varepsilon]$ 和 $\sum_{k\in\mathbb{N}}\rho^k(2-\rho^k)=+\infty$ 成立。則 $\{\boldsymbol{x}^k; \boldsymbol{v}_1^k, \cdots, \boldsymbol{v}_H^k\}$ 收斂到問題式(6-2) 的鞍點，特別地，$\{\boldsymbol{x}^k\}$ 收斂到問題式(6-1) 的一個解。

證明 令 $\boldsymbol{P}$ 為投影到 $\boldsymbol{R}$（或 $\boldsymbol{R}'$）的值域 $\mathrm{ran}\boldsymbol{R}$（或 $\mathrm{ran}\boldsymbol{R}'$）的正交投影算子。因 $\boldsymbol{R}$ 的半正定性，$\boldsymbol{P}$ 是半正定自共軛的，且 $\boldsymbol{I}-\boldsymbol{P}$ 為投影到 $\boldsymbol{R}$ 的零域 $\mathrm{zer}\boldsymbol{R}=(\mathrm{ran}\boldsymbol{R})^{\perp}$ 上的正交投影算子。容易驗證，$\boldsymbol{Q}\triangleq\boldsymbol{R}+\boldsymbol{I}-\boldsymbol{P}$ 為正定算子，因此，可以通過 $\langle \boldsymbol{y},\boldsymbol{y}\rangle_Q=\langle \boldsymbol{y},\boldsymbol{Q}\boldsymbol{y}\rangle$ 定義內積 $\langle\cdot,\cdot\rangle_Q$，通過 $\|\boldsymbol{y}\|_Q=\sqrt{\langle \boldsymbol{y},\boldsymbol{Q}\boldsymbol{y}\rangle}$ 定義範數 $\|\cdot\|_Q$。由於 $\boldsymbol{Q}$ 的正定性，內積 $\langle\cdot,\cdot\rangle_Q$ 和範數 $\|\cdot\|_Q$ 分別等價於 Hilbert 空間中的內積 $\langle\cdot,\cdot\rangle$ 和範數 $\|\cdot\|$。

定義：

$$\boldsymbol{T}:\boldsymbol{y}^k\rightarrow\tilde{\boldsymbol{y}}^{k+1} \tag{6-23}$$

容易驗證 $\boldsymbol{R}\circ\boldsymbol{P}=\boldsymbol{R}$、$\boldsymbol{P}\circ\boldsymbol{R}=\boldsymbol{R}$ 和 $\boldsymbol{T}\circ\boldsymbol{P}=\boldsymbol{T}$ 成立，且有：

$$\boldsymbol{P}\boldsymbol{y}^{k+1}=(1-\rho^k)\boldsymbol{P}\boldsymbol{y}^k+\rho^k\boldsymbol{P}(\boldsymbol{T}\boldsymbol{y}^k) \tag{6-24}$$

接下來證明複合算子 $\boldsymbol{P}\circ\boldsymbol{T}$ 為固定非擴張的。由 $\boldsymbol{T}$ 的定義和式(6-16)可知：

$$\boldsymbol{0}\in\boldsymbol{M}(\boldsymbol{T}\boldsymbol{y})+\boldsymbol{R}(\boldsymbol{T}\boldsymbol{y})-\boldsymbol{R}\boldsymbol{y}\quad\forall\,\boldsymbol{y}\in Y \tag{6-25}$$

即 $(\boldsymbol{T}\boldsymbol{y},\boldsymbol{R}\boldsymbol{y}-\boldsymbol{R}(\boldsymbol{T}\boldsymbol{y}))$ 屬於算子 $\boldsymbol{M}$ 的圖像 $\mathrm{gra}\boldsymbol{M}$。因 $\boldsymbol{M}$ 為極大單調的，故有 $\forall\,\boldsymbol{y},\boldsymbol{y}'\in Y$，下式成立：

$$\begin{aligned}
&0\leqslant\langle \boldsymbol{T}\boldsymbol{y}-\boldsymbol{T}\boldsymbol{y}',\boldsymbol{R}\boldsymbol{y}-\boldsymbol{R}(\boldsymbol{T}\boldsymbol{y})-\boldsymbol{R}\boldsymbol{y}'+\boldsymbol{R}(\boldsymbol{T}\boldsymbol{y}')\rangle\\
&\overset{\boldsymbol{P}\circ\boldsymbol{R}=\boldsymbol{R}}{=}\langle \boldsymbol{P}(\boldsymbol{T}\boldsymbol{y})-\boldsymbol{P}(\boldsymbol{T}\boldsymbol{y}'),\boldsymbol{R}\boldsymbol{y}-\boldsymbol{R}(\boldsymbol{T}\boldsymbol{y})-\boldsymbol{R}\boldsymbol{y}'+\boldsymbol{R}(\boldsymbol{T}\boldsymbol{y}')\rangle\\
&=\langle \boldsymbol{P}(\boldsymbol{T}\boldsymbol{y})-\boldsymbol{P}(\boldsymbol{T}\boldsymbol{y}'),\boldsymbol{R}\boldsymbol{y}-\boldsymbol{R}\boldsymbol{y}'-\boldsymbol{R}\boldsymbol{P}(\boldsymbol{T}\boldsymbol{y})+\boldsymbol{R}\boldsymbol{P}(\boldsymbol{T}\boldsymbol{y}')\rangle\\
&=\langle \boldsymbol{P}(\boldsymbol{T}\boldsymbol{y})-\boldsymbol{P}(\boldsymbol{T}\boldsymbol{y}'),\boldsymbol{y}-\boldsymbol{y}'\rangle_Q-\|\boldsymbol{P}(\boldsymbol{T}\boldsymbol{y})-\boldsymbol{P}(\boldsymbol{T}\boldsymbol{y}')\|_Q^2
\end{aligned} \tag{6-26}$$

因此，由文獻［5］的命題 5.2（ⅳ）知，複合算子 $\boldsymbol{P}\circ\boldsymbol{T}$ 為固定非擴張的。

接下來建立極大單調算子 $\boldsymbol{M}$ 的零點與 $\boldsymbol{P}\circ\boldsymbol{T}$ 不動點之間的連繫。令 $\boldsymbol{y}^*\in\mathrm{zer}\boldsymbol{M}\neq\varnothing$，則 $(\boldsymbol{T}\boldsymbol{y}^*,\boldsymbol{R}\boldsymbol{y}^*-\boldsymbol{R}(\boldsymbol{T}\boldsymbol{y}^*))$ 和 $(\boldsymbol{y}^*,\boldsymbol{0})$ 均屬於 $\mathrm{gra}\boldsymbol{M}$。根據 $\boldsymbol{M}$ 的單調性，有：

$$0\leqslant\langle \boldsymbol{T}\boldsymbol{y}^*-\boldsymbol{y}^*,\boldsymbol{R}\boldsymbol{y}^*-\boldsymbol{R}(\boldsymbol{T}\boldsymbol{y}^*)\rangle \tag{6-27}$$

另一方面，因 $\boldsymbol{R}$ 是非負定的，有

$$0\leqslant\langle \boldsymbol{T}\boldsymbol{y}^*-\boldsymbol{y}^*,\boldsymbol{R}(\boldsymbol{T}\boldsymbol{y}^*)-\boldsymbol{R}\boldsymbol{y}^*\rangle \tag{6-28}$$

聯立式(6-27) 和式(6-28)，得

$$\langle \boldsymbol{T}\boldsymbol{y}^*-\boldsymbol{y}^*,\boldsymbol{R}(\boldsymbol{T}\boldsymbol{y}^*-\boldsymbol{y}^*)\rangle=0 \tag{6-29}$$

和

$$\boldsymbol{R}(\boldsymbol{T}\boldsymbol{y}^*-\boldsymbol{y}^*)=\boldsymbol{0} \tag{6-30}$$

即 $(\boldsymbol{T}\boldsymbol{y}^*-\boldsymbol{y}^*)\in\mathrm{zer}\boldsymbol{R}$。該結論與 $\boldsymbol{P}$ 的定義共同表明 $\boldsymbol{P}(\boldsymbol{T}\boldsymbol{y}^*-\boldsymbol{y}^*)=\boldsymbol{0}$ 成立。因為 $\boldsymbol{T}\circ\boldsymbol{P}=\boldsymbol{T}$，故：

$$\boldsymbol{P}(\boldsymbol{T}(\boldsymbol{P}\boldsymbol{y}^*))=\boldsymbol{P}(\boldsymbol{T}\boldsymbol{y}^*)=\boldsymbol{P}\boldsymbol{y}^* \tag{6-31}$$

即 $\boldsymbol{P}\boldsymbol{y}^* \in \mathrm{Fix}\boldsymbol{P}\circ\boldsymbol{T}$ 成立。

相反，若假設 $\boldsymbol{z}^* \in \mathrm{Fix}\boldsymbol{P}\circ\boldsymbol{T}$，則有：

$$\boldsymbol{z}^*=\boldsymbol{P}(\boldsymbol{T}\boldsymbol{z}^*)\Rightarrow\boldsymbol{R}\boldsymbol{z}^*=\boldsymbol{R}\boldsymbol{P}(\boldsymbol{T}\boldsymbol{z}^*)\Rightarrow\boldsymbol{R}\boldsymbol{z}^*=\boldsymbol{R}(\boldsymbol{T}\boldsymbol{z}^*)\overset{(5.25)}{\Rightarrow}\boldsymbol{T}\boldsymbol{z}^*\in\mathrm{zer}\boldsymbol{M} \tag{6-32}$$

迭代規則式(6-17) 可以轉化為：

$$\boldsymbol{P}\boldsymbol{y}^{k+1}=\left(1-\frac{\rho^k}{2}\right)\boldsymbol{P}\boldsymbol{y}^k+\frac{\rho^k}{2}(2\boldsymbol{P}\circ\boldsymbol{T}-\boldsymbol{I})(\boldsymbol{P}\boldsymbol{y}^k) \tag{6-33}$$

因 $\boldsymbol{P}\circ\boldsymbol{T}$ 為固定非擴張的，根據文獻［5］命題 5.2（ⅲ）可知，$2\boldsymbol{P}\circ\boldsymbol{T}-\boldsymbol{I}$ 為非擴張的。根據引理 6-1 第 4 個結論可知，$\{\boldsymbol{P}\boldsymbol{y}^k\}$ 收斂到某個 $\boldsymbol{z}^*\in\mathrm{Fix}\boldsymbol{P}\circ\boldsymbol{T}$。

根據臨近算子的連續性可知，算子 $\boldsymbol{T}$ 為連續的，因此，根據 $\tilde{\boldsymbol{y}}^{k+1}=\boldsymbol{T}\boldsymbol{y}^k=\boldsymbol{T}(\boldsymbol{P}\boldsymbol{y}^k)$，有 $\tilde{\boldsymbol{y}}^{k+1}$ 收斂到 $\boldsymbol{T}\boldsymbol{z}^*\in\mathrm{zer}\boldsymbol{M}$。此外，有：

$$\|\boldsymbol{y}^{k+1}-\boldsymbol{T}\boldsymbol{z}^*\|\leqslant\rho^k\|\tilde{\boldsymbol{y}}^{k+1}-\boldsymbol{T}\boldsymbol{z}^*\|+|1-\rho^k|\|\boldsymbol{y}^k-\boldsymbol{T}\boldsymbol{z}^*\| \quad \forall k\in\mathbb{N} \tag{6-34}$$

令 $a^k=\|\boldsymbol{y}^k-\boldsymbol{T}\boldsymbol{z}^*\|$、$b^k=\rho^k\|\tilde{\boldsymbol{y}}^{k+1}-\boldsymbol{T}\boldsymbol{z}^*\|$和 $c^k=|1-\rho^k|$，則有 $b^k\to0$。根據定理 6-1 中的第二個假設條件，有 $\sum_{k\in\mathbb{N}}(1-c^k)=+\infty$，故有 $b^k/(1-c^k)\to0$。因此，根據引理 6-2，有 $a^k\to0$ 和 $\{\boldsymbol{y}^{k+1}\}$ 收斂到某個 $\boldsymbol{T}\boldsymbol{z}^*\in\mathrm{zer}\boldsymbol{M}$，即 Lagrange 函數式(6-5) 的某個鞍點。根據式(6-2) 和式(6-5) 的等價性，$\{\boldsymbol{x}^k;\boldsymbol{v}_1^k,\cdots,\boldsymbol{v}_H^k\}$ 收斂到式(6-2) 的某個鞍點，特別地，$\{\boldsymbol{x}^k\}$ 收斂到問題式(6-1) 的一個解。定理 6-1 得證。

6.3.2 收斂速率分析

本小節給出了所提 PPDS 算法的 $O(1/k)$ 收斂速率，該收斂速率要強於上一章所講的 $o(1/k)$ 收斂速率。

定理 6-2 令 $\boldsymbol{y}=(\boldsymbol{x},\boldsymbol{v}_1/\sqrt{\beta_1},\cdots,\boldsymbol{v}_H/\sqrt{\beta_H})=(\boldsymbol{x},\boldsymbol{v})\in X\times V$，$\{\boldsymbol{x}^k;\boldsymbol{v}_1^k,\cdots,\boldsymbol{v}_H^k\}$ 為 PPDS 算法在定理 6-1 條件下所產生的序列；令 $\boldsymbol{P}$ 為投影到 $\boldsymbol{R}$（或 $\boldsymbol{R}'$）的值域 $\mathrm{ran}\boldsymbol{R}$（或 $\mathrm{ran}\boldsymbol{R}'$）的正交自共軛投影算子；記：

$$\underline{\tau}=\inf\frac{\rho^k}{2}\left(1-\frac{\rho^k}{2}\right)>0 \tag{6-35}$$

和

$$\|\boldsymbol{y}^{k+1}-\boldsymbol{y}^k\|_{\boldsymbol{P}}^2=\langle\boldsymbol{y}^{k+1}-\boldsymbol{y}^k,\boldsymbol{P}(\boldsymbol{y}^{k+1}-\boldsymbol{y}^k)\rangle \tag{6-36}$$

則有下述兩點成立

①

$$\| \boldsymbol{y}^{k+1} - \boldsymbol{y}^k \|_{\boldsymbol{P}}^2 \leqslant \frac{\frac{1}{\underline{\tau}}\left(\frac{\rho^k}{2}\right)^2 \| \boldsymbol{y}^0 - \boldsymbol{y}^* \|_{\boldsymbol{P}}^2}{k+1} \tag{6-37}$$

② $\| \boldsymbol{y}^{k+1} - \boldsymbol{y}^k \|_{\boldsymbol{P}}^2 = o(1/k)$ 成立，即$\| \boldsymbol{y}^{k+1} - \boldsymbol{y}^k \|_{\boldsymbol{P}}^2$ 為 $1/k$ 的高階無窮小。

證明 令

$$\mathrm{e}^k = \| (2\boldsymbol{P} \circ \boldsymbol{T} - \boldsymbol{I})(\boldsymbol{P}\boldsymbol{y}^k) - \boldsymbol{P}\boldsymbol{y}^k \|_2^2 \tag{6-38}$$

和

$$\tau^k = \frac{\rho^k}{2}\left(1 - \frac{\rho^k}{2}\right) \tag{6-39}$$

定義 $\hat{\tau}_k = \sum_{i=0}^{k} \tau^i$ 。根據引理 6-1 第 2 和第 3 個結論，$\{e^k\}$ 是單調非增的，且有 $\sum_{i=0}^{+\infty} \tau^i \mathrm{e}^i \leqslant \| \boldsymbol{P}\boldsymbol{y}^0 - \boldsymbol{P}\boldsymbol{y}^* \|_2^2 \leqslant +\infty$ 。故有：

$$\hat{\tau}_k \mathrm{e}^k = \mathrm{e}^k \sum_{i=0}^{k} \tau^i \leqslant \sum_{i=0}^{k} \tau^i \mathrm{e}^i \leqslant \sum_{i=0}^{+\infty} \tau^i \mathrm{e}^i \tag{6-40}$$

和

$$\mathrm{e}^k \leqslant \frac{\| \boldsymbol{P}\boldsymbol{y}^0 - \boldsymbol{P}\boldsymbol{y}^* \|_2^2}{\hat{\tau}_k} \tag{6-41}$$

因此：

$$\| \boldsymbol{y}^{k+1} - \boldsymbol{y}^k \|_{\boldsymbol{P}}^2 = \| \boldsymbol{P}\boldsymbol{y}^{k+1} - \boldsymbol{P}\boldsymbol{y}^k \|_2^2 = \left(\frac{\rho^k}{2}\right)^2 \| (2\boldsymbol{P} \circ \boldsymbol{T} - \boldsymbol{I})(\boldsymbol{P}\boldsymbol{y}^k) - \boldsymbol{P}\boldsymbol{y}^k \|_2^2 \leqslant$$

$$\left(\frac{\rho^k}{2}\right)^2 \frac{\| \boldsymbol{P}\boldsymbol{y}^0 - \boldsymbol{P}\boldsymbol{y}^* \|_2^2}{\hat{\tau}_k} \leqslant \frac{\frac{1}{\underline{\tau}}\left(\frac{\rho^k}{2}\right)^2 \| \boldsymbol{y}^0 - \boldsymbol{y}^* \|_{\boldsymbol{P}}^2}{k+1} \tag{6-42}$$

另一方面，因為：

$$(\hat{\tau}_{2k} - \hat{\tau}_k)\mathrm{e}^{2k} \leqslant \tau^{2k}\mathrm{e}^{2k} + \cdots + \tau^{k+1}\mathrm{e}^{k+1} = \sum_{i=k+1}^{2k} \tau^i \mathrm{e}^i \tag{6-43}$$

故有：

$$(\hat{\tau}_k - \hat{\tau}_{\lceil k/2 \rceil})\mathrm{e}^k \leqslant \sum_{i=(k+1)/2}^{k} \tau^i \mathrm{e}^i \xrightarrow{k \to +\infty} 0 \tag{6-44}$$

其中，$\lceil k/2 \rceil$為對 $k/2$ 向上取整。不等式(6-44) 表明：

$$\mathrm{e}^k = o\left(\frac{1}{\hat{\tau}_k - \hat{\tau}_{\lceil k/2 \rceil}}\right) \tag{6-45}$$

另一方面，有：

$$\hat{\tau}_k - \hat{\tau}_{\lceil k/2 \rceil} \geqslant \underline{\tau}(k - \lceil k/2 \rceil) \geqslant \underline{\tau}\,\frac{k-1}{2} \tag{6-46}$$

式(6-45) 和式(6-46) 表明：

$$\|\boldsymbol{y}^{k+1}-\boldsymbol{y}^{k}\|_{\boldsymbol{P}}^{2}=\left(\frac{\rho^{k}}{2}\right)^{2}\mathrm{e}^{k}=o(1/k) \tag{6-47}$$

定理 6-2 得證。

6.4 關於原始-對偶分裂方法的進一步討論與推廣

本節進一步探討了 PPDS 方法與線性 ADMM 算法的關係，並將其推廣到了帶有 Lipschitz 可導項的情形。

6.4.1 與並行線性交替方向乘子法的關係

首先導出求解問題式(6-1) 的並行線性交替方向乘子法（PLADMM)。式(6-1) 的增廣 Lagrange 函數為：

$$\begin{aligned}L_{A}(\boldsymbol{x},\boldsymbol{a}_{1},\cdots,\boldsymbol{a}_{H};\boldsymbol{v}_{1},\cdots,\boldsymbol{v}_{H})=g(\boldsymbol{x})+\sum_{h=1}^{H}(f_{h}(\boldsymbol{a}_{h})+\\ \langle\boldsymbol{v}_{h},\boldsymbol{L}_{h}\boldsymbol{x}-\boldsymbol{a}_{h}\rangle+\frac{\beta_{h}}{2}\|\boldsymbol{L}_{h}\boldsymbol{x}-\boldsymbol{a}_{h}\|_{2}^{2})\end{aligned} \tag{6-48}$$

由第 5 章相關理論知，求解式(6-48) 鞍點的 PADMM 迭代規則為：

$$\begin{cases}\boldsymbol{a}_{h}^{k+1}=\operatorname{prox}_{f_{h}/\beta_{h}}\left(\boldsymbol{L}_{h}\boldsymbol{x}^{k}+\dfrac{\boldsymbol{v}_{h}^{k}}{\beta_{h}}\right)h=1,\cdots,H\\ \boldsymbol{v}_{h}^{k+1}=\boldsymbol{v}_{h}^{k}+\beta_{h}(\boldsymbol{L}_{h}\boldsymbol{x}^{k}-\boldsymbol{a}_{h}^{k+1})h=1,\cdots,H\\ \boldsymbol{x}^{k+1}=\underset{\boldsymbol{x}}{\operatorname{argmin}}\ g(\boldsymbol{x})+\displaystyle\sum_{h=1}^{H}\frac{\beta_{h}}{2}\left\|\boldsymbol{L}_{h}\boldsymbol{x}-\boldsymbol{a}_{h}^{k+1}+\frac{\boldsymbol{v}_{h}^{k+1}}{\beta_{h}}\right\|_{2}^{2}\end{cases} \tag{6-49}$$

將上式第三個等式中的二次項在 $\boldsymbol{x}^{k}$ 附近做 Taylor 級數展開，並取前兩項，則：

$$\begin{aligned}\boldsymbol{x}^{k+1}&=\underset{\boldsymbol{x}}{\operatorname{argmin}}\ g(\boldsymbol{x})+\\ &\langle\boldsymbol{x}-\boldsymbol{x}^{k},\sum_{h=1}^{H}\beta_{h}\boldsymbol{L}_{h}^{*}\left(\boldsymbol{L}_{h}\boldsymbol{x}^{k}-\boldsymbol{a}_{h}^{k+1}+\frac{\boldsymbol{v}_{h}^{k+1}}{\beta_{h}}\right)\rangle+\frac{1}{2t}\|\boldsymbol{x}-\boldsymbol{x}^{k}\|_{2}^{2}\\ &=\underset{\boldsymbol{x}}{\operatorname{argmin}}\ g(\boldsymbol{x})+\frac{1}{2t}\left\|\boldsymbol{x}-\boldsymbol{x}^{k}+t\sum_{h=1}^{H}\beta_{h}\boldsymbol{L}_{h}^{*}\left(\boldsymbol{L}_{h}\boldsymbol{x}^{k}-\boldsymbol{a}_{h}^{k+1}+\frac{\boldsymbol{v}_{h}^{k+1}}{\beta_{h}}\right)\right\|_{2}^{2}\\ &=\operatorname{prox}_{tg}\left(\boldsymbol{x}^{k}-t\sum_{h=1}^{H}\beta_{h}\boldsymbol{L}_{h}^{*}\left(\boldsymbol{L}_{h}\boldsymbol{x}^{k}-\boldsymbol{a}_{h}^{k+1}+\frac{\boldsymbol{v}_{h}^{k+1}}{\beta_{h}}\right)\right)\end{aligned} \tag{6-50}$$

故可得 PLADMM 迭代規則：

$$\begin{cases} \boldsymbol{a}_h^{k+1} = \operatorname{prox}_{f_h/\beta_h}\left(\boldsymbol{L}_h \boldsymbol{x}^k + \dfrac{\boldsymbol{v}_h^k}{\beta_h}\right) h = 1, \cdots, H \\ \boldsymbol{v}_h^{k+1} = \boldsymbol{v}_h^k + \beta_h (\boldsymbol{L}_h \boldsymbol{x}^k - \boldsymbol{a}_h^{k+1}) h = 1, \cdots, H \\ \boldsymbol{x}^{k+1} = \operatorname{prox}_{tg}\left(\boldsymbol{x}^k - t \sum_{h=1}^{H} \beta_h \boldsymbol{L}_h^* \left(\boldsymbol{L}_h \boldsymbol{x}^k - \boldsymbol{a}_h^{k+1} + \dfrac{\boldsymbol{v}_h^{k+1}}{\beta_h}\right)\right) \end{cases} \tag{6-51}$$

將 $\boldsymbol{v}_h^k + \beta_h \boldsymbol{L}_h \boldsymbol{x}^k$ 看作整體，對式(6-51)前兩步應用 Moreau 分解，得：

$$\begin{cases} \boldsymbol{v}_h^{k+1} = \operatorname{prox}_{\beta_h f_h^*}(\beta_h \boldsymbol{L}_h \boldsymbol{x}^k + \boldsymbol{v}_h^k) h = 1, \cdots, H \\ \boldsymbol{x}^{k+1} = \operatorname{prox}_{tg}\left(\boldsymbol{x}^k - t \sum_{h}^{H} \boldsymbol{L}_h^* (2\boldsymbol{v}_h^{k+1} - \boldsymbol{v}_h^k)\right) \end{cases} \tag{6-52}$$

由此可知，PLADMM 算法為 $\rho^k \equiv 1$ 時的 PPDS 算法。故 PPDS 可以看作 PLADMM 的鬆弛推廣形式。PLADMM 的收斂性同樣以 $0 < t \leqslant (1/\sum_{h=1}^{H} \beta_h \|\boldsymbol{L}_h^* \boldsymbol{L}_h\|)$ 為條件。

6.4.2 並行原始-對偶分裂方法的進一步推廣

本小節考慮如下一般性優化問題：

$$\min_{\boldsymbol{x} \in X} p(\boldsymbol{x}) + g(\boldsymbol{x}) + \sum_{h=1}^{H} f_h(\boldsymbol{L}_h \boldsymbol{x}) \tag{6-53}$$

問題式(6-53)在問題式(6-1)的基礎上，增加了凸可微函數 $p(\boldsymbol{x})$，其梯度 ∇p 具有 γ-Lipschitz 連續性，即存在某個 γ 使得：

$$\|\nabla p(\boldsymbol{x}) - \nabla p(\boldsymbol{x}')\| \leqslant \gamma \|\boldsymbol{x} - \boldsymbol{x}'\| \ \forall \boldsymbol{x}, \boldsymbol{x}' \in X \tag{6-54}$$

問題式(6-53)所對應的 Lagrange 函數為：

$$\min_{\boldsymbol{x} \in X} \max_{\boldsymbol{v}_1 \in V_1, \cdots, \boldsymbol{v}_H \in V_H} p(\boldsymbol{x}) + g(\boldsymbol{x}) - \sum_{h=1}^{H} (f_h^*(\boldsymbol{v}_h) - \langle \boldsymbol{L}_h \boldsymbol{x}, \boldsymbol{v}_h \rangle) \tag{6-55}$$

其等價的加權 Lagrange 函數為：

$$\begin{aligned} &\min_{\boldsymbol{x} \in X} \max_{\frac{\boldsymbol{v}_1}{\sqrt{\beta_1}} \in V_1, \cdots, \frac{\boldsymbol{v}_H}{\sqrt{\beta_H}} \in V_H} p(\boldsymbol{x}) + g(\boldsymbol{x}) \\ &- \sum_{h=1}^{H} \left(\overline{f}_h^* \left(\frac{\boldsymbol{v}_h}{\sqrt{\beta_h}} \right) - \left\langle \sqrt{\beta_h} \boldsymbol{L}_h \boldsymbol{x}, \frac{\boldsymbol{v}_h}{\sqrt{\beta_h}} \right\rangle \right) \end{aligned} \tag{6-56}$$

根據 KKT 定理，其對應的變分條件應為：

$$\begin{pmatrix}\mathbf{0}\\\mathbf{0}\\\vdots\\\mathbf{0}\end{pmatrix}\in\begin{pmatrix}\nabla p(\boldsymbol{x}^*)+\partial g(\boldsymbol{x}^*)+\sum_{h=1}^{H}\sqrt{\beta_h}\boldsymbol{L}_h^*\dfrac{\boldsymbol{v}_h^*}{\sqrt{\beta_h}}\\-\sqrt{\beta_1}\boldsymbol{L}_1\boldsymbol{x}^*+\partial\overline{f}_1^*\left(\dfrac{\boldsymbol{v}_1^*}{\sqrt{\beta_1}}\right)\\\vdots\\-\sqrt{\beta_H}\boldsymbol{L}_H\boldsymbol{x}^*+\partial\overline{f}_H^*\left(\dfrac{\boldsymbol{v}_H^*}{\sqrt{\beta_H}}\right)\end{pmatrix}\tag{6-57}$$

(1) 推廣的原始-對偶分裂方法

採用與 6.3.3 節同樣的簡化標記方法，並引入相同的加權矩陣，可以得到如下等式：

$$-\underbrace{\begin{pmatrix}\nabla p(\boldsymbol{x}^k)\\\mathbf{0}\end{pmatrix}}_{\boldsymbol{B}\boldsymbol{y}^k}\in\underbrace{\begin{pmatrix}\partial g(\widetilde{\boldsymbol{x}}^{k+1})+\boldsymbol{L}^*\widetilde{\boldsymbol{v}}^{k+1}\\-\boldsymbol{L}\widetilde{\boldsymbol{x}}^{k+1}+\partial f^*(\widetilde{\boldsymbol{v}}^{k+1})\end{pmatrix}}_{\boldsymbol{M}\widetilde{\boldsymbol{y}}^{k+1}}+\underbrace{\begin{pmatrix}\frac{1}{t}\boldsymbol{I}&\boldsymbol{L}^*\\\boldsymbol{L}&\boldsymbol{I}\end{pmatrix}}_{\boldsymbol{R}}\underbrace{\begin{pmatrix}\widetilde{\boldsymbol{x}}^{k+1}-\boldsymbol{x}^k\\\widetilde{\boldsymbol{v}}^{k+1}-\boldsymbol{v}^k\end{pmatrix}}_{\widetilde{\boldsymbol{y}}^{k+1}-\boldsymbol{y}^k}\tag{6-58}$$

將式(6-58) 展開，並加一鬆弛步驟可以得到如下求解 (6-53) 的迭代規則：

$$\begin{cases}\widetilde{\boldsymbol{v}}^{k+1}=\mathrm{prox}_{f^*}(\boldsymbol{L}\boldsymbol{x}^k+\boldsymbol{v}^k)\\\widetilde{\boldsymbol{x}}^{k+1}=\mathrm{prox}_{tg}(\boldsymbol{x}^k-\nabla p(\boldsymbol{x}^k)-t\boldsymbol{L}^*(2\widetilde{\boldsymbol{v}}^{k+1}-\boldsymbol{v}^k))\\(\boldsymbol{x}^{k+1},\boldsymbol{v}^{k+1})=\rho^k(\widetilde{\boldsymbol{x}}^{k+1},\widetilde{\boldsymbol{v}}^{k+1})+(1-\rho^k)(\boldsymbol{x}^k,\boldsymbol{v}^k)\end{cases}\tag{6-59}$$

進一步展開可得

$$\begin{cases}\widetilde{\boldsymbol{v}}_h^{k+1}=\mathrm{prox}_{\beta_h f_h^*}(\beta_h\boldsymbol{L}_h\boldsymbol{x}^k+\boldsymbol{v}_h^k),h=1,\cdots,H\\\widetilde{\boldsymbol{x}}^{k+1}=\mathrm{prox}_{tg}(\boldsymbol{x}^k-\nabla p(\boldsymbol{x}^k)-t\sum_{h=1}^{H}\boldsymbol{L}_h^*(2\widetilde{\boldsymbol{v}}_h^{k+1}-\boldsymbol{v}_h^k))\\\boldsymbol{v}_h^{k+1}=\rho^k\widetilde{\boldsymbol{v}}_h^{k+1}+(1-\rho^k)\boldsymbol{v}_h^k,h=1,\cdots,H\\\boldsymbol{x}^{k+1}=\rho^k\widetilde{\boldsymbol{x}}^{k+1}+(1-\rho^k)\boldsymbol{x}^k\end{cases}\tag{6-60}$$

算法 6.3　推廣的並行原始-對偶分裂算法 (PPDS3)

步驟 1：設置 $k=0,\boldsymbol{x}^0=\mathbf{0}$，$\boldsymbol{v}_h^0=\mathbf{0}$，$\beta_h>0$，$h=1$，⋯，$H$ 和$(1/t)-\sum_{h=1}^{H}\beta_h\|\boldsymbol{L}_h^*\boldsymbol{L}_h\|\geqslant(\gamma/2)$；

步驟 2：判斷是否滿足終止條件，若否，則執行以下步驟；

步驟 3：$\widetilde{\boldsymbol{v}}_h^{k+1}=\mathrm{prox}_{\beta_h f_h^*}(\beta_h\boldsymbol{L}_h\boldsymbol{x}^k+\boldsymbol{v}_h^k)$，$h=1$，⋯，$H$；

步驟 4：$\widetilde{\boldsymbol{x}}^{k+1}=\mathrm{prox}_{tg}(\boldsymbol{x}^k-\nabla p(\boldsymbol{x}^k)-t\sum_{h=1}^{H}\boldsymbol{L}_h^*(2\widetilde{\boldsymbol{v}}_h^{k+1}-\boldsymbol{v}_h^k))$；

步驟 5：$\boldsymbol{v}_h^{k+1}=\rho^k\widetilde{\boldsymbol{v}}_h^{k+1}+(1-\rho^k)\boldsymbol{v}_h^k$，$h=1$，…，$H$；

步驟 6：$\boldsymbol{x}^{k+1}=\rho^k\widetilde{\boldsymbol{x}}^{k+1}+(1-\rho^k)\boldsymbol{x}^k$；

步驟 7：$k=k+1$；

步驟 8：結束循環並輸出 $\boldsymbol{x}^{k+1}$。

若式(6-57) 中引入的不是$\boldsymbol{R}$，而是$\boldsymbol{R}'$，則 $\widetilde{\boldsymbol{x}}^{k+1}$ 將在 $\widetilde{\boldsymbol{v}}^{k+1}$ 之前得到更新，由此可以得到算法 6-4 中等價的推廣 PPDS 算法。

算法 6-4　等價的推廣並行原始-對偶分裂算法（PPDS3）

步驟 1：設置 $k=0$，$\boldsymbol{x}^0=\boldsymbol{0}$，$\boldsymbol{v}_h^0=\boldsymbol{0}$，$\beta_h>0$，$h=1,\cdots,H$ 和 $(1/t)-\sum_{h=1}^{H}\beta_h\|\boldsymbol{L}_h^*\boldsymbol{L}_h\|\geqslant(\gamma/2)$；

步驟 2：判斷是否滿足終止條件，若否，則執行以下步驟；

步驟 3：$\widetilde{\boldsymbol{x}}^{k+1}=\operatorname{prox}_{tg}(\boldsymbol{x}^k-\nabla p(\boldsymbol{x}^k)-t\sum_{h=1}^{H}\boldsymbol{L}_h^*\boldsymbol{v}_h^k)$；

步驟 4：$\widetilde{\boldsymbol{v}}_h^{k+1}=\operatorname{prox}_{\beta_h f_h^*}(\beta_h\boldsymbol{L}_h(2\widetilde{\boldsymbol{x}}^{k+1}-\boldsymbol{x}^k)+\boldsymbol{v}_h^k)$，$h=1,\cdots,H$；

步驟 5：$\boldsymbol{x}^{k+1}=\rho^k\widetilde{\boldsymbol{x}}^{k+1}+(1-\rho^k)\boldsymbol{x}^k$；

步驟 6：$\boldsymbol{v}_h^{k+1}=\rho^k\widetilde{\boldsymbol{v}}_h^{k+1}+(1-\rho^k)\boldsymbol{v}_h^k$，$h=1$，…，$H$；

步驟 7：$k=k+1$；

步驟 8：結束循環並輸出 $\boldsymbol{x}^{k+1}$。

(2) 算法原理與收斂性分析

儘管加入 Lipschitz 可導項的 PPDS 算法 6-3（6-4）與算法 6-1 在結構上非常相似，但其導出的基本依據却有很大差異。事實上，推廣的 PPDS 算法 6-3（6-4）可以看作前向-後向分裂算法的一種特殊形式，而 PPDS 算法 6-1（6-2）則可看作臨近迭代算法的一種特殊形式。下述定理確立了推廣 PPDS 算法的收斂性，並給出了其收斂性條件。

引理 6-3　令 $\boldsymbol{M}_1$：$H\rightarrow 2^H$ 為極大單調算子，令 $\boldsymbol{M}_2$：$H\rightarrow H$ 為 κ-餘強制（cocoercive，即 $\kappa\boldsymbol{M}_2$ 為固定非擴張算子）映射，令 $\tau\in(0,2\kappa]$，且定義 $\delta\triangleq 2-(\tau/2\kappa)$。此外，令 $\rho^k\in(0,\delta)$ 且有 $\sum_{k\in\mathbb{N}}\rho^k(2-\rho^k)=+\infty$。假設 $\operatorname{zer}(\boldsymbol{M}_1+\boldsymbol{M}_2)\neq\varnothing$，令：

$$\boldsymbol{w}^{k+1}=\rho^k(1+\partial\boldsymbol{M}_1)^{-1}(\boldsymbol{w}^k-\tau\boldsymbol{M}_2\boldsymbol{w}^k)+(1-\rho^k)\boldsymbol{w}^k \tag{6-61}$$

定理 6-3　令 $\{\boldsymbol{x}^k;\boldsymbol{v}_1^k,\cdots,\boldsymbol{v}_H^k\}$ 為推廣 PPDS 算法 6-3（6-4）所產生的序列，令 $t>0$，$\beta_h>0$，$h=1,\cdots,H$，若以下兩條件成立：

①

$$\frac{1}{t}-\sum_{h=1}^{H}\beta_h\|\boldsymbol{L}_h^*\boldsymbol{L}_h\|\geqslant\frac{\gamma}{2} \tag{6-62}$$

② $\forall n\in\mathbb{N}$，$\rho^k\in(0,\delta)$，其中：

$$\delta \triangleq 2-\frac{\gamma}{2}\left(\frac{1}{t}-\sum_{h=1}^{H}\beta_h \|\boldsymbol{L}_h^* \boldsymbol{L}_h\|\right)^{-1} \in (1,2) \tag{6-63}$$

且有 $\sum_{k\in\mathbb{N}} \rho^k(2-\rho^k)=+\infty$ 。

則 $\{\boldsymbol{x}^k;\ \boldsymbol{v}_1^k,\ \cdots,\ \boldsymbol{v}_H^k\}$ 收斂到問題式(6-55) 的鞍點，特別地，$\{\boldsymbol{x}^k\}$ 收斂到問題式(6-53) 的一個解。

證明　根據條件①可知，$\boldsymbol{R}$ 為可逆算子，記其逆算子為 $\boldsymbol{R}^{-1}$，則等式(6-57) 等價於：

$$\widetilde{\boldsymbol{y}}^{k+1}=(\boldsymbol{I}+\boldsymbol{R}^{-1}\circ\boldsymbol{M})\circ(\boldsymbol{I}-\boldsymbol{R}^{-1}\circ\boldsymbol{B})\boldsymbol{y}^k \tag{6-64}$$

如同前述，$\boldsymbol{M}$ 為極大單調算子，故根據 $\boldsymbol{R}^{-1}$ 的單射性可知，$\boldsymbol{R}^{-1}\circ\boldsymbol{M}$ 在內積 $\langle\cdot,\ \cdot\rangle_{\boldsymbol{R}}$ 誘導的 Hilbert 空間 $Y_{\boldsymbol{R}}$ 中是單調的。根據待定係數法可以求得 $\boldsymbol{R}^{-1}$ 為：

$$\boldsymbol{R}^{-1}=\begin{pmatrix} \left(\frac{\boldsymbol{I}}{t}-\boldsymbol{L}^*\boldsymbol{L}\right)^{-1} & -t\boldsymbol{L}^*(\boldsymbol{I}-t\boldsymbol{L}\boldsymbol{L}^*)^{-1} \\ -\boldsymbol{L}\left(\frac{\boldsymbol{I}}{t}-\boldsymbol{L}^*\boldsymbol{L}\right)^{-1} & (\boldsymbol{I}-t\boldsymbol{L}\boldsymbol{L}^*)^{-1} \end{pmatrix} \tag{6-65}$$

下面證明 $\boldsymbol{R}^{-1}\circ\boldsymbol{B}$ 的餘強制性。對於任意 $\boldsymbol{y}=(\boldsymbol{x},\ \boldsymbol{v})$ 和 $\boldsymbol{y}'=(\boldsymbol{x}',\ \boldsymbol{v}')$，有：

$$\|\boldsymbol{R}^{-1}\circ\boldsymbol{B}(\boldsymbol{y})-\boldsymbol{R}^{-1}\circ\boldsymbol{B}(\boldsymbol{y}')\|_{\boldsymbol{R}}^2=\langle\boldsymbol{R}^{-1}\circ\boldsymbol{B}(\boldsymbol{y})-\boldsymbol{R}^{-1}\circ\boldsymbol{B}(\boldsymbol{y}'),\boldsymbol{B}(\boldsymbol{y})-\boldsymbol{B}(\boldsymbol{y}')\rangle$$

$$=\left\langle\left(\frac{\boldsymbol{I}}{t}-\boldsymbol{L}^*\boldsymbol{L}\right)^{-1}(\nabla p(\boldsymbol{x})-\nabla p(\boldsymbol{x}')),\nabla p(\boldsymbol{x})-\nabla p(\boldsymbol{x}')\right\rangle\leqslant$$

$$\left(\frac{\boldsymbol{I}}{t}-\|\boldsymbol{L}^*\boldsymbol{L}\|\right)^{-1}\|\nabla p(\boldsymbol{x})-\nabla p(\boldsymbol{x}')\|_2^2$$

$$\leqslant\gamma^2\left(\frac{1}{t}-\|\boldsymbol{L}^*\boldsymbol{L}\|\right)^{-1}\|\boldsymbol{x}-\boldsymbol{x}'\|_2^2 \overset{\kappa=\frac{\frac{1}{t}-\|\boldsymbol{L}^*\boldsymbol{L}\|}{\gamma}}{=} \frac{\gamma}{\kappa}\|\boldsymbol{x}-\boldsymbol{x}'\|_2^2 \tag{6-66}$$

定義線性算子 $\boldsymbol{Q}$：$(\boldsymbol{x},\ \boldsymbol{v})\rightarrow(\boldsymbol{x},\ \boldsymbol{0})$，則：

$$\boldsymbol{R}-\kappa\boldsymbol{Q}=\begin{pmatrix}\frac{\boldsymbol{I}}{t} & \boldsymbol{L}^* \\ \boldsymbol{L} & \boldsymbol{I}\end{pmatrix}-\kappa\begin{pmatrix}\boldsymbol{I} & \boldsymbol{0} \\ \boldsymbol{0} & \boldsymbol{0}\end{pmatrix}=\begin{pmatrix}\|\boldsymbol{L}^*\boldsymbol{L}\|\boldsymbol{I} & \boldsymbol{L}^* \\ \boldsymbol{L} & \boldsymbol{I}\end{pmatrix} \tag{6-67}$$

容易驗證，$\boldsymbol{R}-\kappa\boldsymbol{Q}$ 是半正定的，故有：

$$\gamma\kappa\|\boldsymbol{x}-\boldsymbol{x}'\|_2^2=\langle\boldsymbol{y}-\boldsymbol{y}',\gamma\kappa\boldsymbol{Q}(\boldsymbol{y}-\boldsymbol{y}')\rangle\leqslant\langle\boldsymbol{y}-\boldsymbol{y}',\boldsymbol{R}(\boldsymbol{y}-\boldsymbol{y}')\rangle=\|\boldsymbol{y}-\boldsymbol{y}'\|_{\boldsymbol{R}}^2 \tag{6-68}$$

聯立式(6-66) 和式(6-68) 可得：

$$\kappa\|\boldsymbol{R}^{-1}\circ\boldsymbol{B}(\boldsymbol{y})-\boldsymbol{R}^{-1}\circ\boldsymbol{B}(\boldsymbol{y}')\|_{\boldsymbol{R}}^2\leqslant\|\boldsymbol{y}-\boldsymbol{y}'\|_{\boldsymbol{R}}^2 \tag{6-69}$$

故 $\kappa\boldsymbol{R}^{-1}\circ\boldsymbol{B}$ 在 $Y_{\boldsymbol{R}}$ 中是非擴張的。定義函數 q：$(\boldsymbol{x},\ \boldsymbol{v})\rightarrow p(\boldsymbol{x})$，則

在 $Y_{\boldsymbol{R}}$ 中有 $\nabla q=\boldsymbol{R}^{-1}\circ\boldsymbol{B}$，因此，根據文獻［5］的推論 18.16，$\kappa\boldsymbol{R}^{-1}\circ\boldsymbol{B}$ 在 $Y_{\boldsymbol{R}}$ 中為固定非擴張的，即 $\boldsymbol{R}^{-1}\circ\boldsymbol{B}$ 為 κ-餘強制的。

根據定理 6-3 條件①可知 $\kappa\geqslant 1/2$，故根據引理 6-3，可設置 $\tau=1$ 和 $\delta=2-(\tau/2\kappa)$，即式(6-63) 成立。根據引理 6-3，$\boldsymbol{y}^k$ 收斂到 $\mathrm{zer}(\boldsymbol{R}^{-1}\circ\boldsymbol{M}+\boldsymbol{R}^{-1}\circ\boldsymbol{B})=\mathrm{zer}(\boldsymbol{M}+\boldsymbol{B})$，即收斂到變分條件式(6-57) 的解或是 Lagrange 函數式(6-56) 的鞍點。根據式(6-55) 與式(6-56) 的等價性，$\{\boldsymbol{x}^k;\ \boldsymbol{v}_1^k,\ \cdots,\ \boldsymbol{v}_H^k\}$ 收斂到問題式(6-55) 的鞍點，特別地，$\{\boldsymbol{x}^k\}$ 收斂到問題式(6-53) 的一個解。定理 6-3 得證。

由上述討論可知，算法 6-3（6-4）可以看作一種特殊形式的前向-後向分裂方法。若設置 $p(\boldsymbol{x})=0$，則可發現，算法 6-1（6-2）則可視為一種特殊形式的臨近迭代算法。

6.5 PPDS 在廣義全變差/剪切波複合正則化圖像復原中的應用

本節考慮如下正則化圖像反問題：

$$
\begin{aligned}
&(\boldsymbol{u}^*,\boldsymbol{p}^*)=\underset{\boldsymbol{u},\boldsymbol{p}}{\operatorname{argmin}}\,\alpha_1\|\nabla\boldsymbol{u}-\boldsymbol{p}\|_1+\alpha_2\|\varepsilon\boldsymbol{p}\|_1+\alpha_3\sum_{r=1}^{N}\|\mathrm{SH}_r(\boldsymbol{u})\|_1\\
&\text{s. t.}\quad\begin{cases}\boldsymbol{u}\in\Omega\triangleq\{\boldsymbol{u}:\boldsymbol{0}\leqslant\boldsymbol{u}\leqslant\boldsymbol{255}\}\\ \boldsymbol{u}\in\Psi\triangleq\{\boldsymbol{u}:\|\boldsymbol{K}\boldsymbol{u}-\boldsymbol{f}\|_2^2\leqslant c\}\text{或}\{\boldsymbol{u}:\|\boldsymbol{K}\boldsymbol{u}-\boldsymbol{f}\|_1\leqslant c\}\end{cases}
\end{aligned}\tag{6-70}
$$

上述模型與第 5 章模型的區別在於為圖像像素施加了區間約束，當圖像中的像素值大量取邊界值時，這可以顯著提高圖像復原結果的品質。

為將 PPDS 運用到式(6-70) 的求解中，根據算法 6-1，對變量和算子做如下分配：$\boldsymbol{x}=(\boldsymbol{u},\ \boldsymbol{p})$、$g(\boldsymbol{x})=\iota_{\Omega}(\boldsymbol{u})$、$f_1(\boldsymbol{L}_1\boldsymbol{x})=\alpha_1\|\nabla\boldsymbol{u}-\boldsymbol{p}\|_1$、$f_2(\boldsymbol{L}_2\boldsymbol{x})=\alpha_2\|\varepsilon\boldsymbol{p}\|_1$、$f_3(\boldsymbol{L}_{3,r}\boldsymbol{x})=\alpha_3\|\boldsymbol{S}_r\boldsymbol{u}\|_1$ 和 $f_4(\boldsymbol{L}_4\boldsymbol{x})=\iota_{\Psi}(\boldsymbol{u})$。此外，記 $\hat{\boldsymbol{v}}_h^{k+1}=2\boldsymbol{v}_h^{k+1}-\boldsymbol{v}_h^k$。

根據算法 6-1（PPDS1），可以得到如下用於廣義全變差/剪切波正則化反問題求解的 PPDS 算法。

算法 6-5　用於廣義全變差/剪切波正則化的並行原始-對偶分裂算法 (PPDS-TGVS)

步驟 1：設置 $k=0$，$\boldsymbol{x}^0=\boldsymbol{0}$，$\boldsymbol{v}_h^0=\boldsymbol{0}$，$\beta_h>0$，$h=1,\cdots,4$ 和 $0<t\leqslant(1/\sum_{h=1}^4\beta_h\|\boldsymbol{L}_h^*\boldsymbol{L}_h\|)$；

步驟 2：判斷是否滿足終止條件，若否，則執行以下步驟；

步驟 3： for $i=1,\cdots,m$；$j=1,\cdots,n$；$l=1,\cdots,o$；

步驟 4： $\widetilde{\boldsymbol{v}}_{1,i,j,l}^{k+1}=P_{B_{\alpha_1}}(\beta_1((\nabla \boldsymbol{u}^k)_{i,j,l}-\boldsymbol{p}_{i,j,l}^k)+\boldsymbol{v}_{1,i,j,l}^k)$；

步驟 5： $\widetilde{\boldsymbol{v}}_{2,i,j,l}^{k+1}=P_{B_{\alpha_2}}(\beta_2(\varepsilon \boldsymbol{p}^k)_{i,j,l}+\boldsymbol{v}_{2,i,j,l}^k)$；

步驟 6： $\widetilde{\boldsymbol{v}}_{3,r,i,j,l}^{k+1}=P_{B_{\alpha_3}}(\beta_3(\boldsymbol{S}_r\boldsymbol{u}^k)_{i,j,l}+v_{3,r,i,j,l}^k)r=1,\cdots,N$；

步驟 7： 結束 for 循環；

步驟 8： 若噪聲為 Gauss 噪聲，則執行下一步；

步驟 9： $\widetilde{\boldsymbol{v}}_4^{k+1}=\beta_4 S_{\sqrt{c}}\left(\frac{\boldsymbol{v}_4^k}{\beta_4}+\boldsymbol{K}\boldsymbol{u}^k-\boldsymbol{f}\right)$；

步驟 10： 若噪聲為脈衝噪聲，則執行以下步驟；

步驟 11： $\widetilde{\boldsymbol{v}}_4^{k+1}=\beta_4\left(\left(\frac{\boldsymbol{v}_4^k}{\beta_4}+\boldsymbol{K}\boldsymbol{u}^k-\boldsymbol{f}\right)-P_c\left(\frac{\boldsymbol{v}_4^k}{\beta_4}+\boldsymbol{K}\boldsymbol{u}^k-\boldsymbol{f}\right)\right)$；

步驟 12： $\widetilde{\boldsymbol{u}}^{k+1}=P_\Omega(\boldsymbol{u}^k-t(\nabla^*\hat{\boldsymbol{v}}_1^{k+1}+\sum_{r=1}^{N}\boldsymbol{S}_r^*\hat{\boldsymbol{v}}_{3,r}^{k+1}+\boldsymbol{K}^*\hat{\widetilde{\boldsymbol{v}}}_4^{k+1}))$；

步驟 13： $\boldsymbol{p}_1^{k+1}=\boldsymbol{p}_1^k-t(-\widetilde{\boldsymbol{v}}_{1,1}^{k+1}+\nabla_1^*\hat{\boldsymbol{v}}_{2,1}^{k+1}+\nabla_2^*\hat{\boldsymbol{v}}_{2,3}^{k+1})$；

步驟 14： $\boldsymbol{p}_2^{k+1}=\boldsymbol{p}_2^k-t(-\hat{\boldsymbol{v}}_{1,2}^{k+1}+\nabla_1^*\hat{\boldsymbol{v}}_{2,3}^{k+1}+\nabla_2^*\hat{\boldsymbol{v}}_{2,2}^{k+1})$；

步驟 15： $(\boldsymbol{u}^{k+1},\ \boldsymbol{p}^{k+1})=\rho(\widetilde{\boldsymbol{u}}^{k+1},\ \widetilde{\boldsymbol{p}}^{k+1})+(1-\rho)(\boldsymbol{u}^k,\ \boldsymbol{p}^k)$；

步驟 16： $\boldsymbol{v}_h^{k+1}=\rho\widetilde{\boldsymbol{v}}_h^{k+1}+(1-\rho)\boldsymbol{v}_h^k \quad h=1,\cdots,H$；

步驟 17： $k=k+1$；

步驟 18： 結束循環並輸出 $\boldsymbol{u}^{k+1}$。

P_Ω 為將像素值投影到區間約束 Ω 上的投影算子，其求解方法在第 5 章中已有詳細說明。算法 6-5 的結構是高度並行的，且其每一個子步驟均有封閉解。關於 $\boldsymbol{v}_1$、$\boldsymbol{v}_2$、$\boldsymbol{v}_3$ 和 $\boldsymbol{v}_4$ 的子問題是相互獨立的，可並行實現，關於 $\boldsymbol{u}$、$\boldsymbol{p}_1$ 和 $\boldsymbol{p}_2$ 的子問題具有類似的性質。此外，關於 $\boldsymbol{v}_1$、$\boldsymbol{v}_2$ 和 $\boldsymbol{v}_3$ 的子問題又可逐像素進行（像素間獨立）。因此，算法 6-5 可以通過 GPU 等並行運算設備實現加速。算法 6-5 中，非下採樣的剪切波變換耗時最重，因此對於一幅 $m\times n$ 的圖像，其整體計算複雜度為 $mn\lg mn$。

在許多反問題中，數據獲取過程通常伴隨著某些數據成分的丟失，如圖像模糊會導致高頻圖像資訊的衰減，這類過程通常會使 $\|\boldsymbol{K}^*\boldsymbol{K}\|\leqslant 1$[37]，在本章中，即為該種情況。此外，還有

$$\|\nabla \boldsymbol{u}\|_2^2=\sum_{i,j}((u_{i,j}-u_{i-1,j})^2+(u_{i,j}-u_{i,j-1})^2)\leqslant \sum_{i,j}(u_{i-1,j}^2+2u_{i,j}^2+u_{i,j-1}^2)\leqslant 8\|\boldsymbol{u}\|_2^2 \tag{6-71}$$

與

$$\|\varepsilon \boldsymbol{p}\|_2^2=\sum_{i,j}\left[(p_{i,j,1}-p_{i-1,j,1})^2+\frac{1}{2}(p_{i,j,1}-p_{i,j-1,1}+p_{i,j,2}-p_{i-1,j,2})^2+\right.$$

$$(p_{i,j,2}-p_{i,j-1,2})^2\Big]\leqslant\sum_{i,j}[2(p_{i,j,1}^2+p_{i-1,j,1}^2)+$$
$$2(p_{i,j,1}^2+p_{i,j-1,1}^2+p_{i,j,2}^2+p_{i-1,j,2}^2)+2(p_{i,j,2}^2+p_{i,j-1,2}^2)]$$
$$=\sum_{i,j}2[(p_{i,j,1}^2+p_{i,j,2}^2)+(p_{i,j,1}^2+p_{i,j,2}^2)+$$
$$(p_{i-1,j,1}^2+p_{i-1,j,2}^2)+(p_{i,j-1,1}^2+p_{i,j-1,2}^2)]\leqslant 8\|\boldsymbol{p}\|_2^2 \tag{6-72}$$

成立。因此，按照算子分配方案，有：

$$\sum_{h=1}^{4}\beta_h\|\boldsymbol{L}_h^*\boldsymbol{L}_h\|=\beta_1\|\nabla^T\nabla\|+\beta_2\|\varepsilon^T\varepsilon\|+\beta_3\sum_{r=1}^{N}\|\boldsymbol{S}_r^*\boldsymbol{S}_r\|+ \tag{6-73}$$
$$\beta_4\|\boldsymbol{K}^*\boldsymbol{K}\|\leqslant 8\beta_1+8\beta_2+N\beta_3+\beta_4$$

故在本章中設置

$$t=\frac{1}{8\beta_1+8\beta_2+N\beta_3+\beta_4} \tag{6-74}$$

通過設置 $\alpha_3=0$，模型式(6-70) 僅含有$\mathrm{TGV}_{\boldsymbol{\alpha}}^2$ 作為正則化子，此時，記算法 6-5 為 PPDS-TGV；更進一步地，若 $\alpha_2=0$ 和 $\boldsymbol{p}=\boldsymbol{0}$ 同時成立，算法 6-5 則退化為僅包含 TV 正則項的 PPDS-TV。在實驗表格中，對各個比較指標的最好結果進行了粗體顯式。

需要強調的是，PPDS 算法在 PADMM 算法的基礎上消除了線性算子的逆運算，這使得 PPDS 算法在多通道圖像處理中更具潛力。在多通道圖像處理中，退化算子（矩陣）$\boldsymbol{K}$ 往往有著更為複雜的形式。例如，在多通道圖像去模糊中，因為通道間模糊的存在，模糊矩陣 $\boldsymbol{K}$ 可能無法通過 FFT 完全實現對角化，這會顯著增加矩陣求逆的運算開支。

6.6 實驗結果

本節設置了以下四個圖像反問題實驗來驗證所提 PPDS 算法的有效性：①Gauss/脈衝噪聲下的灰度/彩色圖像去模糊；②對不完整圖像數據進行修補；③由部分 Fourier 觀測數據重建 MR 圖像；④像素區間約束有效性檢測實驗。退化圖像和復原圖像的品質透過峰值訊噪比（PSNR）和結構相似度指數（SSIM）兩項指標進行定量評價。為更好地展示 PPDS 的單步執行效率，以下實驗的算法停止準則更多地被設置為固定的迭代步數。

在本章的圖像去模糊/修補實驗中，若圖像為灰度圖像，則設置 $(\alpha_1, \alpha_2, \alpha_3)=(1, 3, 0.1)$，若圖像為 RGB 圖像，則設置 $(\alpha_1, \alpha_2, \alpha_3)=(2, 9, 0.05)$；對於 MRI 重建問題，設置 $(\alpha_1, \alpha_2, \alpha_3)=(1, 3,$

10)。設置剪切波變換層數為 2，即總的子帶數為 13。在所有實驗中，令 PPDS 算法中 $\rho^k \equiv 1.9$。其餘參數設置與第 5 章實驗相同。

6.6.1 圖像去模糊實驗

為測試 PPDS 算法（算法 6-5）對於灰度/多通道圖像反卷積的適用性，本小節以 Lansel 圖像數據庫[204] 和 Kodak 圖像數據庫❶為背景，設置了多個圖像去模糊實驗。Lansel 圖像數據庫包含 12 幅大小為 512×512 的灰度圖像，而 Kodak 圖像數據庫包含 24 幅高解析度的 RGB 圖像，其大小均為 768×512 或 512×768。多個算法參與了與 PPDS 算法的比較，包括：第 5 章的並行交替方向乘子法（PADMM）以及基於 TV 的 Wen-Chan 和 C-SALSA。這四種算法均為自適應算法，避免了正則化參數 λ 的人工選取。PPDS 和 PADMM 均可完成 Gauss/脈衝噪聲下的圖像去模糊任務，而 Wen-Chan 和 C-SALSA 只能處理 Gauss 噪聲下的灰度圖像。與 PPDS 不同的是，PADMM、Wen-Chan 和 C-SALSA 三種算法均含有矩陣求逆過程，而後兩者更是含有嵌套迭代結構。

(1) 灰度圖像去模糊

表 6-1 給出了灰度圖像去模糊實驗的背景問題，針對 Gauss 噪聲和脈衝噪聲，各設置了三個問題。所有算法的停機準則為迭代步數達到 150。

表 6-1 灰度圖像去模糊實驗設置細節

模糊核	圖像	Gauss 噪聲	脈衝噪聲
A(9)	Barbara, boat, couple, Elaine	$\sigma=2$	50%
G(9,3)	Goldhill, Lena, man, mandrill	$\sigma=\sqrt{8}$	60%
M(30,30)	peppers, plane, Stream, Zelda	$\sigma=4$	70%

表 6-2 和表 6-3 分別給出了 Gauss 噪聲和脈衝噪聲下各算法所得到的 PSNR、SSIM 和 CPU 時間。從表 6-2 和表 6-3 可以觀察到以下幾點現象。第一，PPDS 可以得到與 PADMM 相近但稍高的 PSNR 和 SSIM，其原因是 PPDS 引入了圖像像素值的區間約束。特別地，PPDS-TGVS 獲得了最好的結果。第二，正則化模型越複雜，則復原圖像品質越高，但耗時也更長。需要指出的是，在某些情況下 TGV 算法的 PSNR 相比於 TV 算法的 PSNR 並無明顯優勢，但更高的 SSIM 和更好的視覺效果（圖 6-1 和圖 6-2）却仍支持這一論斷。第三，PPDS 的單步執行效率要高於 PADMM，後者在每步迭代中引入了形如 $\left(\sum_{h=1}^{H}\boldsymbol{L}_h^*\boldsymbol{L}_h\right)^{-1}$ 的線性求逆運

---

❶ http://r0k.us/graphics/kodak/.

算。當正則化模型中包含剪切波變換時，PPDS 的效率優勢會被弱化，這是因為非下採樣的剪切波變換消耗了大部分的運算時間。在脈衝噪聲下，PPDS 相比於 PADMM 的效率優勢同樣並不顯著，其原因在於兩算法都涉及了耗時的 l_1 投影問題。第四，儘管引入圖像函數二階導數的 PPDS-TGV 有著比 C-SALSA 和 Wen-Chan 更為複雜的正則化模型，但得益於更簡潔的算法結構，其單步執行效率却高於 C-SALSA，且與 Wen-Chan 的效率相當。

表 6-2 Gauss 噪聲條件下的灰度圖像去模糊實驗結果

方法	Barbara (22.45, 0.5691)			Boat (23.30, 0.5428)			Couple (23.19, 0.5060)			Elaine (27.30, 0.6572)		
	PSNR	SSIM	CPU (s)	PSNR	SSIM	CPU (s)	PSNR	SSIM	CPU (s)	PSNR	SSIM	CPU (s)
PPDS-TGVS	**24.44**	**0.6992**	59.61	**28.85**	**0.7802**	59.89	**28.65**	**0.7916**	59.92	**31.43**	**0.7419**	60.02
PPDS-TGV	24.35	0.6930	10.07	28.57	0.7723	10.11	28.41	0.7821	9.96	31.28	0.7374	10.00
PPDS-TV	24.32	0.6865	**5.97**	28.49	0.7689	**5.99**	28.37	0.7800	**5.91**	31.16	0.7319	**5.98**
PADMM-TGVS	24.42	0.6988	64.14	28.76	0.7782	63.61	28.58	0.7890	63.31	31.39	0.7408	63.81
PADMM-TGV	24.34	0.6919	14.94	28.59	0.7721	14.53	28.37	0.7820	14.55	31.24	0.7343	15.08
PADMM-TV	24.34	0.6875	7.97	28.53	0.7690	7.81	28.32	0.7795	7.84	31.11	0.7296	7.93
Wen-Chan	24.20	0.6843	9.65	28.31	0.7631	9.56	28.25	0.7759	9.57	31.05	0.7265	9.61
C-SALSA	24.22	0.6854	22.22	28.48	0.7659	21.90	28.32	0.7793	21.85	31.06	0.7272	21.91

方法	Goldhill (25.80, 0.5992)			Lena (26.69, 0.7214)			Man (25.29, 0.6263)			Mandrill (20.85, 0.3704)		
	PSNR	SSIM	CPU (s)	PSNR	SSIM	CPU (s)	PSNR	SSIM	CPU (s)	PSNR	SSIM	CPU (s)
PPDS-TGVS	**28.58**	**0.7237**	59.26	**30.40**	0.8362	59.82	**28.22**	**0.7620**	60.00	**22.03**	**0.5139**	59.87
PPDS-TGV	28.39	0.7168	9.97	30.15	0.8301	9.99	28.06	0.7550	10.07	21.96	0.5097	10.01
PPDS-TV	28.32	0.7125	**5.91**	29.93	0.8198	**5.93**	28.02	0.7495	**5.92**	21.92	0.5053	**5.92**
PADMM-TGVS	28.54	0.7229	63.48	30.36	**0.8368**	63.40	28.17	0.7612	63.42	22.02	0.5120	63.37
PADMM-TGV	28.37	0.7164	14.55	30.13	0.8302	14.58	28.02	0.7537	14.58	21.95	0.5063	14.58
PADMM-TV	28.33	0.7127	7.84	29.99	0.8210	7.85	27.96	0.7495	7.85	21.93	0.5044	7.85
Wen-Chan	28.17	0.7007	9.54	29.73	0.8135	9.48	27.92	0.7471	9.51	21.83	0.5026	9.57
C-SALSA	28.26	0.7109	21.96	29.76	0.8154	21.99	27.97	0.7508	21.99	21.81	0.5020	22.01

方法	Peppers (24.88, 0.6618)			Plane (23.02, 0.6381)			Stream (21.11, 0.4249)			Zelda (28.00, 0.7006)		
	PSNR	SSIM	CPU (s)	PSNR	SSIM	CPU (s)	PSNR	SSIM	CPU (s)	PSNR	SSIM	CPU (s)
PPDS-TGVS	**30.40**	**0.8393**	59.96	**28.00**	**0.8588**	59.89	**24.56**	**0.6590**	60.29	**32.32**	**0.8561**	59.98
PPDS-TGV	30.33	0.8369	9.98	27.93	0.8557	10.02	24.50	0.6549	10.06	32.23	0.8527	9.99
PPDS-TV	30.15	0.8331	**5.94**	27.89	0.8549	**5.92**	24.48	0.6527	**5.98**	31.56	0.8328	**5.93**
PADMM-TGVS	30.36	0.8382	63.32	27.98	0.8584	63.31	24.52	0.6585	64.11	32.23	0.8560	63.36
PADMM-TGV	30.29	0.8371	14.57	27.96	0.8570	14.57	24.51	0.6551	14.67	32.21	0.8525	14.58
PADMM-TV	30.12	0.8325	7.85	27.86	0.8556	7.85	24.49	0.6531	7.90	31.58	0.8336	7.85
Wen-Chan	29.41	0.8295	9.58	27.83	0.8546	9.70	24.53	0.6498	9.61	31.45	0.8274	9.48
C-SALSA	29.80	0.8305	21.99	27.85	0.8547	22.00	24.46	0.6441	22.13	31.52	0.8358	21.99

表 6-3 脈衝噪聲條件下的灰度圖像去模糊實驗結果

方法	Barbara (8.99,0.0163)			Boat (9.15,0.0140)			Couple (9.36,0.0158)			Elaine (8.87,0.0140)		
	PSNR	SSIM	CPU (s)	PSNR	SSIM	CPU (s)	PSNR	SSIM	CPU (s)	PSNR	SSIM	CPU (s)
PPDS-TGVS	**24.45**	**0.7284**	68.22	**29.59**	**0.8230**	70.01	**29.33**	**0.8359**	68.64	**32.27**	**0.7740**	69.86
PPDS-TGV	24.29	0.7207	16.66	29.10	0.8130	16.22	28.87	0.8242	16.17	31.98	0.7682	16.26
PPDS-TV	24.26	0.7163	**12.03**	29.04	0.8112	**12.13**	28.83	0.8228	**11.99**	31.88	0.7658	**11.89**
PADMM-TGVS	24.41	0.7256	73.40	29.44	0.8184	74.84	29.16	0.8294	73.64	32.25	0.7710	73.98
PADMM-TGV	24.26	0.7203	20.08	29.12	0.8119	20.37	28.82	0.8207	20.18	31.96	0.7677	20.39
PADMM-TV	24.24	0.7156	12.77	29.05	0.8099	12.94	28.80	0.8199	12.81	31.90	0.7661	12.90

方法	Goldhill (8.20,0.0115)			Lena (8.50,0.0137)			Man (8.73,0.0140)			Mandrill (9.05,0.0142)		
	PSNR	SSIM	CPU (s)	PSNR	SSIM	CPU (s)	PSNR	SSIM	CPU (s)	PSNR	SSIM	CPU (s)
PPDS-TGVS	**28.89**	**0.7490**	68.22	**30.77**	**0.8534**	69.78	**28.63**	**0.7869**	69.41	**21.84**	**0.5173**	69.13
PPDS-TGV	28.62	0.7430	16.27	30.22	0.8435	16.23	28.44	0.7810	16.32	21.72	0.5143	16.49
PPDS-TV	28.56	0.7407	**12.02**	30.16	0.8405	**11.94**	28.39	0.7790	**12.14**	21.71	0.5122	**12.12**
PADMM-TGVS	28.58	0.7433	74.07	30.66	0.8512	73.74	28.54	0.7829	74.86	21.77	0.5113	74.14
PADMM-TGV	28.22	0.7392	21.06	30.20	0.8431	20.64	28.39	0.7789	20.39	21.54	0.5081	20.58
PADMM-TV	28.20	0.7383	13.32	30.15	0.8402	13.10	28.37	0.7768	12.93	21.56	0.5066	13.15

方法	Peppers (7.96,0.0098)			Plane (7.52,0.0115)			Stream (6.90,0.0096)			Zelda (10.01,0.0127)		
	PSNR	SSIM	CPU (s)	PSNR	SSIM	CPU (s)	PSNR	SSIM	CPU (s)	PSNR	SSIM	CPU (s)
PPDS-TGVS	**27.11**	**0.7948**	68.91	**24.37**	**0.7819**	69.62	**21.56**	**0.4801**	70.24	**30.19**	**0.8279**	70.13
PPDS-TGV	26.69	0.7882	17.18	24.08	0.7783	16.47	21.35	0.4702	16.92	29.83	0.8219	16.84
PPDS-TV	26.76	0.7840	**12.49**	24.17	0.7751	**12.31**	21.27	0.4680	**12.67**	29.64	0.8003	**12.52**
PADMM-TGVS	26.88	0.7871	74.24	24.29	0.7812	72.36	21.37	0.4787	76.05	30.01	0.8252	74.71
PADMM-TGV	26.62	0.7868	21.36	24.05	0.7778	20.02	21.24	0.4689	21.33	29.80	0.8214	20.83
PADMM-TV	26.69	0.7824	13.72	24.22	0.7756	13.04	21.18	0.4665	13.81	29.64	0.8001	13.47

圖 6-1 和圖 6-2 分別展示了不同算法 Gauss 噪聲下的 boat 復原圖像和脈衝噪聲下的 Lena 復原圖像。從這些復原圖像可以看到，TGV 模型在不同噪聲下，均可有效抑制 TV 算法結果中的階梯效應（如圖 6-1 中 PPDS-TV、PADMM-TV、Wen-Chan 和 C-SALSA 算法復原圖像中船的表面，圖 6-2 中 PPDS-TV 和 PADMM-TV 算法復原圖像中 Lena 的臉部）。相比於 TGV 模型，TGV/剪切波複合模型則可以更清晰更整潔地保存圖像中的邊緣，其原因是剪切波變換可以更好表示圖像中的各向異性特徵，如邊緣和曲線。

原始圖像
退化圖像, PSNR=23.30dB, SSIM=0.5428
PPDS-TGVS, PSNR=28.85dB, SSIM=0.7802
PPDS-TGV, PSNR=28.57dB, SSIM=0.7723
PPDS-TV, PSNR=28.49dB, SSIM=0.7689
PADMM-TGVS, PSNR=28.76dB, SSIM=0.7782

圖 6-1

圖 6-1　A (9) 模糊和 $\sigma = 2$ 的 Gauss 噪聲條件下，不同算法的 boat 復原圖像

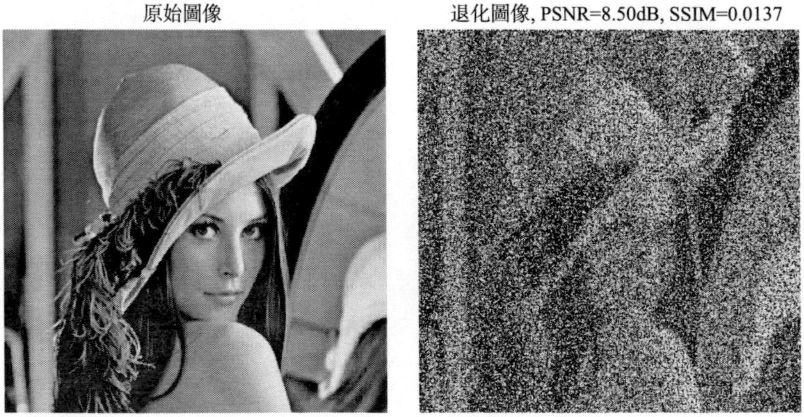

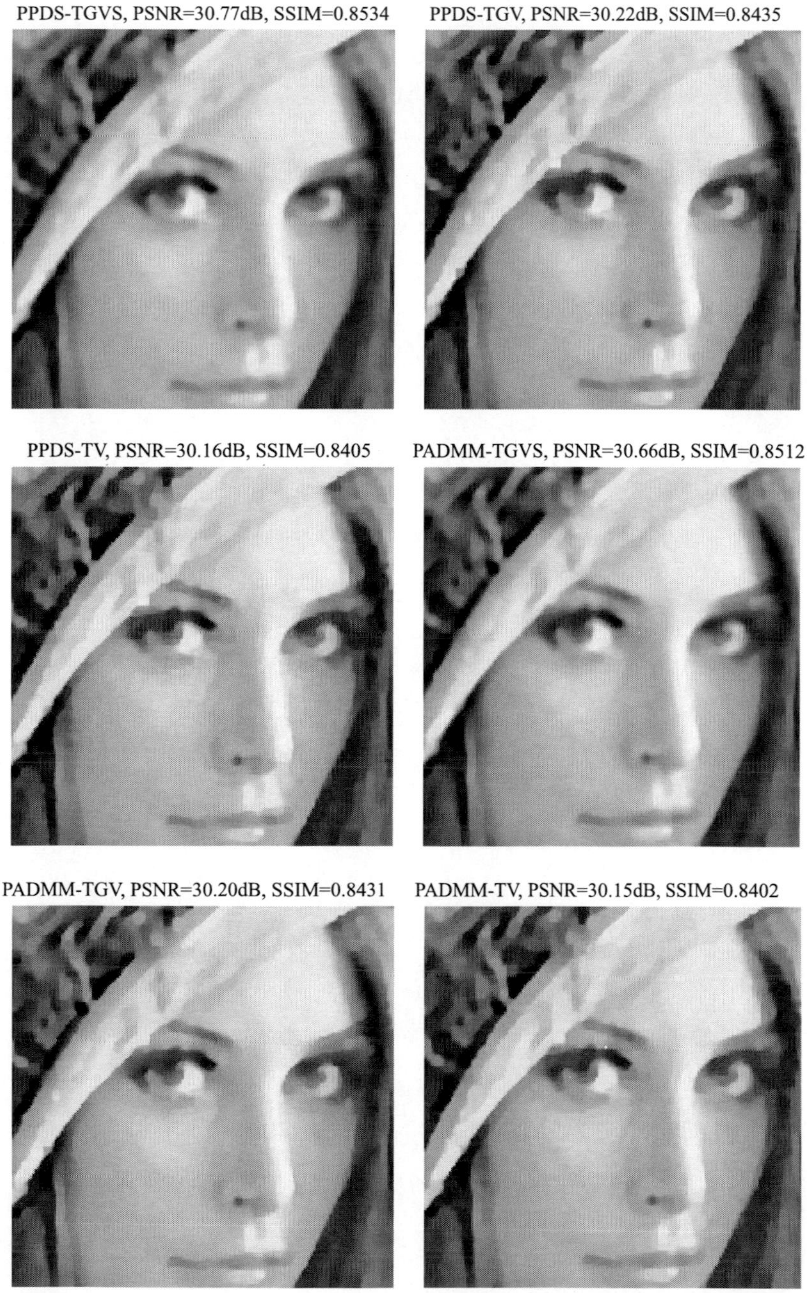

圖 6-2　G (9, 3) 模糊和 60%的脈衝噪聲條件下，不同算法的 Lena 復原圖像

圖 6-3(a) 和 (b) 通過 PSNR 相對於 CPU 時間的變化曲線，進一步展示了上述兩個背景問題下各個算法的收斂過程。首先，圖 6-3(a) 說明 PPDS-TV 和 PADMM-TV 在收斂速度和 PSNR 兩個方面比同樣基於 TV 的 Wen-Chan 和 C-SALSA 更具優勢。其次，儘管 PPDS 由於採用了線性化手段而可能在開始階段落後於 PADMM，依靠著更高的單步執行效率，它比 PADMM 更早步入收斂。

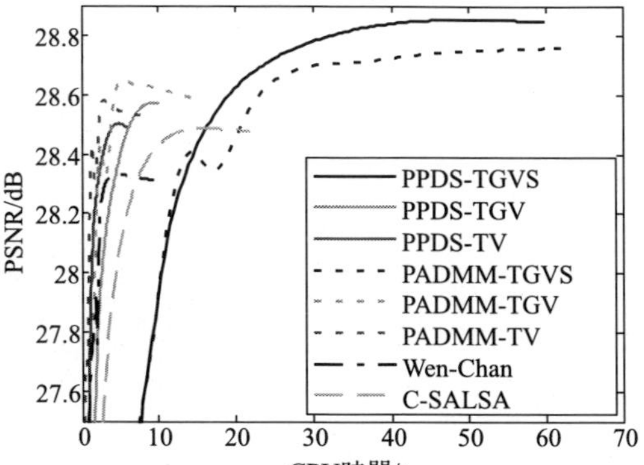

(a) boat圖像PSNR相對于時間的變化曲綫

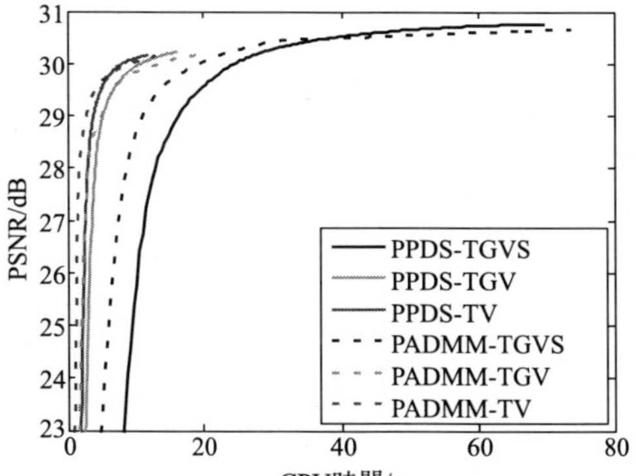

(b) Lena圖像PSNR相對于時間的變化曲綫

圖 6-3 Gauss 噪聲條件下 boat 和脈衝噪聲條件下 Lena 復原實驗 PSNR 相對於時間的變化曲線

(2) 多通道圖像去模糊

對於多通道圖像去模糊，各個算法的停止準則為迭代步數達到 300。表 6-4 給出了背景問題的詳細描述。其中三個通道間模糊由以下方式產生：

① 產生 9 個模糊核：{A(13)，A(15)，A(17)，G(11，9)，G(21，11)，G(31，13)，M(21，45)，M(41，90)，M(61，135)}；

② 將上述 9 個模糊核分配到 {K_{11}，K_{12}，K_{13}；K_{21}，K_{22}，K_{23}；K_{31}，K_{32}，K_{33}}，其中 K_{ii} 為通道內模糊而其餘為通道間模糊；

③ 將上述模糊核乘以權重 {0.8，0.1，0.1；0.2，0.6，0.2；0.15，0.15，0.7}（模糊 1），{0.6，0.2，0.2；0.15，0.7，0.15；0.1，0.1，0.8}（模糊 2）和 {0.7，0.15，0.15；0.1，0.8，0.1；0.2，0.2，0.6}（模糊 3）得到最終的模糊核。

表 6-4　RGB 圖像去模糊實驗設置細節

模糊類型	圖像	Gauss 噪聲	脈衝噪聲
1	Kodim1～Kodim8	$\sigma=2$	50%
2	Kodim9～Kodim16	$\sigma=4$	60%
3	Kodim17～Kodim24	$\sigma=6$	70%

表 6-5 和表 6-6 分別給出了兩種噪聲條件下 PPDS-TGV、PPDS-TV、PADMM-TGV 和 PADMM-TV 的實驗結果。相比於 TGV 模型，TGV/剪切波複合正則化模型在 RGB 圖像的去模糊中並不具有優勢，反而耗時更長，因此，未將其結果列入表中。表 6-5 和表 6-6 表明，在 PSNR 和 SSIM 定量比較方面，TGV 模型比 TV 模型更有優勢。圖 6-4（Gauss 噪聲）和圖 6-5（脈衝噪聲）則進一步形象地說明了基於 TGV 的復原結果相比於基於 TV 的復原結果的視覺優勢。在基於 TV 模型的復原結果中，女孩的臉部和飛機的腹部出現了明顯的階梯效應，相比之下，基於 TGV 模型的復原結果則幾乎不含有階梯效應。此外，PPDS 在 PSNR 和 SSIM 兩方面要稍優於 PADMM。

表 6-5　Gauss 噪聲條件下的 RGB 圖像去模糊實驗結果

圖像	退化圖像		PPDS-TGV			PPDS-TV			PADMM-TGV			PADMM-TV		
	PSNR	SSIM	PSNR	SSIM	CPU (s)	PSNR	SSIM	CPU (s)	PSNR	SSIM	CPU (s)	PSNR	SSIM	CPU (s)
1	19.25	0.3037	**23.34**	**0.5863**	140.13	23.22	0.5841	**96.82**	23.32	0.5857	206.14	23.21	0.5835	134.48
2	20.89	0.6636	**29.14**	**0.7630**	139.93	29.08	0.7591	**96.58**	**29.14**	0.7622	206.34	29.09	0.7602	134.32
3	22.81	0.7306	**29.83**	**0.8329**	139.67	29.81	0.8310	**96.59**	29.82	0.8326	206.27	29.81	0.8304	134.41
4	21.95	0.6381	**28.64**	**0.7575**	137.93	28.54	0.7516	**94.14**	28.63	0.7567	201.36	28.56	0.7522	131.65
5	18.01	0.3282	**22.60**	**0.6258**	139.04	22.48	0.6171	**96.68**	22.52	0.6191	206.94	22.46	0.6163	134.14
6	20.87	0.4533	**24.63**	**0.6254**	139.23	24.61	0.6238	**96.78**	24.62	**0.6256**	206.45	24.60	0.6233	134.36
7	21.18	0.6022	**27.36**	**0.8401**	139.13	27.24	0.8351	**96.54**	27.33	0.8389	206.75	27.21	0.8341	134.11
8	16.25	0.2956	**21.63**	**0.6820**	140.31	21.49	0.6728	**96.64**	21.51	0.6724	206.41	21.45	0.6712	134.35

續表

圖像	退化圖像		PPDS-TGV			PPDS-TV			PADMM-TGV			PADMM-TV		
	PSNR	SSIM	PSNR	SSIM	CPU (s)	PSNR	SSIM	CPU (s)	PSNR	SSIM	CPU (s)	PSNR	SSIM	CPU (s)
9	22.24	0.6287	**27.58**	**0.7953**	137.62	27.52	0.7939	**94.17**	27.53	0.7943	201.80	27.46	0.7932	131.89
10	22.89	0.6054	27.12	0.7600	136.96	27.01	0.7540	**94.13**	**27.14**	**0.7603**	201.82	27.01	0.7544	131.61
11	21.20	0.4865	**25.15**	**0.6492**	140.01	25.11	0.6466	**96.83**	25.13	0.6485	207.39	25.11	0.6463	134.12
12	22.38	0.6382	**28.41**	**0.7613**	140.15	28.35	0.7608	**96.64**	28.36	0.7611	207.39	28.31	0.7603	134.30
13	18.00	0.2357	**20.55**	**0.4090**	141.70	20.53	0.4074	**96.63**	20.54	0.4084	206.96	20.52	0.4076	134.21
14	19.67	0.4102	**24.02**	**0.5859**	140.11	23.97	0.5807	**96.71**	**24.02**	0.5845	206.79	23.99	0.5811	134.18
15	20.26	0.6387	**27.80**	**0.7788**	137.54	27.76	0.7770	**96.77**	27.78	0.7779	206.82	27.72	0.7764	134.37
16	24.20	0.5488	**27.12**	**0.6631**	140.62	27.10	0.6593	**96.70**	27.10	0.6616	206.95	27.08	0.6587	134.17
17	22.49	0.5429	26.48	0.7401	137.13	**26.51**	0.7385	**94.23**	26.50	**0.7403**	203.49	26.49	0.7377	132.19
18	20.21	0.3869	**23.35**	**0.5684**	138.57	23.28	0.5666	**94.12**	**23.35**	0.5679	202.43	23.26	0.5659	131.72
19	20.09	0.4657	24.01	**0.6767**	137.96	24.00	0.6749	**94.21**	**24.02**	0.6765	202.31	23.99	0.6749	131.87
20	20.41	0.6354	**26.50**	**0.8039**	140.19	26.38	0.8018	**96.69**	26.48	0.8036	206.37	26.37	0.8013	134.28
21	20.22	0.4830	**23.83**	**0.6842**	139.95	23.78	0.6827	**96.84**	23.81	0.6837	206.62	23.77	0.6822	134.16
22	21.34	0.4670	25.42	**0.6404**	139.24	25.38	0.6388	**96.77**	**25.43**	0.6400	206.65	25.37	0.6383	134.18
23	20.19	0.6691	**27.73**	**0.8528**	140.28	27.61	0.8446	**96.80**	**27.73**	0.8524	206.41	27.56	0.8436	134.21
24	19.44	0.4098	**22.60**	**0.6200**	140.64	22.57	0.6189	**96.58**	22.58	0.6193	206.89	22.54	0.6183	134.25

表 6-6 脈衝噪聲條件下的 RGB 圖像去模糊實驗結果

圖像	退化圖像		PPDS-TGV			PPDS-TV			PADMM-TGV			PADMM-TV		
	PSNR	SSIM	PSNR	SSIM	CPU (s)	PSNR	SSIM	CPU (s)	PSNR	SSIM	CPU (s)	PSNR	SSIM	CPU (s)
1	8.30	0.0183	**25.16**	**0.7273**	198.84	25.10	0.7215	**156.42**	25.14	0.7263	268.79	25.08	0.7211	196.45
2	7.68	0.0164	31.43	0.8464	195.45	31.31	0.8426	**152.63**	**31.44**	**0.8466**	269.77	31.29	0.8418	193.18
3	8.21	0.0176	**32.18**	**0.8896**	201.37	32.00	0.8863	**152.23**	32.15	0.8889	262.66	31.96	0.8857	192.44
4	8.17	0.0181	**30.94**	**0.8376**	203.00	30.88	0.8362	**150.57**	30.90	0.8367	268.28	30.85	0.8346	191.22
5	7.72	0.0189	**24.25**	**0.7560**	203.79	24.17	0.7506	**155.26**	24.20	0.7540	267.33	24.11	0.7479	195.81
6	8.04	0.0160	**26.18**	**0.7539**	197.96	26.11	0.7475	**154.88**	26.14	0.7526	271.59	26.04	0.7443	194.82
7	8.36	0.0192	**30.91**	**0.9219**	197.80	30.77	0.9195	**153.61**	30.87	0.9208	266.02	30.71	0.9192	193.61
8	7.77	0.0201	**22.90**	**0.7743**	197.57	22.82	0.7713	**155.73**	22.83	0.7727	267.93	22.76	0.7701	195.96
9	7.80	0.0147	**30.09**	**0.8614**	198.05	30.03	0.8591	**153.33**	30.06	0.8609	273.65	30.02	0.8594	192.29
10	7.79	0.0149	29.49	0.8532	216.66	29.47	0.8523	**153.73**	29.50	0.8534	277.88	29.45	0.8525	192.99
11	7.37	0.0133	**26.79**	**0.7533**	210.43	26.78	0.7521	**156.55**	26.79	0.7530	273.59	26.77	0.7517	195.88
12	7.44	0.0143	**30.76**	**0.8349**	198.67	30.71	0.8316	**155.56**	30.75	0.8340	269.34	30.68	0.8309	194.81
13	7.20	0.0131	**21.39**	0.5380	203.83	21.33	0.5365	**158.42**	21.38	0.5383	278.40	21.31	0.5360	197.56
14	7.18	0.0137	**25.82**	**0.7130**	205.93	25.75	0.7107	**156.75**	25.80	0.7125	272.90	25.72	0.7098	197.19
15	6.55	0.0123	**29.77**	**0.8410**	194.50	29.72	0.8394	**153.86**	29.74	0.8407	268.84	29.70	0.8392	194.26
16	7.58	0.0149	**28.59**	**0.7569**	206.52	28.55	0.7549	**156.89**	28.57	0.7561	272.03	28.54	0.7543	195.98

續表

圖像	退化圖像		PPDS-TGV			PPDS-TV			PADMM-TGV			PADMM-TV		
	PSNR	SSIM	PSNR	SSIM	CPU (s)	PSNR	SSIM	CPU (s)	PSNR	SSIM	CPU (s)	PSNR	SSIM	CPU (s)
17	6.39	0.0105	**27.95**	**0.8073**	198.15	27.84	0.8007	**155.22**	27.91	0.8062	263.36	27.82	0.8000	195.01
18	6.30	0.0101	**23.99**	**0.6488**	197.43	23.98	0.6459	**155.86**	23.96	0.6475	265.44	23.95	0.6410	195.09
19	6.87	0.0115	**24.37**	**0.7216**	198.33	24.30	0.7202	**156.41**	24.35	0.7208	264.40	24.31	0.7189	194.91
20	5.48	0.0103	**27.62**	**0.8442**	200.14	27.58	0.8414	**158.54**	27.58	0.8424	264.96	27.51	0.8386	196.26
21	6.96	0.0123	**24.52**	**0.7366**	201.25	24.49	0.7347	**159.95**	24.50	0.7360	270.24	24.46	0.7324	198.47
22	6.89	0.0112	**26.38**	**0.7083**	200.94	26.32	0.7044	**159.05**	26.33	0.7074	268.05	26.29	0.7018	197.81
23	6.57	0.0112	**28.81**	**0.8881**	199.06	28.61	0.8835	**157.10**	28.74	0.8843	267.14	28.52	0.8811	196.13
24	6.67	0.0117	**23.17**	**0.6938**	201.45	23.13	0.6880	**159.43**	23.12	0.6917	269.70	23.09	0.6832	198.45

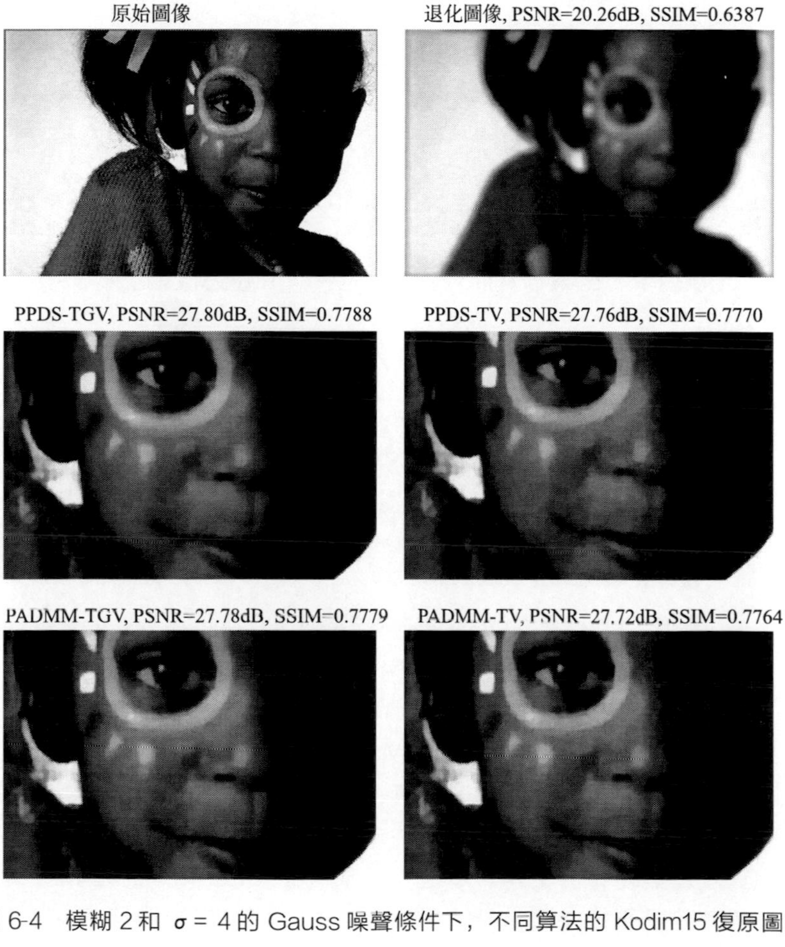

圖 6-4 模糊 2 和 $\sigma = 4$ 的 Gauss 噪聲條件下，不同算法的 Kodim15 復原圖像

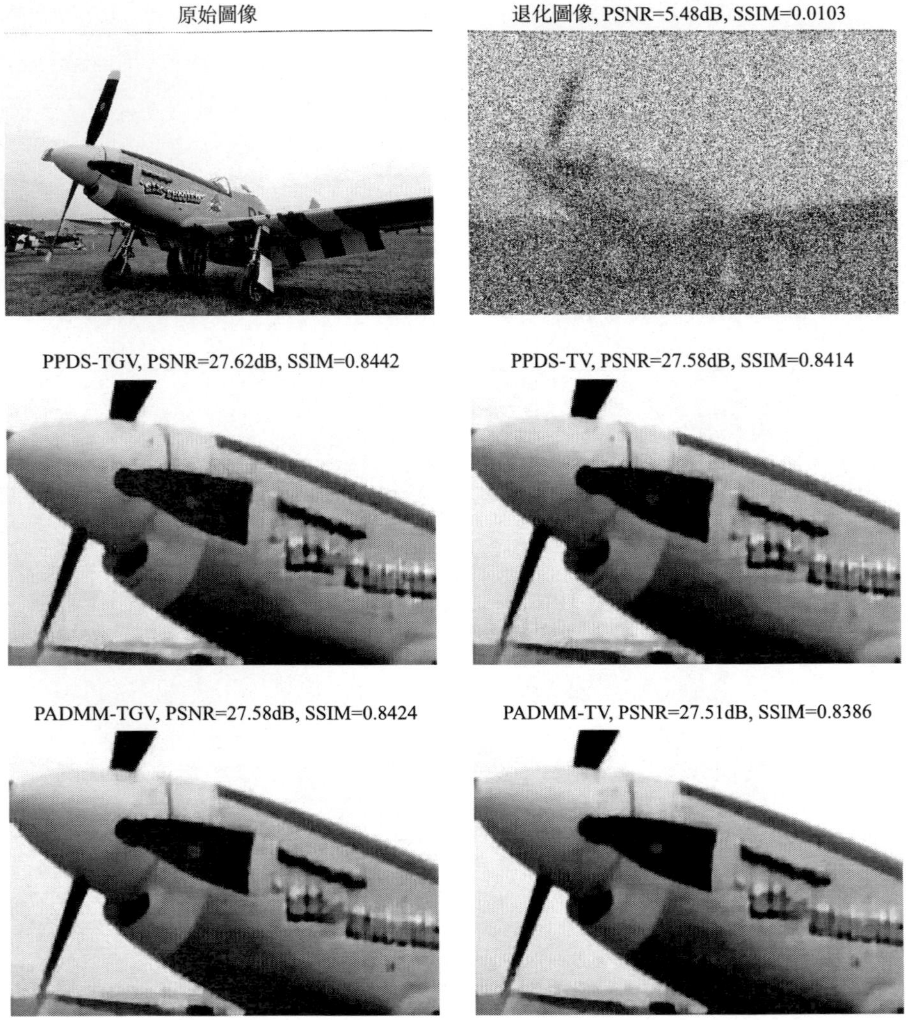

圖 6-5　模糊 3 和 70%的脈衝噪聲條件下，不同算法的 Kodim20 復原圖像

表 6-5 和表 6-6 還說明 PPDS 的速度比 PADMM 更快，且 PPDS 的單步執行效率要顯著優於 PADMM 的單步執行效率，其原因是兩方面的。一方面，如同灰度圖像去模糊，PPDS 不需要引入矩陣的求逆運算；另一方面，當面對矩陣求逆運算時，PADMM 需要引入一 Gauss 消去過程來實現原始變量的更新，這進一步加劇了 PADMM 的運算負擔。圖 6-6 表明，儘管可能在開始階段處於落後位置，PPDS 能比 PADMM 更快地步入收斂。

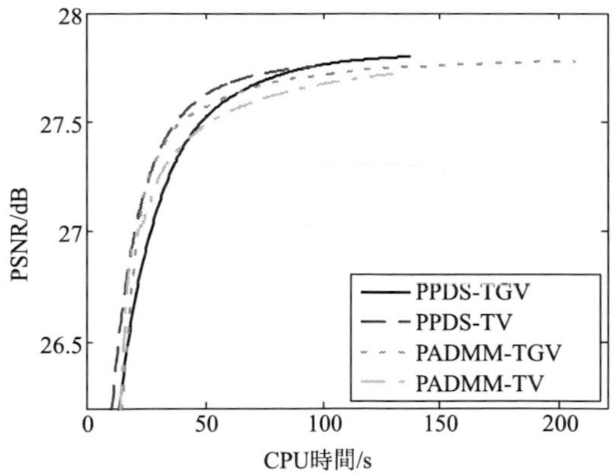

(a) Kodim15PSNR相對于時間的變化曲綫

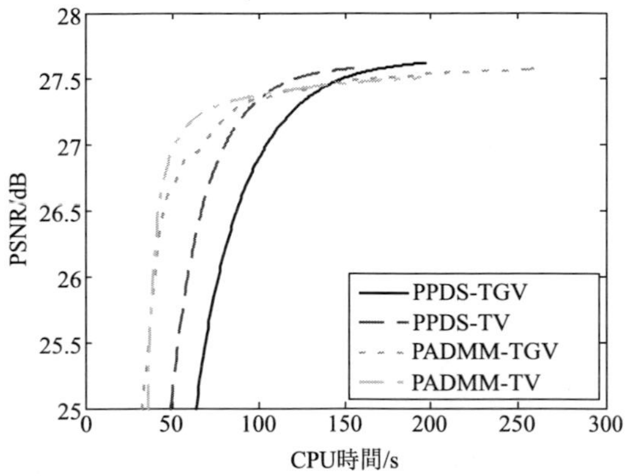

(b) Kodim20PSNR相對于時間的變化曲綫

圖 6-6　Gauss 噪聲條件下 Kodim15 和脈衝噪聲條件下 Kodim20 復原實驗 PSNR 相對於時間的變化曲線

(3) PPDS 與 Condat 算法以及 PLADMM 算法的比較

PPDS 方法可以視為 PLADMM 和 Condat 原始-對偶方法的推廣，為進一步體現 PPDS 相比於這兩種方法的優越性，圖 6-7 給出了模糊 1 和 Gauss 噪聲條件下，PPDS-TGV、PLADMM-TGV 和 Condat-TGV 三種方法 Kodim05 的復原圖像。三種方法的迭代步數均為 300。PLADMM-TGV 和 Condat-TGV 算法的參數設置使得復原結果為最優。從圖 6-7 可以發現，PPDS-TGV 的結果比其他結果更為清晰，且 PPDS-TGV 的收斂速度要明顯快於 PLADMM-TGV 和 Condat-TGV。

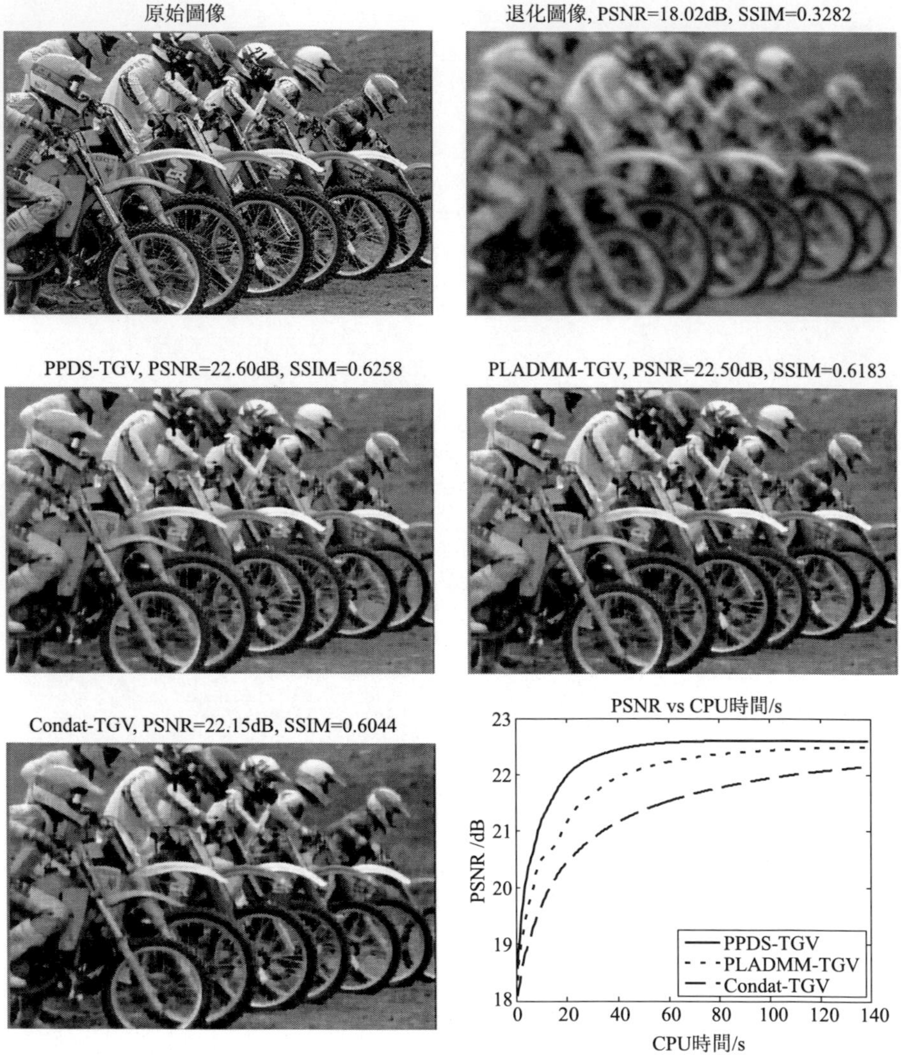

圖 6-7 PPDS、 PLADMM 和 Condat 方法的 Kodim05
復原圖像及 PSNR 隨 CPU 時間變化的曲線

6.6.2 圖像修補實驗

本小節通過兩個實驗說明 PPDS 在灰度/RGB 圖像修補中的應用潛力。參與比較的方法有 PPDS-TGVS、PPDS-TGV、PPDS-TV 和 C-SALSA（僅用於灰度圖像）。Barbara 和 Kodim23 被選作原始圖像，它們均含有豐富的細節資訊。Barbara 和 Kodim23 被設置丟失 0%，10%，…，70%的像素，隨後分別被加以 $\sigma=10$（Barbara）和 $\sigma=20$（Kodim23）的 Gauss 噪聲。像素丟失率為 0%時，修補問題退化為單純的去噪問題。灰度圖像修補和 RGB 圖像修補時算法的總迭代步數分別設置為 100 和 150。

圖 6-8(a) 和（b）分別繪製了像素缺失比例變化時 Barbara 圖像對應的 PSNR 和 SSIM，而圖 6-8(c) 和（d）分別繪製了 Kodim23 圖像對應的 PSNR 和 SSIM。由圖 6-8(a)～(d) 可以觀察到，第一，相比於 TGV 模型和 TV 模型，TGV/剪切波複合模型展現出了一貫的優越性。當像素丟失率上升時，這種優勢會減弱。特別地，當丟失率達到 70%時，三種模型的 PSNR 和 SSIM 已相當接近。第二，在灰度圖像修補中（Barbara），TGV/剪切波複合模型相比於 TGV 模型的優勢，比在 RGB 圖像修補中（Kodim23）的更明顯。第三，PPDS 在 PSNR 和 SSIM 兩方面明顯優於 C-SALSA。

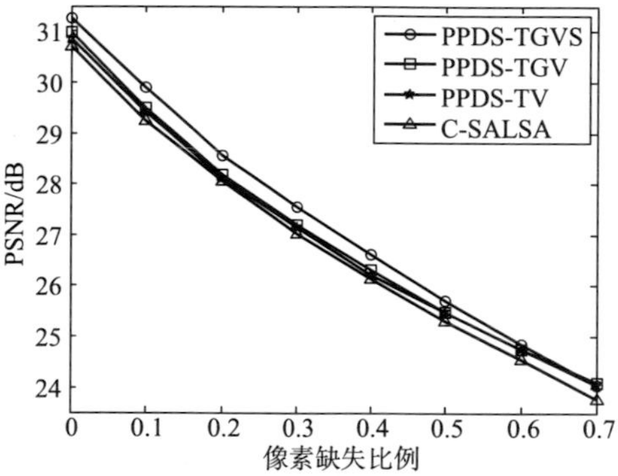

(a) Barbara PSNR隨像素缺失比例的變化曲綫

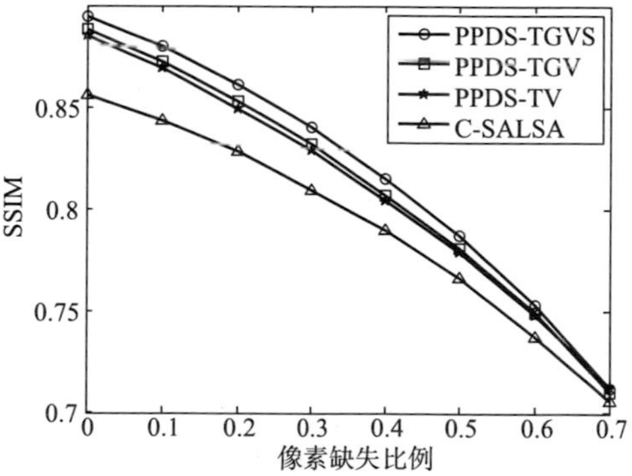

(b) Barbara SSIM隨像素缺失比例的變化曲綫

圖 6-8

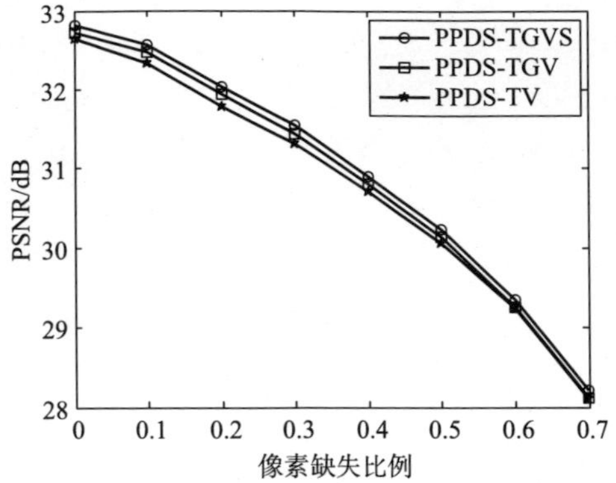

(c) Kodim23 PSNR隨像素缺失比例的變化曲綫

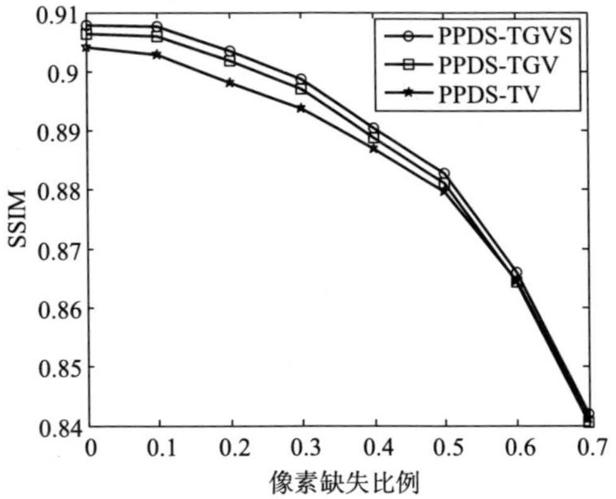

(d) Kodim23 SSIM隨像素缺失比例的變化曲綫

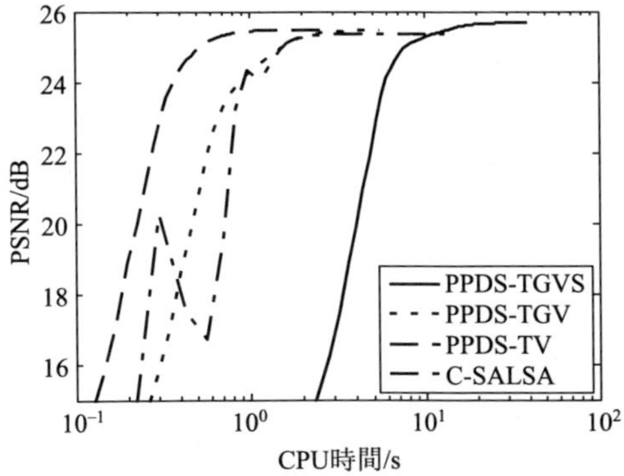

(e) Barbara PSNR曲綫(像素缺失50%，σ=10)

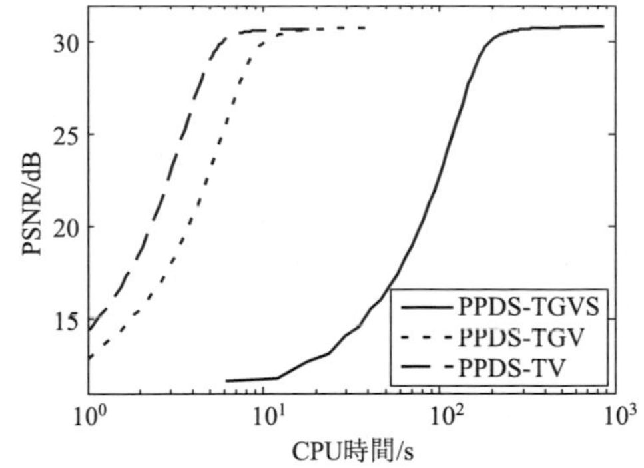

(f) Kodim23 PSNR曲綫(像素缺失40%，σ=20)

圖 6-8　Barbara 和 Kodim23 圖像 PSNR 與 SSIM 隨像素缺失比例的變化曲線，以及像素缺失 50%，σ = 10Gauss 噪聲條件下 Barbara 圖像 PSNR，和像素缺失 40%，σ = 20Gauss 噪聲條件下 Kodim23 圖像 PSNR，相對於時間的變化曲線

圖 6-9 給出了四種方法在 Barbara 圖像像素缺失比例為 50％時的復原圖像和對應的誤差圖像（為增強視覺效果，將原始誤差圖像仿射投影到［0，255］區間上），而圖 6-10 則給出了三種方法在 Kodim23 圖像像素缺失比例為 40％時的復原圖像和對應的局部放大圖像。一方面，PPDS-TGV 能夠很好地抑制普遍存在於 PPDS-TV 和 C-SALSA（其結果中仍含有一些噪點）結果中的階梯效應。另一方面，相比於 PPDS-TGV，PPDS-TGVS 能夠更好地復原圖像中的紋理細節資訊（如圖 6-9 中 Barbara 的衣服和圖 6-10 中的局部放大圖像）。圖 6-8(e) 和 (f) 分別給出了上述兩問題背景下，各方法所對應的 PSNR 相對於 CPU 時間的變化曲線。可以發現，PPDS-TGVS 比其他算法更為耗時；儘管正則化模型更為複雜，PPDS-TGV 能比基於 TV 的 C-SALSA 更快步入收斂。

圖 6-9

PPDS-TGVS, PSNR=25.70dB, SSIM=0.7874

PPDS-TGVS誤差圖像

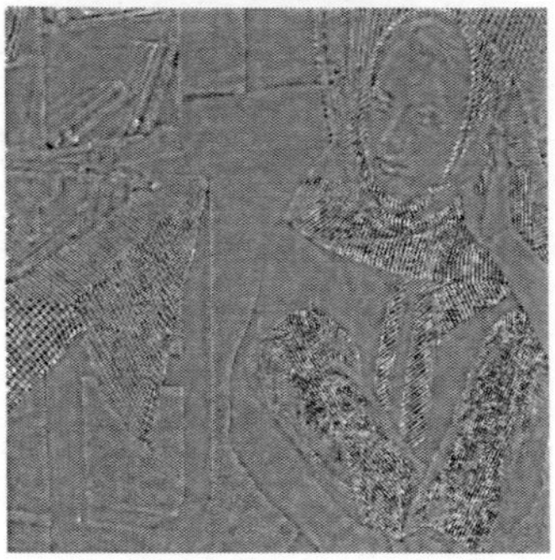

PPDS-TGV, PSNR=25.48dB, SSIM=0.7812

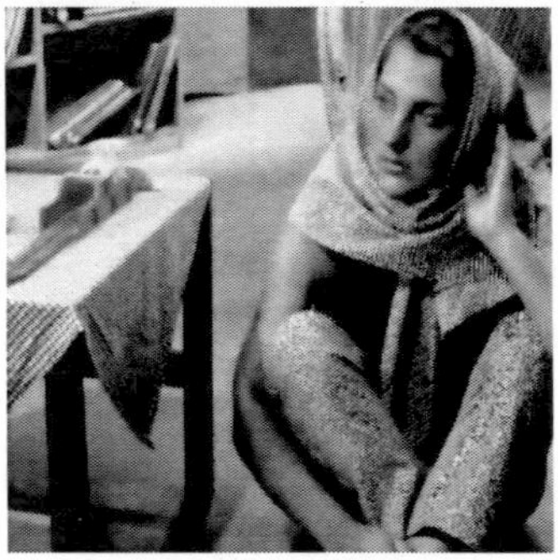

PPDS-TGV誤差圖像

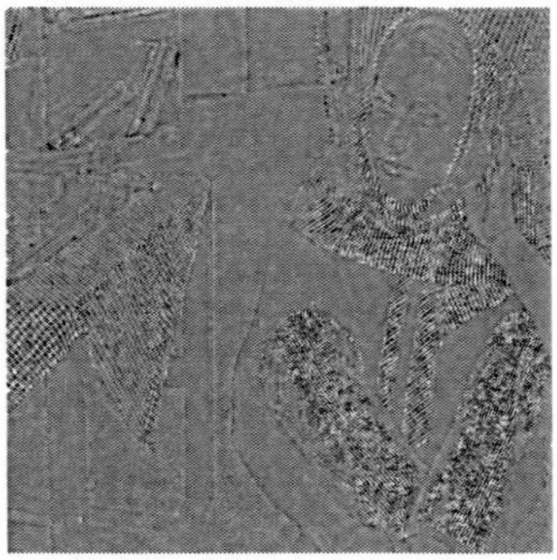

PPDS-TV, PSNR=25.47dB, SSIM=0.7789

PPDS-TV誤差圖像

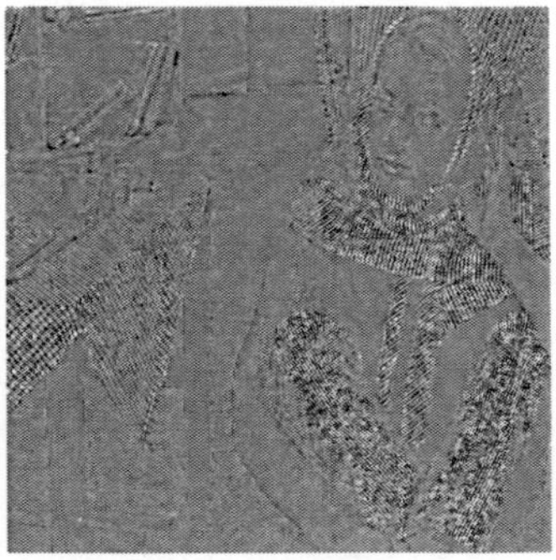

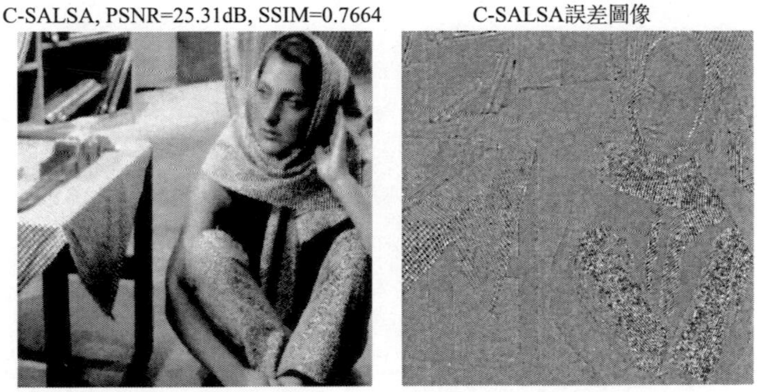

圖 6-9　像素缺失 50%，σ = 10Gauss 噪聲條件下，
不同算法 Barbara 復原圖像及誤差圖像

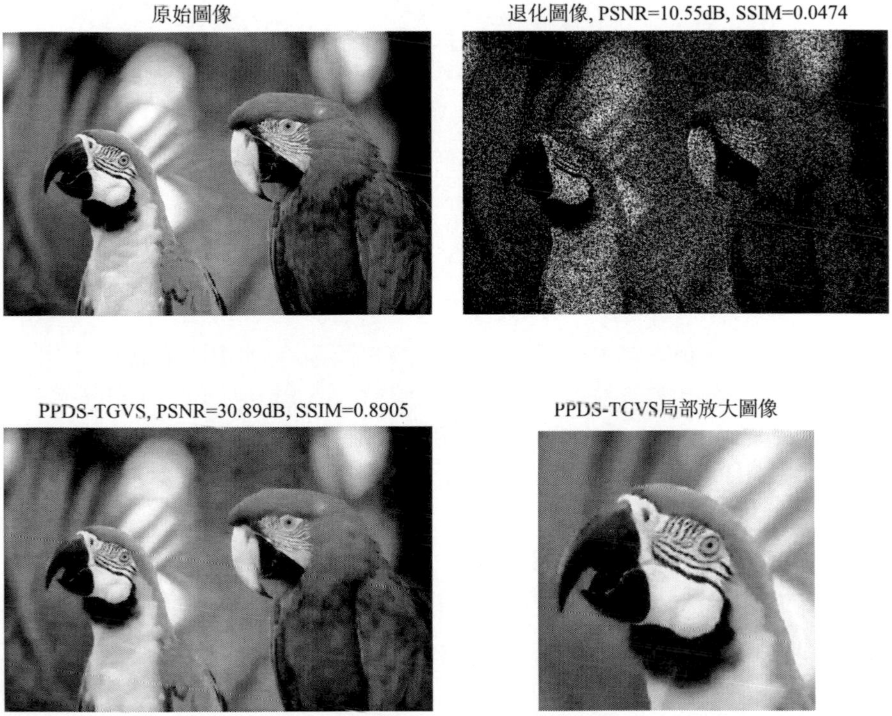

圖 6-10

圖 6-10 像素缺失 40%，σ = 20 Gauss 噪聲條件下，
不同算法 Kodim23 復原圖像及局部放大圖像

6.6.3 圖像壓縮感知實驗

本小節考察 PPDS 對於壓縮感知問題——MRI 重建的適用性。該實驗引入的比較算法有邊緣引導壓縮感知重建方法[201]（edge-CS）和基於 TV 的 C-SALSA 算法。所採用的原始圖像為第 4 章 MRI 實驗中的 foot 圖。在本實驗中，Fourier 數據的採樣率被設置為 4.57%、6.45%、8.79%、10.64%、12.92%、14.74%、16.94%、18.73% 和 20.87%（頻域輻射採樣線數目分別為 20，30，…，100）。觀測數據中的 Gauss 噪聲方差保持不變，它使得採樣率為 10.64%（頻域輻射採樣線數目為 50）時數據訊噪比為 40dB。所有算法的迭代步數為 300。

圖 6-11(a) 和 (b) 給出了 PSNR 和 SSIM 相對於頻域採樣率的變化曲線。圖 6-11(c) 繪製了採樣率為 6.45%時（頻域採樣掩膜輻射線數目為 30），PSNR 相對於時間的變化曲線。可以看到，首先，在不同的採樣率下，PPDS（包括 PPDS-TV）在 PSNR 和 SSIM 兩方面始終優於 edge-CS 和 C-SALSA。關於該現象，一個合理的解釋是像素值的區間約束對

於 MRI 重建品質的提升起著至關重要的作用，這是因為 MRI 原始圖像通常有著大量像素值位於給定動態區域的邊緣（如 foot 圖像中背景部分像素值均為 0）。如圖 6-12 所示，PPDS-TV 重建出的腳部和黑色背景之間的邊緣並不比 edge-CS 結果中的差。第二，edge-CS 方法在採樣率較低時更有效，但當頻域採樣掩膜的輻射線數目大於 50 時，該方法並不能提升甚至可能降低重建品質。第三，PPDS-TGV 可以有效地消除存在於 TV 方法中的階梯效應，但它卻不能很好地重建出大量存在於原始圖像中的紋理細節。相比之下，PPDS-TGVS 以很低的採樣率成功地重建出了腳部的一些紋理特徵，這得益於剪切波變換可以在頻域更好地描述圖像細節特徵。最後，圖 6-11(c) 表明，PPDS-TV 的 PSNR 要比 edge-CS 和 C-SALSA 的 PSNR 上升得更快，且能更早地步入收斂。事實上，edge-CS 採用了 C/MATLAB 混合編程來進行加速。

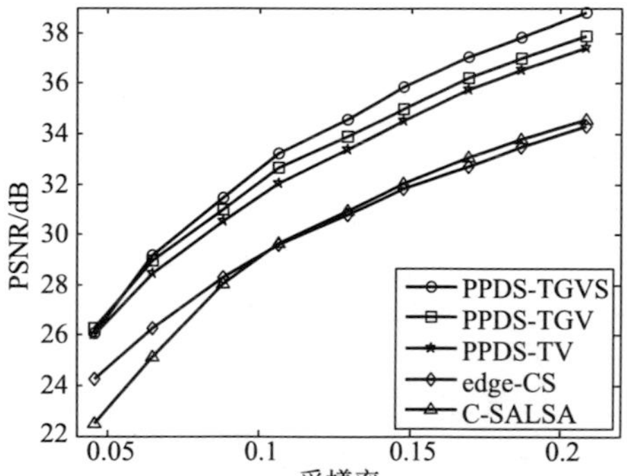

(a)

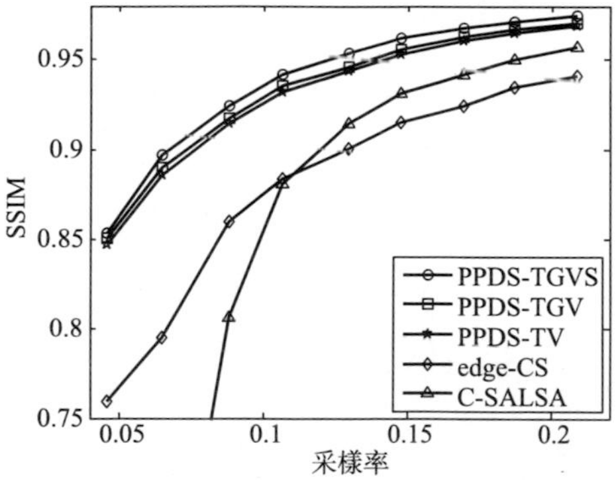

(b)

圖 6-11

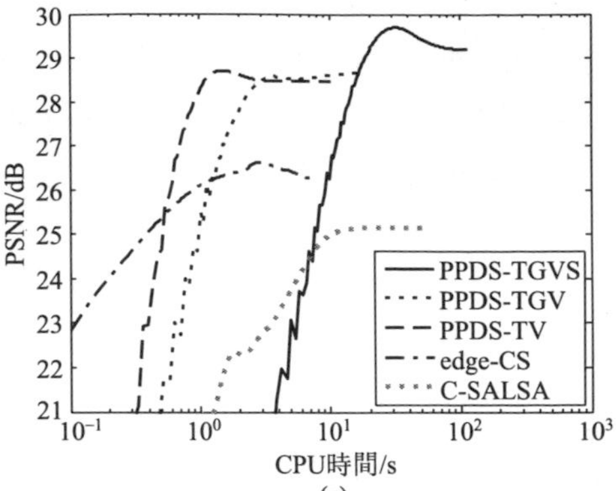

(c)

圖 6-11 foot 重建圖像 PSNR 和 SSIM 相對於頻域採樣率的變化曲線，以及頻域採樣率為 6.45%，訊噪比為 42dB 時， PSNR 相對於時間的變化曲線

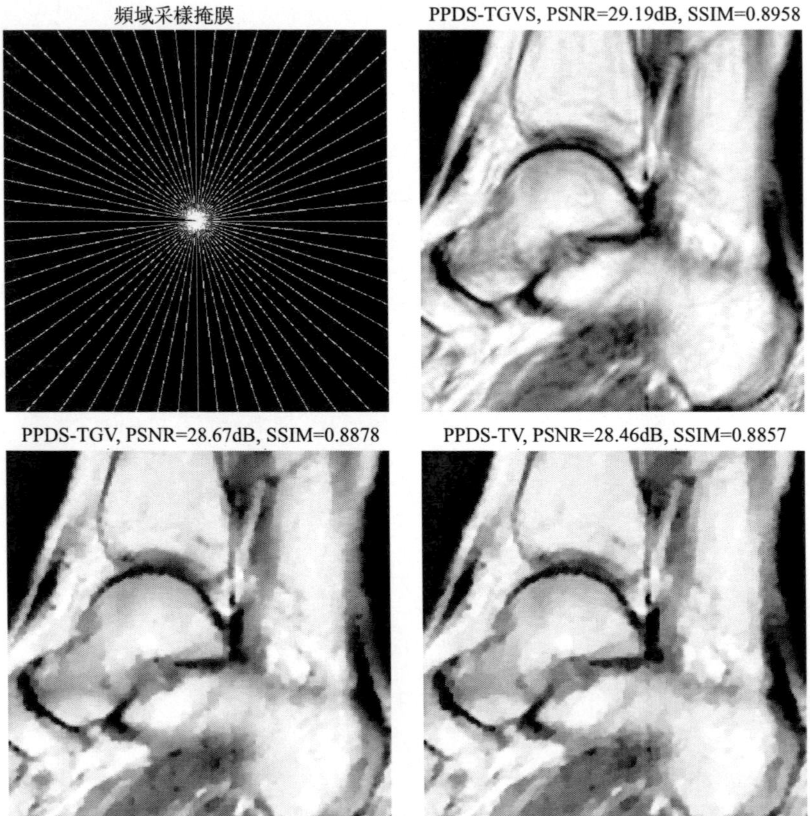

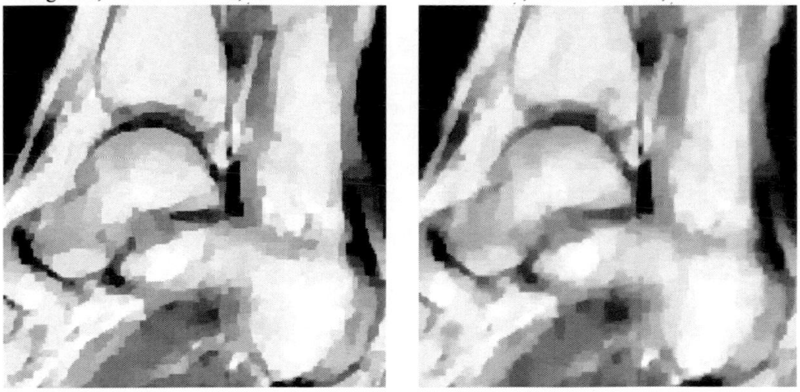

圖 6-12　頻域採樣率為 6.45%（掩膜輻射線為 30），訊噪比為 42dB 時，不同算法的 foot 重建圖像

6.6.4 像素區間約束有效性實驗

本小節通過將 PPDS-TV 與其他四種算法做比較來說明區間約束在特定情況下（圖像像素值大量取區間約束的邊界值，區間約束為［0，255］）的有效性，以及 PPDS 算法相比於其他算法的優越性。四種參與比較的算法分別是 Chan-Tao-Yuan[29]、區間約束乘性迭代算法[28]（box-constrained multiplicative iterative algorithm，BCMI）、APEBCADMM-TV[205]（第 4 章中的 APE-BCADMM 算法）和 APEADMM-TV（第 4 章中的 APE-ADMM）。其中前三種與 PPDS-TV 均採用了像素值的區間約束，所有五種方法均可以處理 Gauss 噪聲和脈衝噪聲，此外，BCMI 還可處理 Poisson 噪聲。

圖 6-13 所示的三幅測試圖像參與了後續的比較實驗。Text、Satellite 和 Fingerprint 圖像中，取邊界值（0 或 255）的像素比例分別是 100%、89.81%和 28.87%。表 6-7 給出了背景問題的設計情況，所有算法的停止準則是 $\|\boldsymbol{u}^{k+1}-\boldsymbol{u}^{k}\|_2/\|\boldsymbol{u}^{k}\|_2\leqslant 10^{-4}$ 或迭代步數達到 2000。表 6-8 和表 6-9 分別給出了 Gauss 噪聲和脈衝噪聲條件下不同算法的 PSNR、SSIM、迭代步數和 CPU 時間。圖 6-14 和圖 6-15 則分別給出了 G(9，3) 模糊和標準差為 3.5 的 Gauss 噪聲條件下 satellite，以及 A(9) 模糊和 50%脈衝噪聲下 text 的復原圖像。

表 6-7　圖像去模糊實驗設置細節

模糊核	圖像	Gauss 噪聲	脈衝噪聲
A(9)	text	$\sigma=4$	50%
G(9,3)	satellite	$\sigma=3.5$	45%
M(15,30)	fingerprint	$\sigma=3$	40%

表 6-8　Gauss 噪聲條件下的實驗結果

圖像	方法	PSNR/dB	SSIM	步數	耗時/s
	PPDS-TV	21.96	**0.7541**	364	2.37
Text	Chan-Tao-Yuan	21.64	0.7524	**206**	**1.41**
13.69dB	BCMI	**22.03**	0.7443	1562	9.82
0.4645	APEBCADMM-TV	21.65	0.7534	313	2.96
	APEADMM-TV	20.20	0.7219	251	2.19
	PPDS-TV	**27.40**	**0.7474**	298	1.98
Satellite	Chan-Tao-Yuan	27.35	0.7471	**211**	**1.47**
23.84dB	BCMI	27.35	0.7397	458	2.85
0.6343	APEBCADMM-TV	27.38	0.7470	293	2.78
	APEADMM-TV	27.01	0.7353	296	2.61
	PPDS-TV	**23.36**	0.8642	179	1.15
Fingerprint	Chan-Tao-Yuan	**23.36**	**0.8658**	175	1.23
14.74dB	BCMI	21.21	0.8527	1157	8.36
0.3355	APEBCADMM-TV	23.32	0.8635	125	1.19
	APEADMM-TV	22.78	0.8208	**110**	**0.98**

表 6-9　脈衝噪聲條件下的實驗結果

圖像	方法	PSNR/dB	SSIM	步數	耗時/s
	PPDS-TV	**24.74**	**0.9842**	589	7.50
Text	Chan-Tao-Yuan	24.05	0.9812	872	7.02
7.27dB	BCMI	19.40	0.9277	2000	15.37
0.0014	APEBCADMM-TV	24.48	0.9840	674	9.17
	APEADMM-TV	19.75	0.9233	**280**	**3.78**
	PPDS-TV	**30.07**	**0.9649**	565	6.89
Satellite	Chan-Tao-Yuan	29.45	0.9625	871	7.12
7.43dB	BCMI	28.41	0.9471	2000	15.36
0.0109	APEBCADMM-TV	29.79	0.9632	**293**	8.04
	APEADMM-TV	29.36	0.9545	414	**5.19**
	PPDS-TV	20.67	0.8605	271	3.79
Fingerprint	Chan-Tao-Yuan	**20.97**	**0.8626**	319	**2.82**
8.23dB	BCMI	20.35	0.8446	2000	17.29
0.0390	APEBCADMM-TV	20.66	0.8594	423	6.32
	APEADMM-TV	20.29	0.8377	**256**	3.69

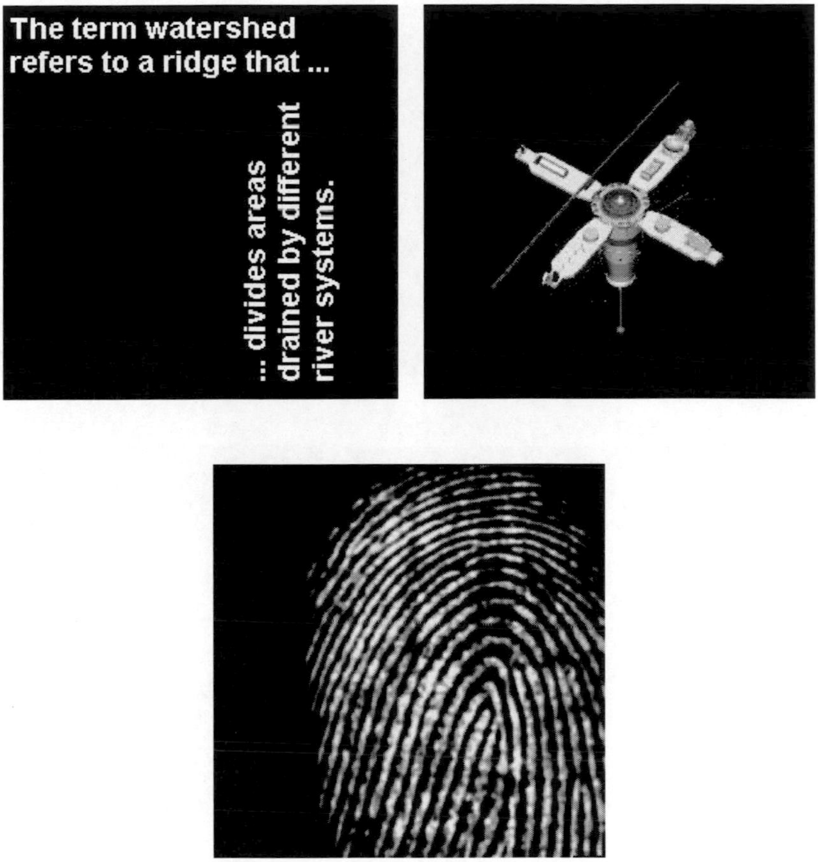

圖 6-13 測試圖像： text、 satellite 和 fingerprint，尺寸均為 256 × 256

從實驗結果看，第一，當圖像的大量像素值取給定動態範圍的邊界值時，像素值的區間約束對於提升復原圖像的品質至關重要。事實上，像素取邊界值的比例越高，這種效果就越明顯。在採用區間約束的情況下，BCMI 未能取得很好的復原效果，其原因是其收斂速率明顯慢於其他算法，尤其是在脈衝噪聲條件下。第二，總體而言，區間約束可能會降低算法的收斂速率（比較 APEBCADMM-TV 和 APEADMM-TV 的迭代步數及耗時）。第三，PPDS-TV 可以在 PSNR、SSIM 和收斂速率等方面與其他優秀算法相匹敵，且根據此前的論述，PPDS 在求解圖像反問題時並不需要進行矩陣求逆，故其推廣性更好。

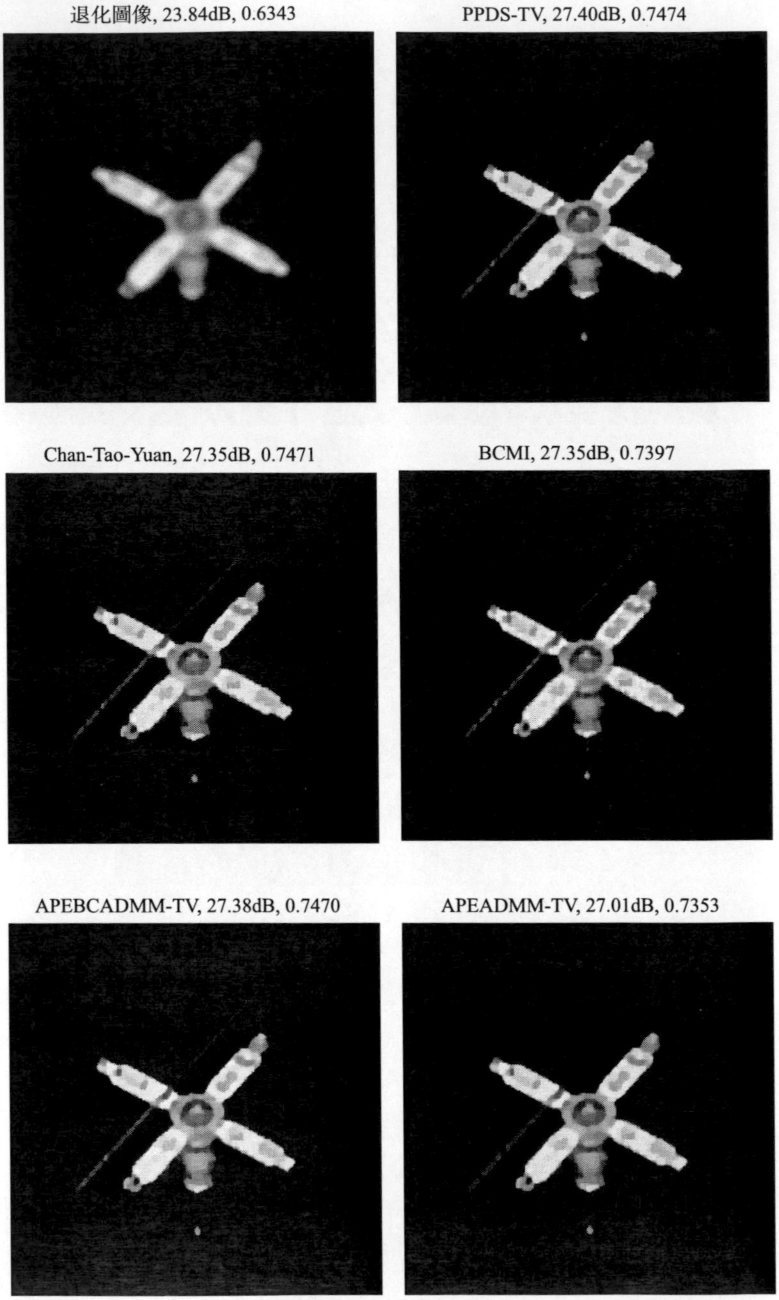

圖 6-14　Gauss 噪聲條件下，不同算法的 Satellite 復原圖像

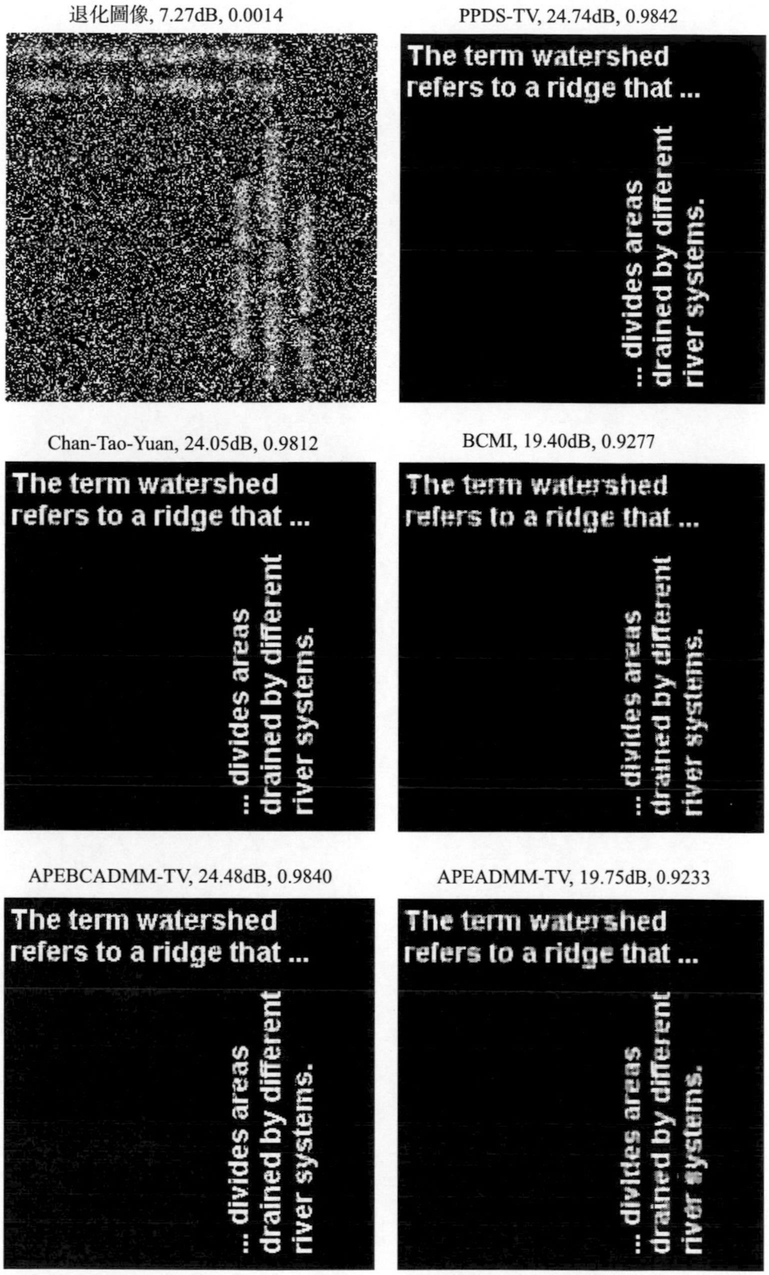

圖 6-15　脈衝噪聲條件下，不同算法的 text 復原圖像

附録

附録 1 主要變量符號表

$\mathbb{R}$	實數集
$\mathbb{R}^{+}$	正實數集
$\mathbb{N}$	非負整數集
∇	梯度算子（差分）
∇_1	水平方向差分算子
∇_2	垂直方向差分算子
div	散度算子
ε	對稱差分算子
∂	次梯度算子或偏導數算子
H	Hilbert 空間
$\langle \cdot, \cdot \rangle$	Hilbert 空間中的內積
2^{X}	集合 X 的冪集
$\Gamma_0(D)$	由 D 映射到 $(-\infty, +\infty]$ 的正常凸函數集
inf，min	取下確界或取極小值
sup，max	取上確界或取極大值
f^{*}	凸函數 f 的 Fenchel 共軛
prox_f	凸函數 f 的臨近點算子
ι_Ω	凸集 Ω 的示性函數
σ_Ω	凸集 Ω 的支撐函數
$\boldsymbol{L}^{*}$	線性算子 $\boldsymbol{L}$ 的 Hilbert 伴隨算子
$\Vert\boldsymbol{L}\Vert$	線性算子 $\boldsymbol{L}$ 的範數
$\mathrm{ran}\boldsymbol{M}$	算子 $\boldsymbol{M}$ 的值域
$\mathrm{zer}\boldsymbol{M}$	算子 $\boldsymbol{M}$ 的零域
$\mathrm{gra}\boldsymbol{M}$	算子 $\boldsymbol{M}$ 的圖
$\mathrm{Fix}\boldsymbol{M}$	非擴張算子 $\boldsymbol{M}$ 的不動點集

附録 2 主要縮略詞說明

英文縮寫	中文名稱	英文名稱
ADM	交替方向法	alternating direction method
ADMM	交替方向乘子法	alternating direction method of multipliers
ALM	增廣 Lagrange 方法	augmented lagrangian method
APE-ADMM	參數自適應的 ADMM	adaptive parameter estimation for ADMM
APE-SBA	參數自適應的 SBA	adaptive parameter estimation for SBA
BCMI	區間約束乘性迭代算法	box-constrained multiplicative iterative algorithm
BGV	有界廣義變差	bounded generalized variation
BSNR	模糊訊噪比	blurred signal-to-noise ratio
BV	有界變差	bounded variation
CS	壓縮感知	compressed sensing
DCT	離散餘弦變換	discrete cosine transform
DRS	Douglas-Rachford 分裂	Douglas-Rachford splitting
edge-CS	邊緣引導壓縮感知重建方法	edge guided compressed sensing reconstruction method
EDF	等效自由度	equivalent degrees of freedom
FISTA	快速迭代收縮/閾值算法	fast iterative shrinkage/thresholding algorithm
FBS	前向-後向分裂	forward-backward splitting
FFST	快速有限剪切波變換	fast finite shearlet transform
FFT	快速 Fourier 變換	fast Fourier transform
FPR	不動點殘差	fixd-point residual
FTVD	快速全變差反卷積算法	fast total variation deconvolution algorithm
GCV	廣義交叉確認法	generalized cross-validation
HDTV	高階全變差	higher degree total variation
ISNR	提升訊噪比	improved-sigal-to-noise ratio

LADMM	線性交替方向乘子法	linearized alternating direction method of multipliers
MRF	Markov 隨機場	Markov random field
MRI	核磁共振成像	magnetic resonance imaging
MSE	均方誤差	mean square error
PDE	偏微分方程	partial differential equations
PDHG	原始-對偶聯合梯度	primal-dual hybrid gradient
PDS	原始-對偶分裂	primal-dual splitting
PLADMM	並行線性交替方向乘子法	parallel LADMM
PPA	臨近點算法	proximal point algorithm
PPDS	並行原始-對偶分裂	parallel primal-dual splitting
PRS	Peaceman-Rachford 分裂	Peaceman-Rachford splitting
PSF	點擴散函數	point spread function
PSNR	峰值訊噪比	peak-sigal-to-noise ratio
RPCA	魯棒主元分析	robust principle component analysis
SBA	分裂 Bregman 算法	splitting Bregman algorithm
SSIM	結構相似度	structured similarity index measurement
TGV	廣義全變差	total generalized variation
TV	全變差	total variation
UPRE	無偏預先風險估計法	unbiased predictive risk estimator
VI	變分不等式	variation inequality
VS	變量分裂	variable splitting

參考文獻

[1] Campisi P,Egiazarian.K Blind Image Deconvolution-Theory and Applications [M] .Boca Raton:CRC Press,2007.

[2] Candès E J,Wakin M B.An introduction to compressive sampling [J] .IEEE Signal Processing Magzine, 2008, 25 (2): 21-30.

[3] Tikhonov A,Arsenin V.Solution of Ill-Posed Problems [M] . Washington: Winston and Sons,1977.

[4] Vogel C R.Computational Methods for Inverse Problems. Philadelphia [M] . PA: SIAM,2002.

[5] Bauschke H H,Combettes P L.Convex Analysis and Monotone Operator Theory in Hilbert Spaces [M] .New York:Springer,2011.

[6] Rudin L,Osher S,Fatemi E.Nonlinear total variation based noise removal algorithms [J] .Physica D:Nonlinear Phenomena,1992, 60(1~ 4):259-268.

[7] Osher S,Burger M,Goldfarb D,et al.An iterative regularization method for total variation-based image restoration. Multiscale Modeling and Simulation [J], 2005,4:460-489.

[8] Guo W,Qin J,Yin W.A new Detail-Preserving Regularity Scheme [J] .SIAM Journal on Imaging Sciences, 2014, 7 (2): 1309-1334.

[9] Chen Z,Molina R,Katsaggelos A K.Automated recovery of compressedly observed sparse signals from smooth background [J] .IEEE Signal Processing Letters.2014, 21(8):1012-1016.

[10] Babacan S D,Molina R,Do M N,Katsaggelos A K.Blind deconvolution with general sparse image priors [C] .European Conference on Computer Vision (ECCV),October 7-13,2012.

[11] Vega M,Mateos J,Molina R,Katsaggelos A K. Astronomical image restoration using variational methods and model combination [J] .Statistical Methodology,2012,9(1~2):19-31.

[12] S.Villena,Vega M,Babacan S D,Molina R,Katsaggelos A K.Bayesian combination of sparse and non sparse priors in image super resolution [J] .Digital Signal Processing,2013,23:530-541.

[13] Amizic B, Spinoulas L, Molina R, Katsaggelos A K.Compressive blind image deconvolution [J] . IEEE Transactions on Image Processing, 2013, 22 (10): 3994-4006.

[14] Li C,Yin W,Jiang H,Zhang Y.An efficient augmented Lagrange method with applications to total variation minimization [J] . Computational Optimization and Applications.2013,56(3):507-530.

[15] Afonso M V,Bioucas-Dias J M,Figueiredo M A T.An augmented Lagrange approach to the constrained optimization formulation

of imaging inverse problems [J] . IEEE Transactions on Image Processing, 2011, 20(3):681-695.

[16] Fehrenbach J, Weiss P, Lorenzo C. Variational algorithms to remove stationary noise-application to microscopy imaging [J] . IEEE Transactions on Image Processing,2012,21(10):4420-4430.

[17] Dong B,Li J,Shen Z.X-ray CT image reconstruction via wavelet frame based regularization and radon domain inpainting [J] .Journal of Scientific Computing,2013,54(2-3),333-349.

[18] 楊利紅.大視場航天相機遙感圖像復原研究 [D] .北京:中國科學院,2012.

[19] 張雪松,江靜,彭思龍.仿射運動模型下的圖像盲超解析度重建算法 [J] .模式識別與人工智慧,2012,25(4):648-655.

[20] Fang S, Ying K, Zhao L, Cheng J P. Coherence regularization for SENSEreconstruction using a nonlocal operator (CORNOL). Magnetic Resonance in Medicine [J] .2010,64(5):1414-1426.

[21] Zuo W, Lin Z. A generalized accelerated proximal gradient approach for total variation-based image restoration [J] . IEEE Transactions on Image Processing, 2011, 20(10):2748-2759.

[22] 董芳芳.圖像復原與分割中的新模型及快速算法 [D] .杭州:浙江大學,2011.

[23] 姚偉.基於偏微分方程及變分理論的圖像品質改善算法研究 [D] .長沙:國防科技大學,2010.

[24] 張文星.增廣拉格朗日型算法及其在圖像處理中的應用 [D] .南京:南京大學,2012.

[25] 焦李成,侯彪,王爽,劉芳.圖像多尺度集合分析理論與應用——後小波分析理論與應用 [M] . 西安: 西安電子科技大學出版社,2008.

[26] 馮象初,王衛衛.圖像處理的變分和偏微分方程方法 [M] .北京:科學出版社,2009.

[27] 張文娟,馮象初,王旭東.基於加權總廣義變差的 Mumford-Shah 模型 [J] .自動化學報,2012,38(12):1913-1922.

[28] Chan R H,Ma J.A multiplicative iterative algorithm for box-constrained penalized likelihood image restoration [J] . IEEE Transactions on Image Processing, 2012,21(7):3168-3181.

[29] Chan R H, Tao M, Yuan X. Constrained total variational deblurring models and fast algorithms based on alternating direction method of multipliers [J] .SIAM Journal on Imaging Sciences, 2013, 6(1): 680-697.

[30] Wen Y,Chan R H.Parameter selection for total-variation-based image restoration using discrepancy principle [J] . IEEE Transactions on Image Processing, 2012, 21(4):1770-1781.

[31] Gonzalez R C, Woods R E, Eddins S L. Digital imageprocessing using MATLAB [M] .Pearson Prentice Hall,2004.

[32] 鄒謀炎,反卷積和訊號處理 [M] .北京:國防工業出版社,2001.

[33] Galatsanos N P,Katsaggelos A K.Methods for choosing the regularization parameter and estimating the noise variance in image restoration and their relation [J] . IEEE Transactions on Image Processing, 1992, 1 (3):322-336.

[34] Green P J. Bayesian reconstructions from emission tomography data using a modified EM algorithm [J] . IEEE Transactions on Medical Imaging, 1990, 9(1):84-93.

[35] Besag J.Toward Bayesian image analysis [J] . Journal of Applied Statistics,

1993,16(3):395-407.

[36] Geman D,Yang C.Nolinear image recovery with half-quadratic regularization [J].IEEE Transactions on Image Processing,1995,4(7):932-946.

[37] Chan T,Shen J.Image Processing and Analysis: Variational, PDE, Wavelet, and Stochastic Methods [M].Philadelphia: SIAM,2005.

[38] Allard W K.Total variation regularization for image denoising,III.Examples [J]. SIAM Journal on Imaging Sciences, 2009 2(2):532-568.

[39] Chambolle A,Levine S E,Lucier B J.An upwind finite-difference method for total variation-based image smoothing [J]. SIAM Journal on Imaging Sciences, 2011,4(1):277-299.

[40] Getreuer P.Contour stencils:total variation along curves for adaptive image interpolation [J].SIAM Journal on Imaging Sciences,2011,4(3):954-979.

[41] Chambolle A,Lions P L.Image recovery via total variation minimization and related problems [J].Numerische Mathematik,1997,76(2):167-188.

[42] Chan T,Marquina A,Mulet P.Higher order total variation-based image restoration [J].SIAM Journal on Scientific Computing,2000,22(2):503-516.

[43] Chan T,Esedoglu S,Park F E.A fourth order dual method for staircase reduction in texture extraction and image restoration problems [R].UCLA CAM Report 05-28,UCLA,Los Angeles,2005.

[44] Maso G D,Fonseca I,Leoni G,Morini M. A higher order model for image restoration: the one-dimensional case [J]. SIAM Journal on Mathematical Analysis, 2009,40(6):2351-2391.

[45] Stefan W,Renaut R A,Gelb A.Improved total variation-type regularization using higher order edge detectors [J].SIAM Journal on Imaging Sciences,2010,3(2): 232-251.

[46] Bredies K,Kunisch K,Pock T.Total generalized variation [J].SIAM Journal on Imaging Sciences,2010,3(3):492-526.

[47] Bredies K,Dong Y,Hintermüller M.Spatially dependent regularization parameter selection in total generalized variation models for image restoration [J].International Journal of Computer Mathematics,2013,90(1):109-123.

[48] Yang Z,Jacob M.Nonlocal regularization of inverse problems: a unified variational framework [J].IEEE Transactions on Image Processing,2013,22(8):3192-3203.

[49] Hu Y,Jacob M.Higher degree total variation (HDTV) regularization for image recovery [J]. IEEE Transactions on Image Processing, 2012, 21 (5): 2559-2571.

[50] Hu Y,Ongie G,Ramani S,Jacob M.Generalized higher degree total variation (HDTV) regularization [J].IEEE Transactions on Image Processing, 2014, 23 (6):2423-2435.

[51] Lefkimmiatis S,Ward J P,Unser M.Hessian schatten-norm regularization for linear inverse problems [J]. IEEE Transactions on Image Processing, 2013,22(5):1873-1888.

[52] 老大中.變分法基礎(第 2 版) [M].北京:國防工業出版社,2010.

[53] Perona P, Malik J. Scale-space and edge detection using anisotropic diffusion [J].IEEE Transactions on Patten Analysis and Machine Intelligence,1990,

12(7):629-639.

[54] Li W,Wang Z,Deng Y.Efficient algorithm for nonconvex minimization and its application to PM regularization [J].IEEE Transactions on Image Processing, 2012,21(10):4322-4333.

[55] Guo Z,Sun J,Zhang D,Wu B.Adaptive Perona-Malik model based on the variable exponent for image denoising [J].IEEE Transactions on Image Processing,2012,21(3):958-967.

[56] Hajiaboli M,Ahmad M,Wang C.An edge-adapting Laplacian kernel for nonlinear diffusion filters [J].IEEE Transactions on Image Processing,2012,21(4):1561 1572.

[57] Weickert J.Multiscale texture enhancement in computer analysis of images and patterns [J].Lecture Notes in Computer Science: Springer, 1995, 230-237.

[58] Caselles V,Morel J.Introduetion to the special issue on partial differential equations and geometry-driven diffusion in image proeessing and analysis [J].IEEE Transactions on Image Processing,1998,7(3):269-273.

[59] Mallat S.A theory for multiresolution signal decomposition:the wavelet representation [J].IEEE Transactions on Pattern Analysis and Machine Intelligence.1989,11(7): 674-693.

[60] Figueiredo M A T,Nowak R D.An EM algorithm for wavelet-based image restoration [J].IEEE Transactions on Image Processing,2003,12(8):906-916.

[61] Neelamani R,Choi H,Baraniuk R.ForWaRD:Fourier-wavelet regularized deconvolution for ill-conditioned systems [J].IEEE Transactions Signal Processing,2004,52(2):418-433.

[62] Chai A,Shen Z.Deconvolution:a wavelet frame approach [J].Numerische Mathematik,2007,106(4):529-587.

[63] Kadri-Harouna S,Dérian P,Héas P,Mémin E.Divergence-free wavelets and high order regularization [J].Interational Journal of Computer Vision,2013,103(1):80-99.

[64] Cai J,Shen Z.Framelet based deconvolution [J].Journal of Computational Mathematics,2010,28(3):289-308.

[65] Shen Z,Toh K,Yun S.An accelerated proximal gradient algorithm for frame-based image restoration via the balanced approach [J].SIAM Journal on Imaging Sciences, 2011,4(2):573-596.

[66] Fornasier M,Kim Y,Langer A,Schönlieb C B.Wavelet decomposition method for L2/TV-image deblurring [J].SIAM Journal on Imaging Sciences,2011,5(3): 857-885.

[67] Xie S,Rahardja S.Alternating direction method for balanced image restoration [J].IEEE Transactions on Image Processing,2012,21(11):4557-4567.

[68] Xue F,Luisier F,Blu T.Multi-wiener SURE-LET deconvolution [J].IEEE Transactions on Image Processing, 2013,22(5):1954-1968.

[69] Ho J,Hwang W.Wavelet Bayesian network image denoising [J].IEEE Transactions on Image Processing, 2013,22(4):1277-1290.

[70] Zhang Y,Kingsbury N.Improved bounds for subband-adaptive iterative shrinkage/thresholding algorithms [J].IEEE Transactions on Image Processing,2013,22(4): 1373-1381.

[71] Candès E J.Ridgelets:Theory and Applications [D].Department of Statistics,

Standford University,1998.

[72] Candès E J.Curvelets [R] .Tech.Report,Department of Statistics,Standford University,1999.

[73] Meyer F G,Coifman R R.Brushlets: a tool for directional image analysis and image compression [J] . Applied and Computational Harmonic Analysis,1997, 5:147-187.

[74] Donoho D L,Huo X M.Beamlets and Multiscale Image Analysis s [R] .Tech. Report,Standford University,2001.

[75] Donoho D L.Wedgelets:Nearly Minimax Estimation of Edges [R] .Tech.Report, Standford University,1997.

[76] Welland G.Beyond Wavelets [M] .Waltham: Academic Press,2003.

[77] Pennec E L,Mallat S.Non linear image approximation with bandelets [R] .Tech.Report,CMAP Ecole Polytechnique,2003.

[78] Labate D,Lim W Q,Kutyniok G,Weiss G.Sparse multidimensional representation using shearlets [C] . Proceedings of SPIE,Bellingham,WA,2005.

[79] Han B,Kutyniok G,Shen Z.Adaptive multiresolution analysis structures and shearlet systems [J] .SIAM Journal on Numerical Analysis,2011,49(5),1921-1946.

[80] Kutyniok G,Shahram M,Zhuang X.Shearlab:a rational design of a digital parabolic scaling algorithm [J] .SIAM Journal on Imaging Sciences,2012,5(4):1291-1332.

[81] Kutyniok G,Labate D.Shearlets:Multiscale Analysis for Multivariate Data [M] .Dordrecht:Springer,2012.

[82] Häuser S,Steidl G.Fast finite shearlet transform.Preprint,arXiv:1202.1773,2014.

[83] He C,Hu C,Zhang W.Adaptive shearlet-regularied image deblurring via alternating direction method [C] .IEEE Conference on Multimedia and Expo, Chengdu,Sichuan,China,2014.

[84] Cai J,Dong B,Osher S,Shen Z.Image restoration:total variation,wavelet frames,and beyond [J] . Journal of the American Mathematical Society, 2012, 25 (4): 1033-1089.

[85] Hu W,Li W,Zhang X,Maybank S.Single and multiple object tracking using a multi-feature joint sparse representation [J] . IEEE Transactions on Pattern Analysis and Machine Intelligence, 2015, 37 (4): 816-833.

[86] He R,Zheng W,Tan T,Su Z.Half-quadratic based iterative minimization for robust sparse representation [J] . IEEE Transactions on Pattern Analysis and Machine Intelligence, 2014, 36 (2): 261-275.

[87] Xu Y,Yin W.A fast patch-dictionary method for whole-image recovery [R] .UCLA CAM Report 13-38,UCLA,Los Angeles,2013.

[88] Bhujle H,Chaudhuri S.Novel speed-up strategies for non-local means denoising with patch and edge patch based dictionaries [J] .IEEE Transactions on Image Processing,2014,23(1):356-365.

[89] Jia K,Wang X,Tang X.Image transformation based on learning dictionaries across image spaces [J] . IEEE Transactions on Pattern Analysis and Machine Intelligence, 2013, 35 (2): 367-380.

[90] Xu Y,Hao R,Yin W,Su Z.Parallel matrix factorization for low-rank tensor completion [R] .UCLA CAM Report 13-77, UCLA,Los Angeles,2013.

[91] Liu G,Lin Z,Yan S,Sun J,Ma Y.Robust

recovery of subspace structures by low-rank representation [J] . IEEE Transactions on Pattern Analysis and Machine Intelligence, 2013, 35 (1): 171-184.

[92] Ren X,Lin Z.Linearized alternating direction method with adaptive penalty and warm starts for fast solving transform invariant low-rank textures [J] .International Journal on Computer Vision, 2013,104:1-14.

[93] Ono S,Miyata T,Yamada I.Cartoon-texture image decomposition using blockwise low-rank texture characterization [J] .IEEE Transactions on Image Processing,2014,23(3):1128-1142.

[94] Deng Y, Dai Q, Liu R, Zhang Z, Hu S. Low-rank structure learning via nonconvex heuristic recovery [J] .IEEE Trans. Neural Networks and Learning Systems,2013,24(3):383-396.

[95] 林宙辰.秩極小化：理論、算法與應用 [A] .// 張長水，楊強主編.機器學習及其應用 [M] .北京:清華大學出版社，2013: 149-169.

[96] Gou S,Wang Y,Wang Z,Peng Y,Zhang X,Jiao L,Wu J.CT image sequence restoration based on sparse and low-rank decomposition [J] . 2013, PLOS one, 8 (9):1-10.

[97] Cheng B,Liu G,Wang J,Huang Z,Yan S. Multi-task low-rank affinity pursuit for image segmentation [C] .Proceedings of International Conference on Computer Vision (ICCV),2011.

[98] Gao H,Cai J,Shen Z,Zhao H.Robust principal component analysis-based four-dimensional computed tomography [J] . Physics in Medicine and Biology, 2011, 56: 3181-3198.

[99] Bardsley J M, Goldes J. Regularization parameter selection methods for ill-posed Poisson maximum likelihood estimation [J] .Inverse Problems,2009,25 (9):095005.

[100] Carlavan M,Blanc-Feraud L.Sparse Poisson noisy image deblurring [J] . IEEE Transactions on Image Processing, 2012, 21(4):1834-1846.

[101] Geman S,Geman D.Stochastic relaxation, Gibbs distributions, and the Bayesian restoration of images [J] . IEEE Transactions on Pattern Analysis and Machine Intelligence, 1984, 6 (6): 721-741.

[102] Zhu S,Mumford D.Prior learning and Gibbs reaction-diffusion [J] . IEEE Transactions on Pattern Analysis and Machine Intelligence,1997,19(11):1236-1250.

[103] Molina R, Mateos J, Katsaggelos A K. Blind deconvolution using a variational approach to parameter, image, and blur estimation [J] . IEEE Transactions on Image Processing, 2006, 15 (12): 3715-3727.

[104] Molina R,M.Vega,Mateos J,Katsaggelos A K. Variational posteriordistribution approximation in Bayesian super resolution reconstruction of multispectral images [J] . Applied and Computational Harmonic Analysis.2008,24(2):251-267.

[105] Willing M,Hinton G,Osindero S.Learning sparse topographic representation with products of students-t distribution [J] . NIPS.2003,15:1359-1366.

[106] Babacan S D,Molina R,Katsaggelos A K. Parameter estimation in TV image restoration using variational distribution ap-

proximation [J] .IEEE Transactions on Image Processing,2008,17(3):326-339.

[107] Babacan S D,Molina R,Katsaggelos A K. Generalized Gaussian Markov field image restoration using variational distribution approximation [C] . IEEE International Conference on Acoustics,Speech, and Signal Processing (ICASSP'08),Las Vegas,Nevada,2008.

[108] Babacan S D,Molina R,Katsaggelos A K.Variational Bayesian blind deconvolution using a total variation prior [J] . IEEE Transactions on Image Processing,2009,18(1):12-26.

[109] Babacan S D,Wang J,Molina R,Katsaggelos A K.Bayesian blind deconvolution from differently exposed image pairs [J] .IEEE Transactions on Image Processing, 2010, 19 (11): 2874-2888.

[110] Amizic B,Molina R,Katsaggelos A K. Sparse Bayesian blind image deconvolution with parameter estimation [J] . Eurasip Journal of Image and Video Processing,2012,2012(20):15.

[111] Chen Z, Babacan S D, Molina R, Katsaggelos A K.Variational Bayesian methods for multimedia problems [J] .IEEE Transactions on Multimedia, 2014, 16 (4): 1000-1017.

[112] Bioucas-Dias J M,Figueiredo M A T.An iterative algorithm for linear inverse problems with compound regularizers [C] . Proceedings of IEEE International Conference Image Processing (ICIP),San Diego,CA,USA,2008.

[113] Lee D,Jeong S,Lee Y,Song B.Video deblurring algorithm using accurate blur kernel estimation and residual deconvolution [J] . IEEE Transactions on Image Processing, 2013, 22 (3): 926-940.

[114] Katsaggelos A K.Iterative Image Restoration Algorithms [A] .In:Madisetti V K and Williams D B.Digital Signal Processing Handbook [M] .Boca Raton: CRC Press LLC,1999.

[115] Chan T,Mulet P.On the convergence of the lagged diffusivity fixed point method in total variation image restoration [J] . SIAM Journal on Numerical Analysis, 1999,36:354-367.

[116] Chambolle A.An algorithm for total variation minimization and applications [J] . Journal of Mathematical Imaging and Vision,2004,20(1~ 2):89-97.

[117] Goldfarb D,Yin W.Second-order cone programming methods for total variation-based image restoration [J] .SIAM Journal on Scientific Computing, 2005,27(2):622-645.

[118] Figueiredo M,Nowak R,Wright S.Gradient projection for sparse reconstruction:application to compressed sensing and other inverse problems [J] . IEEE Journal of Selected Topics in Signal Processing, 2007,1(4):586-597.

[119] Koh K,Kim S,Boyd S.An interior-point method for large-scale 1-regularized logistic regression [J] .Journal of Machine Learning Research, 2007, 8 (8): 1519-1555.

[120] Bertaccini D,Sgallari F.Updating preconditioners for nonlinear deblurring and denoising image restoration [J] . Applied Numerical Mathematics, 2010, 60(10):994-1006.

[121] Combettes P L, Pesquet J. Proximal

splitting methods in signal processing [A] .//Bauschke H H,et al.Fixed-Point Algorithms for Inverse Problems in Science and Engineering [M] . New York:Springer,2010.

[122] Osher S,Burger M,Goldfarb D,et al.An iterative regularization method for total variation-based image restoration. Multiscale Modeling and Simulation [J] ,2005,4:460-489.

[123] Yin W,Osher S,Goldfarb D,et al.Bregman iterative algorithms forl_1-minimization with applications to compressend sensing [J] .SIAM Journal on Imaging Sciences, 2008,1(1):143-168.

[124] Cai J,Osher S,Shen Z.Convergence of the linearized Bregman iteration for L_1-norm minimization [J] . Math. Comp.,2009,78(268):2127 2136.

[125] Goldstein T,Osher S.The split Bregman method for L_1-regularized problems [J] .SIAM Journal on Imaging Sciences, 2009,2(2):323-343.

[126] Wang Y,Yang J,Yin W,Zhang Y.A new alternating minimization algorithm for total variation image reconstruction [J] . SIAM Journal on Imaging Sciences,2008,1(3):248 272.

[127] He B,Yuan X.On the O(1/n) convergence rate of the douglas-rachford alternating direction method [J] .SIAM J.Numer.Anal.,2012,50(2):700-709.

[128] He B,Yuan X.On non-ergodic convergence rate of Douglas-Rachford alternating direction method of multipliers [J] . http://www. optimization-online. org/DBHTML/ 2012 /01/3318.html.

[129] Zhang X,Burger M,Bresson X,Osher S. Bregmanized nonlocal regularization for deconvolution and sparse reconstruction [J] .SIAM Journal on Imaging Sciences, 2010,3(3),253-276.

[130] Matakos A,Ramani S,Fessler J.Accelerated edge-preserving image restoration without boundary artifacts [J] . IEEE Transactions on Image Processing,2013,22(5):2019-2029.

[131] Chen D.Regularized generalized inverse accelerating linearized alternating minimization algorithm for frame-based poissonian image deblurring [J] .SIAM Journal on Imaging Sciences,2014,7(2):716-739.

[132] Woo H,Yun S.Proximal linearized alternating direction method for multiplicative denoising [J] .SIAM Journal on Scientific Computing, 2013, 35 (2): 336-358.

[133] Yang J,Yuan X.Linearized augmented-Lagrange and alternating direction methods for nuclear norm minimization [J] . Mathematics of Computation, 2013, 82 (281):301-329.

[134] Ng M K,Wang F,Yuan X.Inexact alternating direction methods for image recovery, SIAM Journal on Scientific Computing,2011,33(4):1643-1668.

[135] Jeong T,Woo H,Yun S.Frame-based Poisson image restoration using a proximal linearized alternating direction method [J] . Inverse Problems,2013,29(7):075007.

[136] Cai X,Gu G,He B,Yuan X.A proximal point algorithms revisit on the alternating direction method of multipliers [J] . Science China Mathematics, 2013,56(10),2179-2186.

[137] Eckstein J,Yao W.Augmented Lagrange and alternating direction methods for convex optimization:a tutorial and some

illustrative computational results [R]. RUTCOR Research Report RRR 32-2012,2012.

[138] Glowinski R. On Alternating Directon Methods of Multipliers: A Historical Perspective [A] .//Fitzgibbon W, et al. Modeling, Simulation and Optimization for Science and Technology [M]. Dordrecht:Springer,2014:59-82.

[139] Combettes P L, Wajs V R. Signal recovery by proximal forward-backward splitting [J] . Multiscale Modeling and Simulation,2005,4(4):1168-1200.

[140] Beck A, Teboulle M. Fast gradient-based algorithms for constrained total variation image denoising and deblurring problems [J] .IEEE Transactions on Image Processing, 2009, 18 (11): 2419-2434.

[141] Combettes P L, Pesquet J.A Douglas-Rachford splitting approach to nonsmooth convex variational signal recovery [J]. IEEE Journal of Selected Topics in Signal Processing,2007,1(4): 564-574.

[142] He B, Liu H, Wang Z, Yuan X.A strictly contractive Peaceman-Rachford splitting method for convex programming [J]. SIAM Journal on Optimization, 2014,24(3):1011-1040.

[143] Davis D, Yin W.Convergence rate analysis of several splitting schemes [R]. UCLA CAM Report 14-51, UCLA, Los Angeles,2014.

[144] Combettes P L, Condat L, Pesquet J-C, et al.A forward-backward view of some primal-dual optimization methods in image recovery [C] .Proceedings of the IEEE International Conference on Image Processing. Paris, France, October 27-30,2014.

[145] Chambolle A, Pock T.A first-order primal-dual algorithm for convex problems with applications to imaging [J]. J. Math. Imag.Vis.,2011,40(1):120-145.

[146] Zhu M, Chan T.An efficient primal-dual hybrid gradient algorithm for total variation image restoration [R]. UCLA CAM Report 08-34, UCLA, Los Angeles,2008.

[147] Fix A, Wang C, Zabih R.A primal-dual method for higher-order multilabel markov random fields [C] .Proc.IEEE Conf. Computer Vision and Pattern Recognition,2014.

[148] Alghamdi M A, Alotaibi A, Combettes P L, Shahzad N.A primal-dual method of partial inverses for composite inclusions [J] .Optimization Letters,2014,8 (8):2271-2284.

[149] Condat L.A primal-dual splitting method for convex optimization involving Lipschitzian, proximable and linear composite terms [J] .Journal of Optimization Theory and Applications, 2013,158(2):460-479.

[150] Chen P, Huang J, Zhang X.A primal-dual fixed point algorithm for convex separable minimization with applications to image restoration [J]. Inverse Problems, 2013, 29,025011.

[151] Combettes P L, Pesque J. Primal-dual splitting algorithm for solving inclusions with mixtures of composite, lipschitzian, and parallel-sum type monotone operators [J]. Set-Valued and Variational Analysis. 2012, 20 (2): 307-330.

[152] Setzer S.Operator splittings,Bregman methods and frame shrinkage in image processing [J]. International Journal on Computer Vison,2011,92(3): 265-280.

[153] Yan M,Yin W.Self equivalence of the alternating direction method of multipliers [R]. UCLA CAM Report 14-59, UCLA,Los Angeles,2014.

[154] He B,Hou L,Yuan X.On full Jacobian decomposition of the augmented Lagrange method for separable convex programming [J]. http://www. optimization-online. org/ DB_HTML/2013/09/4059.html,2013.

[155] Liu R,Lin Z,Su Z.Linearized alternating direction method with parallel splitting and adaptive penalty for separable convex programs in machine learning [J].Machine Learning,2013.

[156] Becker S R,Combettes P L.An algorithm for splitting parallel sums of linearly composed monotone operators, with applications to signal recovery [J].Journal of Nonlinear and Convex Analysis,2014,15(1):137-159.

[157] Eckstein J,Mátyásfalvi G.Object-parallel infrastructure for implementing first-order methods with an example application to LASSO [J].http://www. optimization-online. org/DB_HTML/2015/01/4748.html,2015.

[158] He B,Liu H,Lu J,Yuan X.Application to the strictly contractive Peaceman-Rachford splitting method to multi-block separable convex optimization [J]. http://www. optimization-online. org/DB_HTML/2014/05/4358.html,2014.

[159] Davis D.Convergence rate analysis of primal-dual splitting schemes [R]. UCLA CAM Report 14-63, UCLA, Los Angeles,2014.

[160] Davis D, Yin W. Faster convergence rates of relaxed Peaceman-Rachford and ADMM under regularity assumptions [J]. Optimizaiton and Control, submitted.

[161] Deng W,Yin W.On the global and linear convergence of the generalized alternating direction method of multipliers [R].UCLA CAM Report 12-52,UCLA,Los Angeles,2012.

[162] Lin T,Ma S,Zhang S.On the global linear convergence of the ADMM with multi-block variables [R].UCLA CAM Report 14-92,UCLA,Los Angeles,2014.

[163] Shi W,Ling Q,Yuan K,Wu G,Yin W.On the linear convergence of the ADMM in decentralized consensus optimization [J].IEEE Transactions on Signal Processing,2014,62(7):1750-1761.

[164] Goldstein T,O'Donoghue B,Setzer S. Fast alternating direction optimization methods [R].UCLA CAM Report 12-35,UCLA,Los Angeles,2012.

[165] Nesterov Y.A method of solving a convex programming problem with convergence rate $O(1/k^2)$ [J]. Soviet Mathematics Doklady,1983,27(2):372-376.

[166] Yang J,Yin W,Zhang Y,Wang Y.A fast algorithm for edge-preserving variational multichannel image restoration [J]. SIAM Journal on Imaging Sciences,2009,2(2):569-592.

[167] Wu C, Tai X. Augmented Lagrange method,dual methods,and split Bregman iteration for ROF,vectorial TV,and high order models [J].SIAM Journal on Imaging Sciences, 2010, 3 (3):

300-339.

[168] He C, Hu C, Zhang W, Shi B. A fast adaptive parameter estimation for total variation image restoration [J]. IEEE Transactions on Image Processing, 2014, 23(12): 4954-4967.

[169] Morozov V A. Methods for Solving Incorrectly Posed Problems [M]. New York: Springer-Verlag, 1984, translated from the Russian by Aries A B, translation edited by Nashed Z.

[170] Wen Y, Yip A M. Adaptive parameter selection for total variation image deconvolution [J]. Numerical Mathematics-Theory, Methods, and Applications, 2009, 2(4): 427-438.

[171] Afonso M V, Bioucas-Dias J M, Figueiredo M. Fast image recovery using variable splitting and constrained optimization [J]. IEEE Transactions on Image Processing, 2010, 19(9): 2345-2356.

[172] Ng M, Weiss P, Yuan X. Solving constrained total-variation image restoration and reconstruction problems via alternating direction methods [J]. SIAM Journal on Scientific Computing, 2010, 32(5): 2710-2736.

[173] Golub G H, Heath M, Wahba G. Generalized cross-validation as a method for choosing a good ridge parameter [J]. Technometrics, 1979, 21 (2): 215-223.

[174] Liao H, Li F, Ng M. Selection of regularization parameter in total variation image restoration [J]. Journal of the Optical Society of America-A, 2009, 26 (11): 2311-2320.

[175] Hansen P C. Analysis of discrete ill-posed problems by means of the L-curve [J]. SIAM Review, 1992, 34(4): 561-580.

[176] Engl H, Grever W. Using the L-curve for determining optimal regularization parameters [J]. Numerische Mathematik, 1994, 69(1): 25-31.

[177] Lin Y, Wohlberg B, Guo H. UPRE method for total variation parameter selection [J]. Signal Processing, 2010, 90 (8): 2546-2551.

[178] Montefusco L B, Lazzaro D. An iterative l_1-based image restoration algorithm with an adaptive parameter estimation [J]. IEEE Transactions on Image Processing, 2012, 21(4): 1676-1686.

[179] Zou M, Unbehauen R. On the computational model of a kind of deconvolution problems [J]. IEEE Transactions on Image Processing, 1995, 4 (10): 1464-1467.

[180] Easley G, Labate D, Lim W. Sparse directional image representation using the discrete shearlet transform [J]. Applied and Computatinal Harmonic Analysis, 2008, 25: 25-46.

[181] Guo K, Labate D. The construction of smooth Parseval frames of shearlets [J]. Mathematical Modelling of Natural Phenomena, 2013, 8(1): 82-105.

[182] Wang Z, Bovik A C, Sheikh H R, Simoncelli E P. Image quality assessment: from error visibility to structural similarity [J]. IEEE Transactions on Image Processing, 2004, 13(4): 600-612.

[183] Fang Y, Zeng K, Wang Z, Lin W, Fang Z, Lin C. Objective quality assessment for image retargeting based on structural similarity [J]. IEEE Journal on Emerging and Selected Topics in Circuits and Systems, 2014, 4(1): 95-105.

[184] Blomgren P, Chan T. Modular solvers for image restoration problems using the discrepancy principle [J]. Numerical Linear Algebra with Application, 2002, 9(5): 347-358.

[185] Ekeland I, Témam R. Convex Analysis and Variational Problems (Classics in Applied Mathematics) [M]. Philadelphia, PA, USA: SIAM, 1999.

[186] Nocedal J, Wright S J. Numerical Optimization, 2nd ed [M]. New York, NY, USA: Springer-Verlag, 2006.

[187] Ma J. Positively constrained multiplicative iterative algorithm for maximum penalized likelihood tomographic reconstruction. IEEE Transactions on Nuclear Science, 2010, 57(1): 181-192.

[188] Chan R H, Liang H, Ma J. Positively constrained total variation penalized image restoration. Advances in Adaptive Data Analysis, 2011, 3(1/2): 187-201.

[189] Duran J, Coll B, Sbert C. Chambolle's projection algorithm for total variation denoising [J]. Image Processing on Line, 2013, 3: 311-331.

[190] Getreuer P. Rudin-Osher-Fatemi total variation denoising using split Bregman [J]. Image Processing on Line, 2012, 2: 74-95.

[191] Guo W H, Qin J, Yin W T. A new detail-preserving regularization scheme [J]. SIAM Journal on Image Sciences, 2014, 7 (2): 1309-1334.

[192] Tian D, Xue D, Wang D. A fractional-order adaptive regularization primal-dual algorithm for image denoising [J]. Information Sciences, 2015, 296: 147-159.

[193] He N, Lu K, Bao B, Zhang L, Wang J. Single-image motion deblurring using an adaptive image prior [J]. Information Sciences, 2014, 281: 736-749.

[194] Li J, Gong W, Li W. Dual-sparsity regularized sparse representation for single image super-resolution [J]. Information Sciences, 2015, 298: 257-273.

[195] Liu J, Huang T, Selesnick I, Lv X, Chen P. Image restoration using total variation with overlapping group sparsity [J]. Information Sciences, 2015, 295: 232-246.

[196] He B, Yuan X. On the direct extension of ADMM for multi-block separable convex programming and beyond: from variational inequality perspective [J]. http://www. optimization-online. org/DB_HTML/2014/03/4293.html, 2014.

[197] Deng W, Lai M-J, Peng Z, Yin W. Parallel multi-block ADMM with o(1/k) convergence [R]. UCLA CAM Report 13-64, UCLA, Los Angeles, 2013.

[198] Weiss P, Blanc-Féraud L, Aubert G. Efficient schemes for total variation minimization under constraints in image processing [J]. SIAM Journal on Scientific Computing, 2009, 31 (3): 2047-2080.

[199] Cai J-F, Osher S, Shen Z. Split Bregman methods and frame based image restoration [J]. Multiscale Modelling & Simulation. 2010, 8(2): 337-369.

[200] Lustin M, Donoho D L, Santos J M, Pauly J M. Compressed Sensing MRI: a look at how CS can improve on current imaging techniques [J]. IEEE Signal Processing Magazine, 2008, 25 (3): 72-82.

[201] Guo W, Yin W. Edge guided reconstruction for compressive imaging [J]. SIAM Journal on Imaging Sciences, 2012, 5 (3):

809-834.

[202] Condat L.A generic proximal algorithm for convex optimization-application to total variation minimization [J].IEEE Signal Processing Letters, 2014, 21(8): 985-989.

[203] Polyak B T, Introduction to Optimization [M].New York:Optimization Software,1987.

[204] Rajwade A,Rangarajan A,Banerjee A. Image denoising using the higher order singular value decomposition [J].IEEE Transactions on Patten Analysis and Machine Intelligence,2013, 35(4):849-862.

[205] He C,Hu C,Zhang W,Shi B.Box-constrained total-variation image restoration with automatic parameter estimation [J].自動化學報, 2014, 40(8): 1804-1811.

[206] Teuber T,Steidl G,Chan R H.Minimization and parameter estimation for seminorm regularization models with I-divergence constraints [J]. Inverse Problems,2013,29:035007.

圖像處理並行算法與應用

作　者：何川，胡昌華
發 行 人：黃振庭
出 版 者：崧燁文化事業有限公司
發 行 者：崧燁文化事業有限公司
E-mail：sonbookservice@gmail.com
粉 絲 頁：https://www.facebook.com/sonbookss/
網　址：https://sonbook.net/
地　址：台北市中正區重慶南路一段六十一號八樓 815 室
Rm. 815, 8F., No.61, Sec. 1, Chongqing S. Rd., Zhongzheng Dist., Taipei City 100, Taiwan
電　話：(02) 2370-3310
傳　真：(02) 2388-1990
印　刷：京峯彩色印刷有限公司（京峰數位）
律師顧問：廣華律師事務所 張珮琦律師

定　價：380 元
發行日期：2022 年 03 月第一版
◎本書以 POD 印製

國家圖書館出版品預行編目資料

圖像處理並行算法與應用 / 何川，胡昌華著．-- 第一版．-- 臺北市：崧燁文化事業有限公司，2022.03
面；　公分
POD 版
ISBN 978-626-332-117-5(平裝)
1.CST: 數位影像處理
312.837　111001502

電子書購買

臉書